彩 插

江西九连山国家级自然保护区

700～1000m：落叶阔叶、常绿阔叶林混生层

1000m以上：山顶矮林、草甸层

低海拔春季景色

高海拔夏季景色

九连山树木的板根

九连山山顶苔藓矮曲林（猴头杜鹃林）

九连山高山草甸

九连山竹林

九连山人工林

九连山常绿阔叶林

温氏报春苣苔　　　　　　　　云锦杜鹃

龙南后蕊苣苔　　　　重唇石斛　　　　橙黄玉凤花

钟花樱　　　　　　　　伞花木

虎舌红　　　　　香港四照花　　　　软荚红豆

山香圆　　　　　阔叶猕猴桃　　　　华南青皮木

山桐子　　　　　毛花猕猴桃　　　　桃叶石楠

黄花倒水莲　　　　　　　瓜馥木

毛鳞省藤

猴欢喜

黑老虎

黄　檀

美丽胡枝子

伯乐树

青　冈

圆齿野鸦椿

江西九连山
种子植物名录

梁跃龙　金志芳　廖海红　谢宜飞 ◎ 主编

中国林業出版社
China Forestry Publishing House

图书在版编目(CIP)数据

江西九连山种子植物名录/梁跃龙等主编. --北京：中国林业出版社, 2021.12

ISBN 978-7-5219-1465-8

Ⅰ.①江… Ⅱ.①梁… Ⅲ.①种子植物-江西-名录 Ⅳ.①Q949.408-62

中国版本图书馆 CIP 数据核字(2021)第 274001 号

策划编辑：李敏
责任编辑：李敏　王美琪　　电话：(010)83143575

出版	中国林业出版社(100009　北京市西城区德内大街刘海胡同 7 号) http://www.forestry.gov.cn/lycb.html
印刷	河北京平诚乾印刷有限公司
版次	2021 年 12 月第 1 版
印次	2021 年 12 月第 1 次
开本	889mm×1194mm　1/32
印张	13.75
彩插	8 面
字数	339 千字
定价	99.00 元

未经许可，不得以任何方式复制或抄袭本书之部分或全部内容。

版权所有　侵权必究

本书编委会

项目参与者

梁跃龙	金志芳	廖海红	谢宜飞	吴小刚	付庆林
卓小海	吴　勇	唐培荣	廖承开	徐国良	钟　昊
周　华	孔小丽	李子林	张昌友	黄国栋	许国燕
高友英	张　拥	蔡伟龙	梁跃武	林智红	林宝珠
曾卫兵	刘玄黄	王　辉	凌宏伟	陈　慧	康玲玲
瞿烨玲	罗昭发	王　婷	邱相东	蔡锦超	罗小龙
邓　裕	汤正华	胡小康	陈　维	凌　铭	熊祥健

图片提供者

卓小海　梁跃龙　付庆林　廖海红　李子林　陈正兴

主　编

梁跃龙　金志芳　廖海红　谢宜飞

序　言

江西九连山国家级自然保护区地处南岭腹地，始建于1975年，2003年升格为国家级自然保护区。保护区内保存有较大面积的原生性亚热带常绿阔叶林，生物资源极为丰富，是我国中亚热带与南亚热带过渡区生物多样性最丰富地区之一，素有"生物基因库"之称。

习近平总书记在联合国生物多样性峰会上的讲话中强调："生物多样性关系人类福祉，是人类赖以生存和发展的重要基础。"九连山保护区长期以来非常重视生物多样性保护工作，积极联合科研院校开展各项研究。自20世纪30年代，我国植物学家涉足九连山开始，先后已有80余家科研院所及高校到九连山开展植物研究。1999—2001年，九连山自然保护管理处组织专家开展多学科综合考察，编写了九连山自然保护区种子植物名录。为进一步厘清九连山植物资源现状，充分挖掘九连山自然保护区的生态优势和地域特色，为今后植物资源的保护、研究与应用等提供更加全面系统的基础资料，2019—2021年，九连山保护区管理局组织开展了第四次重点区域植物调查，采集植物标本5000余份。通过野外调查，结合实物标本和相关的资料文献，完成了《江西九连山种子植物名录》专著。

该书是对前期编写的九连山自然保护区种子植物名录的补充完善，全书对每种植物的科、属、拉丁名、标本号、分布、用途等作了详细记述，是记录九连山种子植物资源现状的一部种类齐全、资料丰富、数据详实的论著。该书共收录九连山种子植物175科883属2129种，其中包括发现江西新纪录植物61种，并收录九连山模式标本植物2个。

该书是九连山保护区管理局及其编写工作人员辛勤付出的结果。近年来，他们进行了大量的野外调查和内业工作，克服了许多困难，尤其参加编写的同志都是林业科技方面的专家，除了做好本职工作外，还要占用大量业余时间开展编写工作，付出了很多艰苦劳动。现在，这些努力终于结出了丰硕成果，在此向他们表示诚挚的感谢和衷心的祝贺！相信《江西九连山种子植物名录》一书的出版，将为植物种质资源开发与利用研究、生物多样性保护以及保护区科研宣教等工作，提供丰富的资源信息和重要参考；将为九连山植物名录增添一块基石，为完善江西省植物志与植物学体系贡献一份智慧；将有助于推动九连山保护区进一步加强生物多样性保护，在全面建设美丽江西，更高标准打造美丽中国"江西样板"中贡献一份力量。希望它能引起广泛关注，得到大众认可，起到应有作用。

　　在肯定成果的同时，还应看到由于文献搜集、标本采集、模式标本研究等方面的局限性，该书还存在一些需要不断改进和完善的地方。因此，希望编书人员今后能再接再厉，继续努力，在广泛听取读者意见和进一步积累资料的基础上，适时进行修订和补充，更好地服务读者。

　　在此作序，以示祝贺！

江西省林业局局长

2022 年 2 月

前 言

江西九连山脉位于赣粤边界，属南岭山脉余脉，为东北——西南走向。江西九连山国家级自然保护区位于江西省最南部龙南市的最南沿，保护区东面与九连山林场为邻，北面靠全南县兆坑林场，南面和西面是广东省连平县，地理坐标为24°29′18″~24°38′55″N、114°22′50″~114°31′32″E，南北长约17.5km，保护区总面积 13411.6km^2，其中核心区 4283.5km^2，占保护区总面积的 31.9%。缓冲区 1445.2km^2，占保护区总面积的 10.8%。试验区 7682.9km^2，占保护区总面积的 57.3%。

九连山在地质构造上属"南岭纬向构造带"东段与武夷山北东向构造带南段的复合部位西侧，属于"九连山隆起构造带"。岩石种类较多，分布最广的是岩浆类黑云花岗岩、页岩、砂岩等海相沉积岩分布区占保护区面积的 1/3，还分布有变余砂岩、板岩、千枚岩等沉积变质岩。而陆相红色碎屑岩也有分布，这类岩石以其特有的颜色和岩性特点，形成独特的地貌景观——丹霞地貌。保护区总体上属于中—低山地貌。最高峰黄牛石海拔 1430m，最低海拔 280m，最大相对高差为 1150m，一般相对高度也达 600~800m，总体东南高，西北低。全局地貌大致具有盆岭相间、棋盘格状展布之格局。

保护区气候属于我国亚热带东部、中亚热带华中区的南岭山地副区，与华南区相邻，受大陆和海洋性气候的影响，气候温和湿润，有明显的干湿季。保护区气象站 21 年的观测资料记载，区内年平均气温为 16.4℃，1 月平均气温 6.8℃，7 月平均气温为 24.4℃，极端最低气温-7.4℃（1991 年 12 月），极端最高气温为 37℃（1984 年 7 月），年平均降水量为 2155.6mm，年平均蒸发量为790.2mm，年平均相对湿度为87%，年平均日照时数为1069.5h。

九连山保护区所处的南岭是长江水系与珠江水系的分水岭，是中国地理上的重要界线。森林覆盖率高达94.7%，核心区森林覆盖率98.2%，天然植被保存完好，水源涵养效益高，水源丰富，沟谷溪流终年流水潺潺，是赣江上游主要支流桃江的源头地区，区内主要河流（流域面积大于10km^2）有大丘田河、饭罗河、鹅公坑河、上围河、横坑水河等8条。

区内地质结构复杂，成土母质多样，植被类型丰富，成土过程因地形、母质和植被的差异而不同，土壤的水平和垂直分布规律性相当明显，在南岭山地具有代表性。按海拔自下而上依次分布有山地红壤、山地黄红壤、山地黄壤和山地草甸土。

在中国植被区划中，九连山保护区是中亚热带湿润常绿阔叶林与南亚热带季风常绿阔叶林过渡地带，植物和植被具有过渡带的典型性、多样性、珍稀性，素有"生物资源基因库"之称，是国内外科学家关注的地方。

九连山保护区始建于1975年，原名虾公塘天然林保护区，1981年经江西省人民政府批准升格为省级江西省九连山保护区，2003年晋升为江西九连山国家级保护区，是"人与生物圈"成员单位。20世纪30年代初，原国立中正大学生物学系和静生生物研究所就在九连山进行了大量的植物调查采集；1934年岭南大学刘心启在九连山采集到植物中唯一以"龙南"命名的龙南后蕊苣苔。20世纪50年代初起，著名植物生态学家林英多次深入九连山考察；1958年，江西省科学分院成立，由庐山植物园（科学院工作站）胡启明率队开展九连山植物资源考察和采集。1959年，江西省林科所熊杰专程到九连山进行森林植物调查采集。1960年和1962年，林英率江西师范学院生物学系师生两次深入九连山进行森林植被和植物资源考察和采集。1975年，江西省林科所和赣州地区林科所到九连山进行森林类型与树种的调查与采集工作。1978年，林英和土壤生态学家刘开树率江西大学生物学系、江西共产主义劳动大学总校农学系等单位的专家对九连山植被和土壤垂直分布以及野生动物进行考察。1981年建立省级保护区后，林英又率江西大学、江西共产主义劳动大学总校、江西省林科所、赣南林木园、赣南林科所的专家，对保护区进行了多学科科学考察。1991年，吉庆森、谢庆红在总结前期采集标本基础上，查阅了六千余号标本，编写了《九连山植物名录》，名录收集种子植物190科1333种。晋升国家级保护区后，辖区面积自4066.6hm²扩大至13411.6hm²，1999—2001年，九连山自然保护区管理处邀请南昌大学生物科学工程系叶居新、江西中医学院药学系姚振生、江西农业大学季梦成、中国科学院植物研究所张宪春、上海自然博物馆刘仲苓、南昌师范学样梁芳等，开展多学科综合考察，编写《九连山自然保护区种子植物名录》，名录收录种子植物190科2321种。2000年后，九连山国家级自然保护区管理局先后完成了辖区内油茶遗传资源编目调查，第一次、第二次全国重点保护野生植物资源的调查，第一次、第二次全省主要林木种质资源调查。2008—2021年，九连山国家级自然保护区管理局联合南昌大学生命科学学院杨柏云科研团队，连续12年开展了九连山兰科植物资源调查、种群监测、传粉机制研究等，基本查清了九连山兰科植物资源。自2010年起，赣南师范大学刘仁林科研团队结合科研项目及研究生毕业论文，长期在九连山开展植物资源调查，并重点开展了水生植物、丹霞地貌植物、潜叶蛾寄主植物及山茶科、杜鹃花科、冬青科植物调查。自2003年晋升国家级保护区以来，九连山国家级自然保护区管理局成立植被调查课题组，长期对辖区内及周边重点区域开展植被、植物调查，特别是2019—2021年，保护区联合赣南师范大学开展了四次重点区域调查，采集植物标本5000多份。随着调查的深入开展，九连山植物分布新记录及江西植物分布新记录不断被发现报道。为了满足科学研究和生物多样性保护日益增长的对九连山地区真实和完整生物多样编目的需求，我们整理了采集自九连山地区的植物标本8000多份，并参考《中国植物志》《江西植物志》等资料，编写了《江西九连山种子植物名录》，期望能为科学研究、生物多样性保护和自然保护区管理提供参考。

本书所记载的物种，主要以采集到的标本为基础，其次是查阅华南植物园标本馆、庐山植物园标本馆、江西农业大学植物标本馆、南岭植物标本馆、赣南树木园植物标本馆、九连山保护区植物标本馆得到的鉴定信息，再次是查阅文献及著作，如《中国植物志》《江西植物志》《江西种子植物名录》《南岭北坡—赣南地区种子植物多样性编目和野生果树资源》《南昌大学学报》《武汉植物学研究》《南方林业科学》等，力求客观、真实地反映江西九连山植物真实"本底"。九连山国家级自然保护区管理局已出版兰科植物研究专著《中国九连山兰科植物研究》，本书不再列出兰科植物凭证标本号。

本书主要记录江西九连山保护区辖区内种子植物，对龙南县范围内少数有重要科研及保护价值的也一并收录，共收录种子植物共175科883属（含10个亚属）2129种（含9个变种、128个变种、6个变型及306个栽培种）。本书按APGIV系统排列科名、属名，种名按拉丁名的字母顺序排列，种名的中文名、拉丁名采用中国科学院植物研究所植物智网站（http://www.iplant.cn/）及英文版《Flora of China》的学名核准。种名前标注"*"的为栽培种，小括号括注的为该植物种别名，中括号括注的为该植物种拉丁学名的异名。本书中所有物种尽可能附凭证标本号，未见凭证标本号的则标注所引用的资料来源；产地按资料记录；有重要经济价值的列出用途。凭证标本主要保存于南岭植物标本馆、华南植物园标本馆、庐山植物园标本馆、江西农业大学植物标本馆、九连山国家级自然保护区标本馆。本书由于涉及的类群丰富，标本资料浩瀚，在鉴定、整理过程中难免有疏忽和错误，请读者不吝赐教。

目 录

序 言
前 言

1 苏铁科 Cycadaceae …… 1
2 银杏科 Ginkgoaceae …… 1
3 买麻藤科 Gnetaceae …… 1
4 松科 Pinaceae …… 1
5 南洋杉科 Araucariaceae …… 2
6 罗汉松科 Podocarpaceae …… 3
7 柏科 Cupressaceae …… 3
8 红豆杉科 Taxaceae …… 5
9 睡莲科 Nymphaeaceae …… 6
10 五味子科 Schisandraceae …… 6
11 三白草科 Saururaceae …… 8
12 胡椒科 Piperaceae …… 8
13 马兜铃科 Aristolochiaceae …… 9
14 木兰科 Magnoliaceae …… 10
15 番荔枝科 Annonaceae …… 14
16 蜡梅科 Calycanthaceae …… 15
17 樟科 Lauraceae …… 15
18 金粟兰科 Chloranthaceae …… 24
19 菖蒲科 Acoraceae …… 25
20 天南星科 Araceae …… 25
21 泽泻科 Alismataceae …… 28
22 水鳖科 Hydrocharitaceae …… 29

23	水蕹科 Aponogetonaceae	30
24	眼子菜科 Potamogetonaceae	30
25	纳茜菜科 Nartheciaceae	31
26	水玉簪科 Burmanniaceae	31
27	薯蓣科 Dioscoreaceae	32
28	霉草科 Triuridaceae	33
29	黑药花科 Melanthiaceae	33
30	秋水仙科 Colchicaceae	34
31	菝葜科 Smilacaceae	35
32	百合科 Liliaceae	36
33	兰科 Orchidaceae	37
34	仙茅科 Hypoxidaceae	51
35	鸢尾科 Iridaceae	51
36	独尾草科 Asphodelaceae	52
37	石蒜科 Amaryllidaceae	53
38	天门冬科 Asparagaceae	54
39	棕榈科 Arecaceae	58
40	鸭跖草科 Commelinaceae	59
41	雨久花科 Pontederiaceae	61
42	芭蕉科 Musaceae	62
43	美人蕉科 Cannaceae	62
44	闭鞘姜科 Costaceae	63
45	姜科 Zingiberaceae	63
46	香蒲科 Typhaceae	64
47	谷精草科 Eriocaulaceae	65
48	灯心草科 Juncaceae	65
49	莎草科 Cyperaceae	66
50	禾本科 Poaceae	72
51	罂粟科 Papaveraceae	88

52	木通科 Lardizabalaceae	89
53	防己科 Menispermaceae	91
54	小檗科 Berberidaceae	94
55	毛茛科 Ranunculaceae	95
56	清风藤科 Sabiaceae	101
57	莲科 Nelumbonaceae	103
58	悬铃木科 Platanaceae	103
59	山龙眼科 Proteaceae	104
60	黄杨科 Buxaceae	105
61	蕈树科 Altingiaceae	105
62	金缕梅科 Hamamelidaceae	106
63	交让木科 Daphniphyllaceae	109
64	鼠刺科 Iteaceae	109
65	虎耳草科 Saxifragaceae	109
66	景天科 Crassulaceae	110
67	扯根菜科 Penthoraceae	111
68	小二仙草科 Haloragaceae	112
69	葡萄科 Vitaceae	112
70	豆科 Fabaceae	117
71	远志科 Polygalaceae	136
72	蔷薇科 Rosaceae	138
73	胡颓子科 Elaeagnaceae	151
74	鼠李科 Rhamnaceae	151
75	榆科 Ulmaceae	154
76	大麻科 Cannabaceae	154
77	桑科 Moraceae	156
78	荨麻科 Urticaceae	160
79	壳斗科 Fagaceae	164
80	杨梅科 Myricaceae	171

81	胡桃科 Juglandaceae	171
82	木麻黄科 Casuarinaceae	172
83	桦木科 Betulaceae	172
84	葫芦科 Cucurbitaceae	173
85	秋海棠科 Begoniaceae	178
86	卫矛科 Celastraceae	179
87	酢浆草科 Oxalidaceae	182
88	杜英科 Eeaeocarpaceae	182
89	古柯科 Erythroxylaceae	183
90	藤黄科 Clusiaceae	184
91	金丝桃科 Hypericaceae	184
92	堇菜科 Violaceae	185
93	西番莲科 Passifloraceae	187
94	杨柳科 Salicaceae	187
95	大戟科 Euphorbiacea	189
96	粘木科 Ixonanthaceae	194
97	叶下珠科 Phyllanthaceae	194
98	牻牛儿苗科 Geraniaceae	197
99	使君子科 Combretaceae	197
100	千屈菜科 Lythraceae	197
101	柳叶菜科 Onagraceae	199
102	桃金娘科 Myrtaceae	201
103	野牡丹科 Melastomataceae	203
104	省沽油科 Staphyleaceae	205
105	旌节花科 Stachyuraceae	206
106	漆树科 Anacardiaceae	206
107	无患子科 Sapindaceae	208
108	芸香科 Rutaceae	210
109	苦木科 Simaroubaceae	214

110	楝科 Meliaceae	215
111	锦葵科 Malvaceae	216
112	瑞香科 Thymelaeaceae	221
113	叠珠树科 Akaniaceae	222
114	番木瓜科 Caricaceae	223
115	山柑科 Capparaceae	223
116	白花菜科 Cleomaceae	223
117	十字花科 Brassicaceae	223
118	蛇菰科 Balanophoraceae	228
119	檀香科 Santalaceae	228
120	青皮木科 Schoepfiaceae	229
121	桑寄生科 Loranthaceae	229
122	蓼科 Polygonaceae	231
123	茅膏菜科 Droseraceae	237
124	石竹科 Caryophyllaceae	237
125	苋科 Amaranthaceae	240
126	商陆科 Phytolaccaceae	244
127	紫茉莉科 Nyctaginaceae	244
128	粟米草科 Molluginaceae	245
129	落葵科 Basellaceae	245
130	土人参科 Talinaceae	245
131	马齿苋科 Portulacaceae	245
132	仙人掌科 Cactaceae	246
133	绣球花科 Hydrangeaceae	246
134	山茱萸科 Cornaceae	248
135	凤仙花科 Balsaminaceae	249
136	五列木科 Pentaphylacaceae	251
137	柿科 Ebenaceae	254
138	报春花科 Primulaceae	255

139	山茶科 Theaceae	261
140	山矾科 Symplocaceae	264
141	安息香科 Styracaceae	266
142	猕猴桃科 Actinidiaceae	268
143	桤叶树科 Clethraceae	270
144	杜鹃花科 Ericaceae	270
145	茶茱萸科 Icacomaceae	275
146	杜仲科 Eucommiaceae	275
147	茜草科 Rubiaceae	275
148	龙胆科 Gentianaceae	285
149	马钱科 Loganiaceae	286
150	胡蔓藤科 Gelsemiaceae	287
151	夹竹桃科 Apocynaceae	287
152	紫草科 Boraginaceae	290
153	旋花科 Convolvulaceae	291
154	茄科 Solanaceae	292
155	木犀科 Oleaceae	296
156	苦苣苔科 Gesneriaceae	299
157	车前科 Plantaginaceae	300
158	玄参科 Scrophulariaceae	302
159	母草科 Linderniaceae	302
160	胡麻科 Pedaliaceae	304
161	爵床科 Acanthaceae	304
162	紫葳科 Bignoniaceae	306
163	狸藻科 Lentibulariaceae	307
164	马鞭草科 Verbenaceae	307
165	唇形科 Lamiaceae	308
166	泡桐科 Paulowniaceae	321
167	列当科 Orobanchaceae	322

168	冬青科 Aquifoliaceae	324
169	桔梗科 Campanulaceae	327
170	菊科 Asteraceae	329
171	五福花科 Adoxaceae	345
172	忍冬科 Caprifoliaceae	348
173	海桐科 Pittosporaceae	351
174	五加科 Araliaceae	352
175	伞形科 Apiaceae	356

参考文献 …… 360
附录Ⅰ 九连山产模式标本植物及江西新记录植物模式标本 …… 361
附录Ⅱ 中文名称索引 …… 364
附录Ⅲ 拉丁学名索引 …… 388
致谢 …… 419

1 苏铁科 Cycadaceae

（1）苏铁属 *Cycas*

■* 苏铁（铁树）*Cycas revoluta* Thunb.
分布：九连山保护区植物园及各小区有广泛栽培。
用途：园林植物。

■* 篦齿苏铁（华南苏铁）*Cycas rumphii* Miq.
分布：九连山保护区植物园有栽培。
用途：园林植物。

2 银杏科 Ginkgoaceae

（2）银杏属 *Ginkgo*

■* 银杏（白果）*Ginkgo biloba* L.
标本号：LYL02340。
分布：花露及坪坑有栽培。
用途：园林植物。

3 买麻藤科 Gnetaceae

（3）买麻藤属 *Gnetum*

■ 小叶买麻藤 *Gnetum parvifolium*（Warb.）C. Y. Cheng ex Chun
标本号：LYL02436。
分布：虾公塘、花露、古坑，攀缘树木上。
用途：果蔬植物。

4 松科 Pinaceae

（4）雪松属 *Cedrus*

■* 雪松 *Cedrus deodara*（Roxburgh）G. Don
分布：龙南市民体育公园有栽培。

用途：园林植物。

（5）油杉属 *Keteleeria*

■ 江南油杉 *Keteleeria fortunei* var. *cyclolepis* (Flous) Silba

标本号：201607001。

分布：龙南安基山林场有分布，生于阔叶林中。

用途：园林植物。

（6）松属 *Pinus*

■* 湿地松 *Pinus elliottii* Engelmann

分布：古坑、上湖有人工栽培。

用途：用材树种。

■ 马尾松 *Pinus massoniana* Lamb.

标本号：LYL00708。

分布：九连山广布。

用途：用材树种。

■* 黑松 *Pinus thunbergii* Parlatore

分布：九连山古坑村、桃江乡、黄沙乡等地飞机播种。

用途：用材树种。

5 南洋杉科 Araucariaceae

（7）南洋杉属 *Araucaria*

■* 南洋杉 *Araucaria cunninghamii* Sweet

分布：龙南市供电局大院有人工栽培。

用途：园林植物。

6 罗汉松科 Podocarpaceae

（8）竹柏属 *Nageia*

■* 长叶竹柏 *Nageia fleuryi* (Hickel) de Laubenfels
分布：九连山保护区植物园有人工种植。
用途：园林植物。

■竹柏 *Nageia nagi* (Thunberg) kuntze [*Podocarpus nagi* (Thunb.) Zoll. et Mor ex Zoll.]
标本号：LYL00463。
分布：花露有天然分布，虾公塘有人工栽培。
用途：园林植物。

（9）罗汉松属 *Podocarpus*

■* 罗汉松 *Podocarpus macrophyllus* (Thunb.) Sweet
分布：广泛栽培，渡江镇、汶龙镇有古树。
用途：园林植物。

7 柏科 Cupressaceae

（10）柳杉属 *Cryptomeria*

■* 日本柳杉 *Cryptomeria japonica* (L. f.) D. Don
标本号：XYF011061。
分布：半坑、虾公塘有人工栽培。
用途：用材树种。

■* 柳杉 *Cryptomeria japonica* var. *sinensis* Miquel
标本号：PVHJX013754。
分布：半坑、虾公塘有人工栽培。
用途：用材树种。

（11）杉木属 *Cunninghamia*

■杉木 *Cunninghamia lanceolata* (Lamb.) Hook.

标本号：LYL00716。

分布：九连山广泛栽培，虾公塘有天然林。

用途：用材树种。

（12）福建柏属 *Fokienia*

■福建柏 *Fokienia hodginsii* (Dunn) A. Henry et Thomas

标本号：龙南035。

分布：龙南小武当山有天然分布。

用途：园林植物。

（13）水松属 *Glyptostrobus*

■*水松 *Glyptostrobus pensilis* (Staunt. ex D. Don) K. Koch

标本号：Lsh28023。

分布：虾公塘有人工栽培。

用途：用材树种。

（14）刺柏属 *Juniperus*

■*刺柏 *Juniperus formosana* Hayata

标本号：Q0441。

分布：古坑有人工栽培。

用途：园林植物。

（15）水杉属 *Metasequoia*

■*水杉 *Metasequoia glyptostroboides* Hu et W. C. Cheng

标本号：XYF012661。

分布：大丘田有人工栽培。

用途：园林植物。

（16）侧柏属 *Platycladus*

■* 侧柏 *Platycladus orientalis*（L.）Franco。
分布：九连山有栽培，杨村、汶龙、武当有古树分布。
用途：园林植物。

（17）落羽杉属 *Taxodium*

■* 落羽杉 *Taxodium distichum*（L.）Rich.
分布：下湖、龙南湿地公园有人工栽培。
用途：园林植物。

■* 池杉 *Taxodium distichum* var. *imbricatum*（Nuttall）Croom
标本号：0215。
分布：龙南湿地公园有人工栽培。
用途：园林植物。

8 红豆杉科 Taxaceae

（18）三尖杉属 *Cephalotaxus*

■ 三尖杉 *Cephalotaxus fortunei* Hooker
标本号：F388。
分布：润洞、坪坑、墩头有分布，生于沟谷中。
用途：药用植物。

（19）红豆杉属 *Taxus*

■ 南方红豆杉 *Taxus wallichiana* var. *mairei*（Lemee & H. Léveillé）
L. K. Fu & Nan Li
标本号：LYL02065。
分布：坪坑、墩头有分布，生于山坡林中。

用途：用材树种、药用植物。

9 睡莲科 Nymphaeaceae

（20）芡属 *Euryale*

■* 芡实 *Euryale ferox* Salisb. ex DC.

分布：古坑水塘中有栽培。

用途：药用植物。

（21）萍蓬草属 *Nuphar*

■ 萍蓬草 *Nuphar pumilum*（Hoffm.）DC.

资料来源：《南岭北坡—赣南地区种子植物多样性编目和野生果树资源》。

分布：九连山。

用途：园林植物、药用植物。

（22）睡莲属 *Nymphaea*

■* 睡莲 *Nymphaea tetragona* Georgi

分布：龙南县城水塘有零星栽培。

用途：园林植物、药用植物。

10 五味子科 Schisandraceae

（23）八角属 *Illicium*

■ 假地枫皮 *Illicium jiadifengpi* B. N. Chang

标本号：180413638。

分布：九连山。

用途：园林植物、药用植物。

■ 莽草（山八角）*Illicium lanceolatumidanum* A. C. Smith

标本号：D2419。

分布：润洞、鹅公坑有分布，生于沟谷中。

用途：药用植物。

■* 八角 *Illicium verum* Hook. f.

分布：九连山有零星栽培。

用途：香料植物。

（24）南五味属 *Kadsura*

■黑老虎 *Kadsura coccinea*（Lem.）A. C. Smith

标本号：PVHJX018189。

分布：九连山广布，攀缘林中树冠上。

用途：药用植物。

■南五味子 *Kadsura longipedunculata* Finet et Gagnep.

标本号：LYL00559。

分布：九连山广布，生于沟谷林缘。

用途：药用植物。

（25）五味子属 *Schisandra*

■翼梗五味子 *Schisandra henryi* Clarke

标本号：LYL00771。

分布：下湖有分布，攀缘林中树冠上。

用途：药用植物。

■绿叶五味子 *Schisandra viridis* A. C. Smith

标本号：160808282。

分布：九连山广布，生于沟谷林缘。

用途：药用植物。

11 三白草科 Saururaceae

（26）蕺菜属 *Houttuynia*

■鱼腥草（蕺菜、狗贴耳）*Houttuynia cordata* Thunb.

标本号：JPS20180717019。

分布：九连山广布，生于村旁路边阴湿处。

用途：药用植物。

（27）三白草属 *Saururus*

■三白草 *Saururus chinensis*（Lour.）Baill.

标本号：LYL02104。

分布：坪坑、墩头有广布，生于水塘沟边水湿处。

用途：药用植物。

12 胡椒科 Piperaceae

（28）胡椒属 *Piper*

■华南胡椒 *Piper austrosinense* Tseng

资料来源：《南岭北坡—赣南地区种子植物多样性编目和野生果树资源》。

分布：九连山。

用途：药用植物。

■竹叶胡椒 *Piper bambusaefolium* Tseng

标本号：160825783。

分布：大丘田有分布。

用途：药用植物。

■山蒟 *Piper hancei* Maxim.

标本号：180405545。

分布：九连山有分布，攀缘林中树干或岩石上。

用途：药用植物。

■风藤 *Piper kadsura*（Choisy）Ohwi

标本号：D2507。

分布：横坑水有分布。

用途：药用植物。

■石南藤（毛山蒟）*Piper wallichii*（Miq.）Hand.-Mazz.

标本号：D2223。

分布：大丘田有分布。

用途：药用植物。

13 马兜铃科 Aristolochiaceae

（29）马兜铃属 *Aristolochia*

■马兜铃 *Aristolochia debilis* Sieb. et Zucc.

资料来源：《南岭北坡—赣南地区种子植物多样性编目和野生果树资源》。

分布：九连山。

用途：药用植物。

（30）细辛属 *Asarum*

■花叶尾花细辛 *Asarum cardiophyllum* Franchet

标本号：PVHJX014067。

分布：坪坑、下湖有分布，生于林下阴湿处。

用途：药用植物。

■尾花细辛 *Asarum caudigerum* Hance

标本号：LYL02426。

分布：九连山广布，生于林下阴湿处。

用途：药用植物。

■杜衡 *Asarum forbesii* Maxim.

资料来源：《南岭北坡—赣南地区种子植物多样性编目和野生果

树资源》。

分布：九连山。

用途：药用植物。

■福建细辛 *Asarum fukienense* C. Y. Cheng et C. S. Yang

资料来源：《南岭北坡—赣南地区种子植物多样性编目和野生果树资源》。

分布：小武当、安基山。

用途：药用植物。

■细辛（汉城细辛）*Asarum sieboldii* Miq.

标本号：LYL02664。

分布：虾公塘有分布，生于林下阴湿处。

用途：药用植物。

■五岭细辛 *Asarum wulingense* C. F. Liang

标本号：ZQ20110041。

分布：坪坑有分布，生于林下阴湿处。

用途：药用植物。

14 木兰科 Magnoliaceae

（31）厚朴属 *Houpoea*

■厚朴（凹叶厚朴）*Houpoea officinalis* (Rehder & E. H. Wilson) N. H. Xia & C. Y. Wu

标本号：20160828014。

分布：斜坡水有分布，生于山坡阔叶林中。

用途：药用植物。

（32）鹅掌楸属 *Liriodendron*

■*鹅掌楸 *Liriodendron chinense* (Hemsl.) Sarg.

分布：虾公塘有人工栽培。

用途：用材树种、园林植物。

（33）木兰属 *Magnolia*

■* **荷花玉兰** *Magnolia grandiflora* **L.**

分布：九连山保护区植物园有栽培。

用途：园林植物。

（34）木莲属 *Manglietia*

■ **桂南木莲** *Manglietia conifera* **Dandy**

资料来源：《江西种子植物名录》。

分布：九连山。

用途：用材树种。

■ **木莲（乳源木莲）** *Manglietia fordiana* **Oliv.**

标本号：XYF008521。

分布：虾公塘有分布，生于山坡阔叶林中。

用途：用材树种。

■* **毛桃木莲** *Manglietia kwangtungensis* （Merrill）**Dandy**

分布：九连山保护区植物园有人工栽培。

用途：园林植物。

■ **厚叶木莲** *Manglietia pachyphylla* **Chang**

资料来源：《南岭北坡—赣南地区种子植物多样性编目和野生果树资源》。

分布：杨村与全南交界处有分布。

用途：园林植物。

（35）含笑属 *Michelia*

■* **白兰（白兰花）** *Michelia alba* **DC.**

分布：龙南县城各处有栽培。

用途：园林植物。

■平伐含笑 *Michelia cavaleriei* Finet et Gagnep.

资料来源：《南岭北坡—赣南地区种子植物多样性编目和野生果树资源》。

分布：九连山。

用途：园林植物。

■*黄兰 *Michelia champace* L.

分布：古坑管理局大院有人工栽培。

用途：园林植物。

■乐昌含笑 *Michelia chapensis* Dandy

标本号：LYL00678。

分布：虾公塘、黄牛石有分布，生于山坡林中。

用途：园林植物、用材树种。

■紫花含笑 *Michelia crassipes* Y. W. Law

标本号：PVHJX012271。

分布：西牛坑、黄牛石、大丘田有分布，生于阔叶林下。

用途：园林植物。

■*含笑花 *Michelia figo*（Lour.）Spreng.

标本号：PVHJX03158。

分布：九连山保护区植物园有人工栽培。

用途：园林植物。

■金叶含笑 *Michelia foveolata* Merr. ex Dandy

标本号：LYL00679。

分布：虾公塘、黄牛石有分布，生于山坡林中。

用途：园林植物。

■*火力楠 *Michelia macclurei* Dandy

标本号：G180916048。

分布：九连山保护区植物园有人工栽培。

用途：用材树种。

■**深山含笑** *Michelia maudiae* Dunn

标本号：LYL00264。

分布：九连山有零星分布，生于山坡林中。

用途：园林植物。

■**观光木** *Michelia odora*（Chun）Noot. et B. L. Chen

标本号：PVHJX019897。

分布：小河子、西牛坑有分布，生于山坡林中。

用途：用材树种。

■**野含笑** *Michelia skinneriana* Dunn

标本号：PVHJX00864。

分布：九连山有分布，生于沟谷旁。

用途：园林植物。

（36）天女花属 *Oyama*

■**天女花** *Oyama sieboldii*（K. Koch）N. H. Xia & C. Y. Wu

分布：龙南湿地公园有栽培。

用途：园林植物。

（37）拟单性木兰属 *Parakmeria*

■*** 乐东拟单性木兰** *Parakmeria lotungensis*（Chun et C. Tsoong）Law

分布：九连山保护区植物园有人工栽培。

用途：园林植物。

（38）玉兰属 *Yulania*

■**紫玉兰** *Yulania liliiflora*（Desrousseaux）D. L. Fu

标本号：PVHJX03165。

分布：中迳有分布，生于山坡林中。

用途：观赏树种。

15 番荔枝科 Annonaceae

（39）鹰爪花属 *Artabotrys*

■鹰爪花 *Artabotrys hexapetalus*（L. f.）Bhandari

标本号：170821063。

分布：九连山有零星分布，生于路旁灌丛中。

用途：药用植物。

■香港鹰爪花 *Artabotrys hongkongensis* Hance

标本号：LYL02894。

分布：虾公塘有分布，生于路旁灌丛中。

用途：药用植物。

■厚瓣鹰爪花 *Artabotrys pachypetalus* B. Xue & Junhao Chen

标本号：LYL02424。

分布：花露有分布，生于路旁灌丛中。

用途：药用植物。

（40）瓜馥木属 *Fissistigma*

■瓜馥木 *Fissistigma oldhamii*（Hemsl.）Merr.

标本号：LYL00609。

分布：九连山广布，生于疏林及路旁灌丛中。

用途：药用植物。

■香港瓜馥木 *Fissistigma uonicum*（Dunn）Merr.

标本号：T180718173。

分布：横坑水有分布，生于疏林及路旁灌丛中。

用途：药用植物。

（41）紫玉盘属 *Uvaria*

■光叶紫玉盘 *Uvaria boniana* Finet et Gagnep.

标本号：170824212。

分布：黄牛石有分布，生于疏林及路旁灌丛中。

16 蜡梅科 Calycanthaceae

（42）蜡梅属 *Chimonanthus*

■* 突托蜡梅 *Chimonanthus grammatus* M. C. Liu

分布：安远引种，原古坑管理局大院有栽培。

用途：观赏树种。

■* 蜡梅 *Chimonanthus praecox*（L.）Link

分布：九连山保护区植物园有人工栽培。

用途：观赏树种。

17 樟科 Lauraceae

（43）黄肉楠属 *Actinodaphne*

■ 红果黄肉楠 *Actinodaphne cupularis*（Hemsl.）Gamble

资料来源：《江西种子植物名录》。

分布：九连山。

■ 毛黄肉楠 *Actinodaphne pilosa*（Lour.）Merr.

标本号：L20150703009。

分布：黄牛石有分布。

（44）琼楠属 *Beilschmiedia*

■ 广东琼楠 *Beilschmiedia fordii* Dunn

标本号：170821085。

分布：九连山有零星分布，生于山坡林中。

■ 厚叶琼楠 *Beilschmiedia percoriacea* Allen

资料来源：《南岭北坡—赣南地区种子植物多样性编目和野生果树资源》。

分布：黄牛石白云寺有分布，生于山坡林中。

（45）无根藤属 *Cassytha*

■无根藤 *Cassytha filiformis* L.

资料来源：《南岭北坡—赣南地区种子植物多样性编目和野生果树资源》。

分布：九连山。

用途：药用植物。

（46）樟属 *Cinnamomum*

■华南桂 *Cinnamomum austrosinense* H. T. Chang

标本号：LYL00178。

分布：九连山有零星分布，生于山坡林中。

用途：药用植物。

■*阴香 *Cinnamomum burmannii* （Nees & T. Nees）Blume

分布：龙南县有广泛栽培或逸野生。

用途：观赏树种。

■*樟树 *Cinnamomum camphora* （L.）Presl

分布：龙南县有广泛栽培或逸野生。

用途：用材树种。

■天竺桂 *Cinnamomum japonicum* Sieb.

标本号：赵卫平582。

分布：虾公塘龙门有分布，生于山坡林中。

用途：药用植物、观赏植物。

■沉水樟 *Cinnamomum micranthum* （Hay.）Hay.

标本号：LYL02212。

分布：虾公塘、中迳有分布，生于山坡林中。

用途：用材树种、药用植物。

■黄樟 *Cinnamomum parthenoxylon* （Jack）Meisner

标本号：LYL00640。

分布：九连山广布，生于山坡林中。
用途：用材树种、药用植物。

■少花桂 *Cinnamomum pauciflorum* Nees

标本号：F1197。

分布：虾公塘有分布，生于山坡林中。

用途：观赏植物。

■香桂（细叶香桂）*Cinnamomum subavenium* Miq.

标本号：F478。

分布：黄牛石有分布，生于山坡林中。

用途：药用植物。

■辣汁树 *Cinnamomum tsangii* Merr.

标本号：F1275。

分布：九连山。

（47）厚壳桂属 *Cryptocarya*

■厚壳桂 *Cryptocarya chinensis*（Hance）Hemsl.

标本号：LYL00931。

分布：九连山。

用途：用材树种。

■黄果厚壳桂 *Cryptocarya concinna* Hance

标本号：赵卫平933。

分布：九连山。

用途：用材树种。

（48）山胡椒属 *Lindera*

■乌药 *Lindera aggregate*（Sims）Kosterm.

标本号：LYL00266。

分布：九连山广布，生于荒山灌丛中。

用途：药用植物。

■小叶乌药 *Lindera aggregata* var. *playfairii*（Hemsl.）H. P. Tsui

标本号：161210014。

分布：九连山广布，生于荒山灌丛中。

用途：药用植物。

■狭叶山胡椒 *Lindera angustifolia* Cheng

标本号：LYL00636。

分布：黄牛石有分布，生于沟谷、村旁。

用途：药用植物。

■香叶树 *Lindera communis* Hemsl.

标本号：LYL02096。

分布：九连山广布，生于沟谷、村旁。

用途：药用植物。

■山胡椒 *Lindera glauca*（Sieb. et Zucc.）Bl.

标本号：PVHJX06162。

分布：九连山有分布，生于林缘路边。

用途：药用植物。

■广东山胡椒 *Lindera kwangtungensis*（Liou）Allen

资料来源：《江西种子植物名录》。

分布：九连山。

用途：药用植物。

■黑壳楠 *Lindera megaphylla* Hemsl.

标本号：160805068。

分布：大丘田、虾公塘有分布，生于沟谷旁。

用途：用材树种。

■毛黑壳楠 *Lindera megaphylla* Hemsl. var. *touyuenensis*（Lévl.）Rehd.

标本号：PVHJX024622。

分布：花露有分布，生于沟谷旁。

用途：用材树种。

■**绒毛山胡椒** *Lindera nacusua*（D. Don）Merr.

标本号：20160828052。

分布：大丘山有分布。

用途：用材树种，药用植物。

■**山橿** *Lindera reflexa* Hemsl.

标本号：LYL02672。

分布：上湖有分布，生于疏林中。

用途：药用植物。

（49）木姜子属 *Litsea*

■**豹皮樟** *Litsea coreana* var. *sinensis*（Allen）Yang et P. H. Huang

标本号：170825260。

分布：安基山金山林场有分布，生于山坡林中。

■**山苍子**（山鸡椒）*Litsea cubeba*（Lour.）Pers.

标本号：F735。

分布：九连山广布，生于疏林、荒山、灌丛中。

用途：药用植物。

■**毛山苍子**（毛山鸡椒）*Litsea cubeba* var. *formosana*（Nakai）Yang et P. H. Huang

标本号：LYL00577。

分布：黄牛石有分布，生于灌丛中。

用途：药用植物。

■**黄丹木姜子** *Litsea elongata*（Wall. ex Nees）Benth. et Hook.

标本号：F463。

分布：九连山广布，生于山坡阔叶林中。

用途：用材树种。

■**木姜子** *Litsea pungens* Hemsl.

标本号：20161104058。

分布：九连山。

■圆果木姜子 *Litsea sinoglobosa* J. Li & H. W. L

标本号：SQS13017。

分布：九连山。

（50）润楠属 *Machilus*

■短序润楠 *Machilus breviflora*（Benth.）Hemsl.

标本号：LYL00116。

分布：虾公塘有分布，生于山坡林中。

用途：用材树种。

■浙江润楠 *Machilus chekiangensis* S. Lee

标本号：170404165。

分布：九连山。

用途：用材树种。

■基脉润楠 *Machilus decursinervis* Chun

标本号：160805006。

分布：九连山。

用途：用材树种。

■黄绒润楠 *Machilus grijsii* Hance

标本号：PVHJX012627。

分布：九连山有零星分布，生于荒山、疏林中。

用途：药用植物。

■宜昌润楠 *Machilus ichangensis* Rehd. et Wils.

标本号：D2368。

分布：虾公塘有分布，生于沟谷旁。

用途：用材树种。

■薄叶润楠 *Machilus leptophylla* Hand. –Mazz.

标本号：F1061。

分布：九连山广布，生于沟谷旁。

用途：用材树种。

■木姜润楠 *Machilus litseifolia* **S. Lee.**

标本号：Q13160。

分布：九连山。

■小果润楠 *Machilus microcarpa* **Hemsl.**

资料来源：《江西种子植物名录》。

分布：九连山。

■纳槁润楠 *Machilus nakao* **S. Lee**

标本号：T171209329。

分布：九连山。

■润楠 *Machilus nanmu* （Oliver.） **Hemsley.**

资料来源：《南岭北坡—赣南地区种子植物多样性编目和野生果树资源》。

分布：九连山。

用途：用材树种。

■龙眼润楠 *Machilus oculodracontis* **Chun**

标本号：170820007。

分布：花露、大丘田、墩头有分布，生于山坡林中。

用途：用材树种。

■刨花润楠 *Machilus pauhoi* **Kanehira**

标本号：Q13127。

分布：九连山广布，生于山坡林中。

用途：用材树种。

■凤凰润楠 *Machilus phoenicis* **Dunn**

标本号：Q13161。

分布：九连山。

用途：用材树种。

■柳叶润楠 *Machilus salicina* Hance

标本号：171210393。

分布：虾公塘有分布，生于沟谷旁。

用途：生态树种。

■红楠 *Machilus thunbergii* Sieb. et Zucc.

标本号：LYL02112。

分布：九连山广布，生于山坡林中。

用途：用材树种。

■绒毛润楠 *Machilus velutina* Champ. ex Benth.

标本号：LYL02094。

分布：九连山广布，生于荒山、疏林中。

用途：生态树种。

（51）新木姜子属 *Neolitsea*

■新木姜子 *Neolitsea aurata*（Hay.）Koidz.

标本号：ZQ20110215。

分布：虾公塘有分布，生于山坡林中。

用途：生态树种。

■浙江新木姜子 *Neolitsea aurata* var. *chekiangensis*（Nakai）Yang et P. H. Huang

标本号：F163。

分布：九连山有零星分布，生于山坡林中。

用途：生态树种。

■云和新木姜子 *Neolitsea aurata* var. *paraciculata*（Nakai）Yang et P. H. Huang

标本号：LYL00207。

分布：虾公塘有分布，生于山坡林中。

用途：生态树种。

■鸭公树 *Neolitsea chui* Merrill

标本号：QN20120079。

分布：九连山广布，生于山坡林中。

用途：用材树种。

■广西新木姜子 *Neolitsea kwangsiensis* Liou

资料来源：《江西种子植物名录》。

分布：九连山。

■大叶新木姜子 *Neolitsea levinei* Merr.

标本号：PVHJX015371。

分布：虾公塘、坪坑、大丘田有分布，生于沟谷旁。

用途：生态树种。

■显脉新木姜子 *Neolitsea phanerophlebia* Merr.

标本号：20160606024。

分布：九连山广布，生于沟谷旁。

用途：生态树种。

■南亚新木姜子 *Neolitsea zeylanica*（Nees）Merr.

标本号：170404155。

分布：九连山。

（52）楠属 *Phoebe*

■闽楠 *Phoebe bournei*（Hemsl.）Yang

标本号：PVHJX018193。

分布：九连山有零星分布，生于山坡林中。

用途：用材树种。

■湘楠 *Phoebe hunanensis* Hand. –Mazz.

标本号：170626031。

分布：九连山。

用途：用材树种。

■ 白楠 *Phoebe neurantha* (Hemsl.) Gamble

标本号：LYL02440。

分布：黄牛石有分布，生于沟谷旁。

用途：用材树种。

■ 紫楠 *Phoebe sheareri* (Hemsl.) Gamble

标本号：PVHJX012528。

分布：大丘田、润洞、中迳有分布，生于沟谷旁。

用途：用材树种。

(53) 檫木属 *Sassafras*

■ 檫木 *Sassafras tzumu* (Hemsl.) Hemsl.

标本号：LYL00731。

分布：九连山有分布，生于沟谷旁。

用途：用材树种。

18 金粟兰科 Chloranthaceae

(54) 金粟兰属 *Chloranthus*

■ 宽叶金粟兰 *Chloranthus henryi* Hemsl.

标本号：PVHJX015067。

分布：九连山有分布，生于林下阴湿处。

用途：药用植物。

■ 多穗金粟兰 *Chloranthus multistachys* Pei

标本号：LYL02677。

分布：大丘田有分布，生于林下阴湿处。

用途：药用植物。

■ 及已 *Chloranthus serratus* (Thunb.) Roem. et Schult.

资料来源：《南岭北坡—赣南地区种子植物多样性编目和野生果树资源》。

分布：九连山。
用途：药用植物。

■* 金粟兰 *Chloranthus spicatus*（Thunb.）Makino
标本号：PVHJX05264。
分布：花露有人工栽培。
用途：药用植物。

（55）草珊瑚属 *Sarcandra*

■草珊瑚 *Sarcandra glabra*（Thunb.）Nakai
标本号：LYL02681。
分布：九连山广布，生于疏林、路边。
用途：药用植物。

19 菖蒲科 Acoraceae

（56）菖蒲属 *Acorus*

■金钱蒲（石菖蒲）*Acorus gramineus* Soland
标本号：170404196。
分布：九连山广布，生于河谷岩石上。
用途：药用植物。

20 天南星科 Araceae

（57）广东万年青属 *Aglaonema*

■广东万年青 *Aglaonema modestum* Schott ex Engl.
分布：墩头有人工栽培。
用途：观赏植物。

（58）海芋属 *Alocasia*

■海芋 *Alocasia odora*（Roxburgh）K. Koch
标本号：PVHJX018397。

分布：墩头、坪坑有分布。
用途：药用植物。

（59）魔芋属 *Amorphophallus*

■魔芋（花魔芋）*Amorphophallus rivieri* Durieu

标本号：20160828067。

分布：九连山有零星分布，生于林下阴湿处。

用途：药用植物。

■野魔芋 *Amorphophallus variabilis* Blume

标本号：180513707。

分布：九连山有零星分布，生于林下阴湿处。

用途：药用植物。

（60）天南星属 *Arisaema*

■云台南星（鄂西南星）*Arisaema dubois-reymondiae* Engl.

资料来源：《南岭北坡—赣南地区种子植物多样性编目和野生果树资源》。

分布：九连山。

■天南星 *Arisaema heterophyllum* Blume

标本号：LYL00479。

分布：虾公塘、坪坑、黄牛石有分布，生于林下阴湿处。

用途：药用植物。

■蛇头草 *Arisaema japonicum* Blume

标本号：LYL02451。

分布：九连山有零星分布，生于水湿处。

■全缘灯台莲（灯台莲）*Arisaema sikokianum* Franch. et Sav.

标本号：LYL02757。

分布：花露、墩头有分布，生于林下阴湿处。

用途：药用植物。

（61）芋属 *Colocasia*

■野芋 *Colocasia antiquorum* Schott
标本号：PVHJX018452。
分布：九连山广布，生于荒地水湿处。
用途：药用植物。

■*芋 *Colocasia esculenta* (L.) Schott
分布：九连山广泛栽培。
用途：果蔬植物。

■大野芋 *Colocasia gigantea* (Blume) Hook. f.
资料来源：《南岭北坡—赣南地区种子植物多样性编目和野生果树资源》。
分布：九连山。
用途：药用植物。

（62）浮萍属 *Lemna*

■浮萍 *Lemna minor* L.
标本号：HM-250。
分布：九连山有分布，生于水塘中。
用途：青饲料。

（63）半夏属 *Pinellia*

■滴水珠 *Pinellia cordata* N. E. Brown
标本号：LYL02450。
分布：九连山有零星分布，生于河谷岩石水湿处。
用途：药用植物。

（64）大藻属 *Pistia*

■* **大藻** *Pistia stratiotes* L.
分布：各村水塘有栽培。
用途：青饲料。

（65）紫萍属 *Spirodela*

■ **紫萍** *Spirodela polyrhiza* (Linnaeus) Schleiden
标本号：HM-35。
分布：九连山有分布，生于水塘中。
用途：青饲料。

（66）无根萍属 *Wolffia*

■ **芜萍（无根萍）** *Wolffia arrhiza* (L.) Wimmer
标本号：LYL02452。
分布：生于水田中。
用途：青饲料。

21 泽泻科 Alismataceae

（67）泽泻属 *Alisma*

■ **窄叶泽泻** *Alisma canaliculatum* A. Braun et Bouche.
资料来源：《南岭北坡—赣南地区种子植物多样性编目和野生果树资源》。
分布：九连山。

（68）慈姑属 *Sagittaria*

■ **利川慈姑** *Sagittaria lichuanensis* J. K. Chen
标本号：LYL02611。

分布：润洞、黄牛石有分布，生于水田旁。

用途：药用植物。

■**矮慈姑** *Sagittaria pygmaea* Miq.

标本号：HM-86。

分布：九连山广布，生于水田中。

用途：青饲料。

■**野慈姑** *Sagittaria trifolia* L.

标本号：170822147。

分布：上围有分布，生小溪边。

用途：药用植物。

■**慈姑（华夏慈姑）** *Sagittaria trifolia* subsp. *leucopetala*（Miquel）Q. F. Wang

标本号：170822139。

分布：九连山广布，生于水田中。

用途：青饲料。

22 水鳖科 Hydrocharitaceae

（69）水筛属 *Blyxa*

■**水筛** *Blyxa japonica*（Miq.）Maxim.

标本号：PVHJX018470。

分布：古坑、坪坑、墩头有分布，生于水塘、小溪中。

用途：青饲料。

（70）黑藻属 *Hydrilla*

■**黑藻** *Hydrilla verticillata*（L. f.）Royle

标本号：PVHJX05983。

分布：九连山有分布，生于水田、水塘中。

用途：青饲料。

（71）海菜花属 *Ottelia*

■水车前（龙舌草）*Ottelia alismoides*（L.）Pers.

标本号：LYL02795。

分布：九连山有分布，生于水田、水塘中。

用途：青饲料。

23 水蕹科 Aponogetonaceae

（72）水蕹属 *Aponogeton*

■水蕹 *Aponogeton lakhonensis* A. Camus

标本号：PVHJX018393。

分布：九连山有分布，生于水田、水塘中。

24 眼子菜科 Potamogetonaceae

（73）眼子菜属 *Potamogeton*

■菹草 *Potamogeton crispus* L.

标本号：LYL02793。

分布：九连山有分布，生于水沟、池塘中。

■眼子菜 *Potamogeton distinctus* A. Bennett.

标本号：LYL02686。

分布：九连山广布，生于水田中。

■小眼子菜 *Potamogeton pusillus* L. L

标本号：LYL02758。

分布：九连山有分布，生于水田中。

■竹叶眼子菜 *Potamogeton wrightii* Morong

标本号：LYL02779。

分布：九连山有分布，生于水田中。

25 纳茜菜科 Natheciaceae

（74）粉条儿菜属 *Aletris*

■**短柄粉条儿菜 *Aletris scopulorum* Dunn**

标本号：180521774。

分布：虾公塘有分布，生于林缘。

用途：药用植物。

■**粉条儿菜 *Aletris spicata*（Thunb.）Franch.**

分布：大丘田、墩头有分布，生于路边草丛中。

用途：药用植物。

26 水玉簪科 Burmanniaceae

（75）水玉簪属 *Burmannia*

■**头花水玉簪 *Burmannia championii* Thw.**

标本号：PVHJX09235。

分布：黄牛石、坪坑有分布，生于竹林中。

用途：药用植物。

■**三品一枝花 *Burmannia coelestis* D. Don**

资料来源：《江西种子植物名录》。

分布：大丘田小拱桥有分布，生于林缘。

用途：药用植物。

■**宽翅水玉簪 *Burmannia nepalensis*（Miers）Hook. f.**

标本号：XYF013189。

分布：坪坑、小武当山有分布，生于竹林中。

用途：药用植物。

■**亭立 *Burmannia wallichii*（Miers）Hook. f.**

标本号：LYL00984。

分布：大丘田小拱桥有分布，生于阔叶林下。

用途：药用植物。

27 薯蓣科 Dioscoreaceae

（76）薯蓣属 *Dioscorea*

■* **参薯** *Dioscorea alata* L.

分布：九连山广泛栽培。

用途：果蔬植物。

■**黄独** *Dioscorea bulbifera* L.

标本号：LYL00932。

分布：九连山广布，生于沟谷旁。

用途：药用植物。

■**薯莨** *Dioscorea cirrhosa* Lour.

标本号：LYL02139。

分布：九连山有分布，生于沟谷旁、灌丛中。

用途：药用植物。

■**粉背薯蓣** *Dioscorea collettii* var. *hypoglauca*（Palibin）C. T. Ting et al.

资料来源：《南岭北坡—赣南地区种子植物多样性编目和野生果树资源》。

分布：九连山。

用途：药用植物。

■**日本薯蓣** *Dioscorea japonica* Thunb.

标本号：LYL00601。

分布：九连山有零星分布，生于路边灌丛中。

用途：药用植物。

■**五叶薯蓣** *Dioscorea pentaphylla* L.

标本号：160825785。

分布：横坑水、坪坑有分布，生于路边灌丛中。

用途：药用植物。

■褐苞薯蓣 *Dioscorea persimilis* Prain et Burkill

资料来源：《南岭北坡—赣南地区种子植物多样性编目和野生果树资源》。

分布：九连山。

■细柄薯蓣 *Dioscorea tenuipes* Franch. et Savat.

资料来源：《南岭北坡—赣南地区种子植物多样性编目和野生果树资源》。

分布：九连山。

（77）蒟蒻薯属 *Tacca*

■裂果薯 *Tacca plantaginea*（Hance）Drenth

标本号：PVHJX012990。

分布：大丘田有分布，生于河边。

用途：药用植物。

28 霉草科 Triuridaceae

（78）喜阴草属 *Sciaphila*

■多枝霉草 *Sciaphila ramosa* Fukuyma et Suzuki

标本号：LYL01002。

分布：坪坑有分布，生于竹林中。

用途：药用植物。

29 黑药花科 Melanthiaceae

（79）重楼属 *Paris*

■具柄重楼 *Paris fargesii* var. *petiolata*（Baker ex C. H. Wright）Wang et Tang

资料来源：《南岭北坡—赣南地区种子植物多样性编目和野生果

树资源》。

分布：九连山。

用途：药用植物。

■七叶一枝花 *Paris polyphylla* Smith

标本号：PVHJX013452。

分布：九连山有零星分布，生于沟谷潮湿处。

用途：药用植物。

■华重楼 *Paris polyphylla* Smith var. *chinensis*（Franch.）Hara

标本号：160807243。

分布：九连山有零星分布，生于沟谷潮湿处。

用途：药用植物。

（80）藜芦属 *Veratrum*

■狭叶藜芦 *Veratrum stenophyllum* Diels

标本号：PVHJX018453。

分布：虾公塘有分布，生于山脊草丛中。

（81）丫蕊花属 *Ypsilandra*

■丫蕊花 *Ypsilandra thibetica* Franch.

资料来源：《江西种子植物名录》。

分布：九连山。

用途：药用植物。

30 秋水仙科 Colchicaceae

（82）万寿竹属 *Disporum*

■短蕊万寿竹 *Disporum bodinieri*（Lévl. et Vant.）Wang et Tang

资料来源：《江西种子植物名录》。

分布：九连山。

用途：药用植物。

■少花万寿竹（宝铎草）*Disporum uniflorum* Baker ex S. Moore

标本号：丁790231。

分布：九连山。

用途：药用植物。

31 菝葜科 Smilacaceae

（83）菝葜属 *Smilax*

■小果菝葜 *Smilax davidiana* A. DC.

标本号：LYL00083。

分布：九连山有分布，生于疏林中。

用途：药用植物。

■土茯苓 *Smilax glabra* Roxb.

标本号：PVHJX015408。

分布：九连山有分布，生于疏林中。

用途：药用植物。

■黑果菝葜 *Smilax glaucochina* Warb.

标本号：LYL02505。

分布：黄牛石有分布，生于疏林中。

用途：药用植物。

■粉背菝葜 *Smilax hypoglauca* Benth.

资料来源：《南岭北坡—赣南地区种子植物多样性编目和野生果树资源》。

分布：九连山。

用途：药用植物。

■暗色菝葜（马甲菝葜）*Smilax lanceifolia* Roxb.

标本号：LYL00222。

分布：九连山广布，生于疏林中。

■缘脉菝葜 *Smilax nervomarginata* Hay.

标本号：丁840030。

分布：九连山有零星分布，生于疏林中。

用途：药用植物。

■白背牛尾菜 *Smilax nipponica* Miq.

标本号：PVHJX015476。

分布：黄牛石有分布，生于竹林中。

用途：果蔬植物。

■牛尾菜 *Smilax riparia* A. DC.

标本号：LYL02668。

分布：九连山广布，生于河边、路旁。

用途：果蔬植物。

32 百合科 Liliaceae

（84）百合属 *Lilium*

■条叶百合 *Lilium callosum* Sieb. et Zucc.

标本号：LYL02759。

分布：九连山有零星分布，生于路边灌丛中。

用途：药食植物。

■百合 *Lilium brownii* var. *viridulum* Baker

资料来源：《南岭北坡—赣南地区种子植物多样性编目和野生果树资源》。

分布：九连山有零星分布，生于路边灌丛中。

用途：药食植物。

■卷丹 *Lilium tigrinum* Ker Gawler ［*Lilium lancifolium* Thunb.］

资料来源：《南岭北坡—赣南地区种子植物多样性编目和野生果树资源》。

分布：九连山。

用途：药用植物。

（85）油点草属 *Tricyrtis*

■油点草 *Tricyrtis macropoda* Miq.

标本号：PVHJX00885。

分布：下湖、虾公塘有分布，生于林下。

用途：药用植物。

33 兰科 Orchidaceae

香荚兰亚科 Vanilloideae　香荚兰族 Vanilleae
（86）肉果兰属 *Cyrtosia*

■血红肉果兰 *Cyrtosia septentrionalis*（Rchb. F.）Garay

分布：虾公塘有分布，生于阔叶林下。江西新记录。

用途：药用植物。

（87）山珊瑚属 *Galeola*

■山珊瑚 *Galeola faberi* Rolfe

分布：虾公塘、大丘田有分布，生于阔叶林下。

用途：药用植物。

■毛萼山珊瑚 *Galeola lindleyana*（Hook. f. et Thoms.）Rchb.

分布：虾公塘有分布，生于阔叶林下。

用途：药用植物。

（88）盂兰属 *Lecanorchis*

■全唇盂兰 *Lecanorchis nigricans* Honda

分布：虾公塘、黄牛石有分布，生于阔叶林下。

用途：药用植物。

红门兰亚科 Orchidoideae 红门兰族 Orchidieae
(89) 玉凤花属 *Habenaria*

■毛葶玉凤花 *Habenaria ciliolaris* Kranzl.

分布：坪坑、润洞电厂有分布，生于路边灌丛中。

用途：药用植物。

■鹅毛玉凤花 *Habenaria dentata* (Sw.) Schltr

分布：坪坑、上湖有分布，生于路边灌丛中。

用途：药用植物。

■线瓣玉凤花 *Habenaria fordii* Rolfe

分布：黄牛石有分布，生于林下岩石上。

用途：药用植物。

■裂瓣玉凤花 *Habenaria petelotii* Gagnep.

分布：黄牛石有分布，生于林下沟谷中。

用途：药用植物。

■橙黄玉凤花 *Habenaria rhodocheila* Hance

分布：九连山有分布，生于沟谷、路边岩石上。

用途：观赏、药用植物。

■十字兰 *Habenaria schindleri* Schltr.

分布：上湖有分布，生于荒地水湿处。

用途：药用植物。

(90) 阔蕊兰属 *Peristylus*

■狭穗阔蕊兰 *Peristylus densus* (Lindl.) Santap. et Kapad.

分布：上湖、中迳有分布，生于路边灌丛中。

用途：药用植物。

（91）舌唇兰属 *Platanthera*

■舌唇兰 *Platanthera japonica*（Thunb. ex Marray）Lindl.
分布：黄牛石有分布，生于山脊草丛中。
用途：药用植物。

■小舌唇兰 *Platanthera minor*（Miq.）Rchb. F.
分布：虾公塘有分布，生于草丛中。
用途：药用植物。

■南岭舌唇兰 *Platanthera nanlingensis* X. H. Jin & W. T. Jin
分布：黄牛石有分布，生于林下阴湿处。
用途：药用植物。

■东亚舌唇兰 *Platanthera ussuriensis*（Regel et Maack）Maxim.
分布：虾公塘有分布，生于山坡林缘或沟边。
用途：药用植物。

双尾兰族 Diurideae
（92）葱叶兰属 *Microtis*

■葱叶兰 *Microtis unifolia*（Forst.）Rchb. F.
分布：九连山。

药粉兰族 Cranichideae
（93）开唇兰属 *Anoectochilus*

■金线莲 *Anoectochilus roxburghii*（Wall.）Lindl.
分布：九连山有零星分布，生于阔叶林下。
用途：药用植物。

■浙江金线兰 *Anoectochilus zhejiangensis* Z. Wei et Y. B. Chang
分布：虾公塘、黄牛石有分布，生于阔叶林下。
用途：药用植物。

（94）叉柱兰属 *Cheirostylis*

■云南叉柱兰 *Cheirostylis yunnanensis* Rolfe

分布：黄牛石有分布，生于沟边阴湿处。

（95）斑叶兰属 *Goodyera*

■大花斑叶兰 *Goodyera biflora*（Lindl.）Hook. f.

分布：黄牛石有分布，生于林下阴湿处。

用途：药用植物。

■多叶斑叶兰 *Goodyera foliosa*（Lindl.）Benth. ex Clarke

分布：九连山广布，生于林下阴湿处。

用途：药用植物。

■光萼斑叶兰 *Goodyera henryi* Rolfe

分布：九连山有零星分布，生于林下阴湿处。

■小斑叶兰 *Goodyera repens*（L.）R. Br.

分布：虾公塘有分布，生于林下阴湿处。

■绿花斑叶兰 *Goodyera viridiflora*（Bl.）Bl.

分布：九连山有零星分布，生于林下阴湿处。

用途：药用植物。

■小小斑叶兰 *Goodyera yangmeishanensis* T. P. Lin

分布：九连山有零星分布，生于林下阴湿处。

用途：药用植物。

（96）翻唇兰属 *Hetaeria*

■白肋翻唇兰 *Hetaeria cristata* Bl.

分布：九连山有零星分布，生于林下阴湿处。

（97）菱兰属 Rhomboda

■白肋菱兰 *Rhomboda tokioi*（Fukuy）Ormerod
分布：九连山有零星分布。
用途：药用植物。

（98）绶草属 Spiranthes

■香港绶草 *Spiranthes hongkongensis* S. Y. Hu & Barretto
分布：墩头有分布，生于荒田草丛中。
用途：药用植物。

■绶草 *Spiranthes sinensis*（Pers.）Ames
分布：九连山有分布，生于荒地水湿处。
用途：药用植物。

（99）线柱兰属 Zeuxine

■黄唇线柱兰 *Zeuxine sakagutii* Tuyama
分布：虾公塘有分布，生于阔叶林下，江西新记录种。
用途：药用植物。

■线柱兰 *Zeuxine strateumatica*（L.）Schltr.
分布：龙南湿地公园有分布，生于草坪上。
用途：药用植物。

树兰亚科 Epidendroideae　鸟巢兰族 Neottieae
（100）无叶兰属 Aphyllorchis

■无叶兰 *Aphyllorchis montana* Rchb. F.
分布：虾公塘有分布，生于阔叶林缘。
用途：药用植物。

■单唇无叶兰 *Aphyllorchis simplex* T. Tang et F. T. Wang
分布：虾公塘有分布，生于阔叶林缘。
用途：药用植物。

天麻族 Gastrodieae
（101） 天麻属 *Gastrodia*

■* 天麻 *Gastrodia elata* Bl.
分布：上湖有人工栽培。
用途：药用植物。

■黄天麻 *Gastrodia elata* f. *flavida* S. Chow
分布：虾公塘有分布，生于阔叶林下。
用途：药用植物。

■北插天天麻 *Gastrodia peichatieniana* S. S. Ying
分布：虾公塘有分布，生于阔叶林下。
用途：药用植物。

芋兰族 Nervilieae
（102） 芋兰属 *Nervilia*

■广布芋兰 *Nervilia aragoana* Gaud.
分布：黄牛石有分布，生于阔叶林下，江西新记录。
用途：药用植物。

■毛叶芋兰 *Nervilia plicata* （Andr.） Schltr.
分布：黄牛石有分布，生于阔叶林下，江西新记录。
用途：药用植物。

（103） 虎舌兰属 *Epipogium*

■虎舌兰 *Epipogium roseum* （D. Don） Lindl.
分布：虾公塘、大丘田有分布，生于路边阴湿处。
用途：药用植物。

布袋兰族 Calypsieae
（104） 独花兰属 *Changnienia*

■独花兰 *Changnienia amoena* Chien
分布：九连山。

用途：药用植物。

贝母兰族 Arethuseae
（105）杜鹃兰属 *Cremastra*

■杜鹃兰 *Cremastra appendiculata*（D. Don）Makino
分布：虾公塘有分布，生于林下阴湿处。
用途：药用植物。

■斑叶杜鹃兰 *Rhododendron punctifolium* L. C. Hu
分布：虾公塘有分布，生于林下阴湿处。
用途：药用植物。

（106）竹叶兰属 *Arundina*

■竹叶兰 *Arundina graminifolia*（D. Don）Hochr.
分布：虾公塘有分布，生于山脊草丛中。

（107）白及属 *Bletilla*

■白及 *Bletilla striata*（Thunb. ex Murray）Rchb. F.
分布：武当山有分布，生于岩石上。
用途：药用植物。

（108）贝母兰属 *Coelogyne*

■流苏贝母兰 *Coelogyne fimbriata* Lindl.
分布：九连山广布，生于岩石上。
用途：药用植物。

（109）石仙桃属 *Pholidota*

■细叶石仙桃 *Pholidota cantonensis* Rolfe
分布：九连山有分布。
用途：药用植物。

■石仙桃 *Pholidota chinensis* **Lindl.**

分布：九连山有分布，生于林下岩石上。

用途：药用植物。

（110）独蒜兰属 *Pleione*

■台湾独蒜兰 *Pleione formosana* **Hayata**

分布：上围有分布，生于林下岩石上。

用途：药用植物。

沼兰族 **Malaxideae**
（111）羊耳蒜属 *Liparis*

■镰翅羊耳蒜 *Liparis bootanensis* **Griff.**

分布：虾公塘、黄牛石有分布，生于湿润岩石上。

用途：药用植物。

■长苞羊耳蒜 *Liparis inaperta* **Finet**

分布：虾公塘有分布，生于湿润岩石上。

用途：药用植物。

■见血青 *Liparis nervosa*（**Thunb. ex A. Murray**）**Lindl.**

分布：九连山有零星分布，生于疏林中。

用途：药用植物。

■香花羊耳蒜 *Liparis odorata*（**Willd.**）**Lindl.**

分布：九连山有零星分布，生于疏林中。

用途：药用植物。

■长唇羊耳蒜 *Liparis pauliana* **Hand. –Mazz.**

分布：九连山有零星分布，生于疏林中。

用途：药用植物。

（112）鸢尾兰属 *Oberonia*

■狭叶鸢尾兰 *Oberonia caulescens* Lindl.

分布：九连山。

石斛族 Dendrobieae
（113）石豆兰属 *Bulbophyllum*

■瘤唇卷瓣兰 *Bulbophyllum japonicum*（Makino）Makino

分布：虾公塘沟谷大树上附生。

用途：药用植物。

■广东石豆兰 *Bulbophyllum kwangtungense* Schltr.

分布：大丘田有分布，生于林下岩石上。

用途：药用植物。

■齿瓣石豆兰 *Bulbophyllum levinei* Schltr.

分布：虾公塘有分布，生于林内树干上。

用途：药用植物。

■斑唇卷瓣兰 *Bulbophyllum pecten-veneris*（Gagnepain）Seidenfaden

分布：虾公塘有分布，生于林内树干上。

用途：药用植物。

■藓叶卷瓣兰 *Bulbophyllum retusiusculum* Rchb. f.

分布：虾公塘有分布，生于林内树干上或岩石上。

用途：药用植物。

■伞花石豆兰 *Bulbophyllum shweliense* W. W. Sm.

分布：黄牛石有分布，生于林内树干上。

用途：药用植物。

（114）石斛属 *Dendrobium*

■钩状石斛 *Dendrobium aduncum* Wall ex Lindl.

分布：虾公塘、大丘田、鹅公塘有分布，生于林内树干上。

用途：药用植物。

■密花石斛 *Dendrobium densiflorum* **Lindl. ex Wall.**

分布：广东黄牛石有分布，生于阔叶林树干上。

用途：药用植物。

■重唇石斛 *Dendrobium hercoglossum* **Rchb. F.**

分布：大丘田、鹅公坑、黄牛石有分布，生于林内树干上。

用途：药用植物。

■*霍山石斛 *Dendrobium huoshanense* **C. Z. Tang et S. J. Cheng**

分布：上湖有人工栽培。

用途：药用植物。

■美花石斛 *Dendrobium loddigesii* **Rolfe**

分布：黄牛石有分布，生于林内树干上。

用途：药用植物。

■罗河石斛 *Dendrobium lohohense* **Tang et Wang**

分布：田心电站有分布，生于林下岩石上。

用途：药用植物。

■细茎石斛 *Dendrobium moniliforme* **(L.) Sw.**

分布：黄牛石有分布，生于阔叶林树干上。

用途：药用植物。

■广东石斛 *Dendrobium wilsonii* **Rolfe**

分布：黄牛石有分布，生于阔叶林树干上。

用途：药用植物。

■铁皮石斛 *Dendrobium officinale* **Kimura et Migo**

分布：小武当有野生分布，上湖有人工种植。

用途：药用植物。

■单葶草石斛 *Dendrobium porphyrochilum* **Lindl.**

分布：大丘田有分布，生于林下岩石上。

用途：药用植物。

■始兴石斛 *Dendrobium shixingense* Z. L. Chen
分布：九连山零星分布，生于沟谷树干上。
用途：药用植物。

（115）厚唇兰属 *Epigeneium*

■单叶厚唇兰 *Epigeneium fargesii* （Finet）Gagnep.
分布：虾公塘有分布，生于树干上。
用途：药用植物。

吻兰族 Collabeae
（116）虾脊兰属 *Calanthe*

■泽泻虾脊兰 *Calanthe alismatifolia* Lindley
分布：虾公塘河边有分布，生于阔叶林下。
用途：药用植物。

■银带虾脊兰 *Calanthe argenteostriata* C. Z. Tang & S. J. Cheng
分布：虾公塘有分布，生于林下岩石上。

■肾唇虾脊兰 *Calanthe brevicornu* Lindl.
分布：黄牛石有分布，生于沟谷旁。
用途：药用植物。

■黄花鹤顶兰 *Calanthe flavus* （Bl.）Lindl.
分布：大丘田有分布，生于沟谷岸边。
用途：观赏植物。

■钩距虾脊兰 *Calanthe graciliflora* Hayata
分布：九连山广布，生于路边、竹林中。
用途：药用植物。

■长距虾脊兰 *Calanthe sylvatica* （Thou.）Lindl.
分布：鹅公坑有分布，生于沟谷旁。

用途：药用植物。

■鹤顶兰 Calanthe tancarvilleae（L'Heritier）Blume

分布：大丘田有分布，生于沟谷岸边。

用途：观赏植物。

（117）吻兰属 Collabium

■台湾吻兰 Collabium formosanum Hayata

分布：虾公塘有分布，生于密林岩石中。

用途：药用植物。

（118）苞舌兰属 Spathoglottis

■苞舌兰 Spathoglottis pubescens Lindl.

分布：上湖、上围有分布，生于路边草丛中。

用途：药用植物。

（119）带唇兰属 Tainia

■心叶带唇兰 Tainia cordifolia Hook. f.

分布：九连山。

■带唇兰 Tainia dunnii Rolfe

分布：上湖、虾公塘有分布，生于林缘中。

用途：药用植物。

兰族 Cynbidieae
（120）兰属 Cymbidium

■建兰 Cymbidium ensifolium（L.）Sw.

分布：九连山零星分布，生于疏林中。

用途：观赏植物。

■多花兰 Cymbidium floribundum Lindl.

分布：虾公塘有分布，生于林中树干或岩石上。

用途：观赏植物。

■春兰 *Cymbidium goeringii* (Rchb. f.) Rchb. F.

分布：高峰、虾公塘有分布，生于林下。

用途：观赏植物。

■寒兰 *Cymbidium kanran* Makino

分布：九连山零星分布。

用途：观赏植物。

■兔耳兰 *Cymbidium lancifolium* Hook. f.

分布：虾公塘有分布，生于路边。

用途：观赏植物。

■峨眉春蕙 *Cymbidium omeiense* Y. S. Wu & S. C. Chen

分布：虾公塘有分布，生于阔叶林下。

用途：观赏植物。

■*墨兰 *Cymbidium sinense* (Jackson ex Andr.) Willd.

分布：人工栽培。

用途：观赏植物。

(121) 美冠兰属 *Eulophia*

■紫花美冠兰 *Eulophia spectabilis* (Dennst.) Suresh

分布：九连山有零星分布，生于林缘。

■无叶美冠兰 *Eulophia zollingeri* (Rchb. F.) J. J. Smith

分布：上湖有分布，生于疏林中。

万代兰族 Vandeae
(122) 异形兰属 *Chiloschista*

■广东异形兰 *Chiloschista guangdongensis* Z. H. Tsi

分布：杨村沉下沟边树干上，江西新记录。

(123) 隔距兰属 Cleisostoma

■大序隔距兰 Cleisostoma paniculatum（Ker-Gawl.）Garay
分布：九连山零星分布，生于路边树干上。

■广东隔距兰 Cleisostorma simondii var. guangdongense Z. H. Tsi
分布：黄牛石有分布，生于林中树干上。

(124) 盆距兰属 Gastrochilus

■黄松盆距兰 Gastrochilus japonicus（Makino）Schltr.
分布：润洞有分布，生于林中树干或岩石上。

(125) 蝴蝶兰属 Phalaenopsis

■*蝴蝶兰 Phalaenopsis aphrodite H. G. Reichenbach
分布：人工栽培。
用途：春节优良观花植物。

■短茎萼脊兰 Phalaenopsis subparishii（Z. H. Tsi）Christenson
分布：九连山。

(126) 寄树兰属 Robiquetia

■寄树兰 Robiquetia succisa（Lindl.）Tang et Wang
分布：黄牛石有分布，生于疏林树干上。

(127) 带叶兰属 Taeniophyllum

■带叶兰 Taeniophyllum glandulosum Bl.
分布：黄牛石有分布。

34 仙茅科 Hypoxidaceae

（128）仙茅属 *Curculigo*

■**大叶仙茅 *Curculigo capitulata*（Lour.）O. Kuntze**
资料来源：《南岭北坡—赣南地区种子植物多样性编目和野生果树资源》。
　　分布：九连山。
　　用途：药用植物。

■**仙茅 *Curculigo orchioides* Gaertn.**
　　分布：九连山分布，生于路旁草丛中。
　　用途：药用植物。

（129）小金梅草属 *Hypoxis*

■**小金梅草 *Hypoxis aurea* Lour.**
资料来源：《南岭北坡—赣南地区种子植物多样性编目和野生果树资源》。
　　分布：九连山。
　　用途：药用植物。

（130）唐菖蒲属 *Gladiolus*

■**唐菖蒲 *Gladiolus gandavensis* Vaniot Houtt**
　　分布：古坑、润洞有人工栽培。

35 鸢尾科 Iridaceae

（131）鸢尾属 *Iris*

■**射干 *Iris chinensis*（L.）Redouté**
标本号：X3921。
　　分布：九连山有分布，生于沟谷旁。
　　用途：园林植物。

■**蝴蝶花** *Iris japonica* Thunb.

标本号：PVHJX00868。

分布：黄牛石、大丘田有分布，生于沟谷旁。

用途：园林植物。

■**马蔺** *Iris lactea* Pall.

资料来源：《南岭北坡—赣南地区种子植物多样性编目和野生果树资源》。

分布：九连山。

用途：园林植物。

36 独尾草科 Asphodelaceae

（132）芦荟属 *Aloe*

■***芦荟** *Aloe vera*（L.）Burm.

分布：龙南县广泛栽培。

（133）山菅属 *Dianella*

■**山菅** *Dianella ensifolia*（L.）Redouté

标本号：XYF008435。

分布：九连山广布，生于林缘。

（134）萱草属 *Hemerocallis*

■**黄花菜** *Hemerocallis citrina* Baroni

标本号：LYL02453。

分布：九连山有分布或人工栽培，生于林缘。

■**萱草** *Hemerocallis fulva*（L.）L.

标本号：PVHJX018453。

分布：九连山有分布或人工栽培，生于林下。

37 石蒜科 Amaryllidaceae

（135） 葱属 *Allium*

■* 洋葱 *Allium cepa* L.

分布：九连山广泛种植。

用途：果蔬植物。

■* 薤头 *Allium chinense* G. Don

分布：九连山广泛种植。

用途：果蔬植物。

■* 薤白 *Allium macrostemon* Bunge

分布：九连山广泛种植。

用途：果蔬植物。

■* 蒜 *Allium sativum* L.

分布：九连山广泛种植。

用途：果蔬植物。

■* 茖葱（茖葱）*Allium victorialis* L.

分布：九连山广泛种植。

用途：果蔬植物。

（136） 文殊兰属 *Crinum*

■* 文殊兰 *Crinum asiaticum* var. *sinicum*（Roxb. ex Herb.）Baker

分布：古坑有人工栽培。

用途：观赏植物。

（137） 石蒜属 *Lycoris*

■ 忽地笑 *Lycoris aurea*（L'Hér.）Herb.

标本号：LYL00933。

分布：大丘田有分布，生于林下岩石上。

用途：药用植物。

■石蒜 *Lycoris radiata* (L'Hér.) Herb.

标本号：LYL0081。

分布：九连山广布，生于河边湿地处。

用途：药用植物。

（138）水仙属 *Narcissus*

■*水仙 *Narcissus tazetta* L. var. *chinensis* Roem.

分布：古坑有人工栽培。

用途：观赏植物。

38 天门冬科 Asparagaceae

（139）龙舌兰属 *Agave*

■*龙舌兰 *Agave americana* L.

分布：古坑、中迳有人工栽培。

用途：观赏植物。

■*剑麻 *Agave sisalana* Perr. ex Engelm.

分布：古坑、中迳有人工栽培。

用途：观赏植物。

（140）天门冬属 *Asparagus*

■天门冬 *Asparagus cochinchinensis* (Lour.) Merr.

标本号：F336。

分布：九连山零星分布，生于疏林中。

用途：药用植物。

■*石刁柏 *Asparagus officinalis* L.

分布：古坑有人工栽培。

用途：药用植物。

（141）蜘蛛抱蛋属 *Aspidistra*

■**蜘蛛抱蛋** *Aspidistra elatior* Blume
标本号：LYL02780。
分布：九连山有分布，生于水溪边。
用途：药用植物。

■**流苏蜘蛛抱蛋** *Aspidistra fimbriata* Wang et K. Y. Lang
标本号：Dengsw1708。
分布：虾公塘有分布，生于林下阴湿处。

■**九龙盘** *Aspidistra lurida* Ker-Gawl.
标本号：庐植870。
分布：虾公塘有分布，生于疏林中。
用途：药用植物。

（142）开口箭属 *Campylandra*

■**开口箭** *Campylandra chinensis*（Bakey）M. N. Tamura et al. [*Tupistra chinensis* Baker]
资料来源：《南岭北坡—赣南地区种子植物多样性编目和野生果树资源》。
分布：九连山。
用途：药用植物。

（143）吊兰属 *Chlorophytum*

■* **吊兰（银边吊兰）** *Chlorophytum comosum*（Thunb.）Baker
分布：古坑有人工栽培。
用途：观赏植物。

（144）朱蕉属 *Cordyline*

■* **朱蕉** *Cordyline fruticosa*（Linn）A. Chevalier
分布：龙南县城湿地公园有人工栽培。

用途：观赏植物。

（145）竹根七属 *Disporopsis*

■竹根七 *Disporopsis fuscopicta* Hance

标本号：160820541。

分布：虾公塘、横坑水有分布，生于林下阴湿处。

用途：药用植物。

■深裂竹根七 *Disporopsis pernyi*（Hua）Diels

标本号：161004137。

分布：虾公塘、黄牛石有分布，生于林下阴湿处。

用途：药用植物。

（146）玉簪属 *Hosta*

■*玉簪 *Hosta plantaginea*（Lam.）Aschers.

标本号：PVHJX09206。

分布：金鸡寨公园有人工栽培。

用途：观赏植物。

（147）山麦冬属 *Liriope*

■阔叶土麦冬 *Liriope muscari*（Decne.）L. H. Bailey

标本号：160805014。

分布：九连山有分布，生于沟谷中。

用途：药用植物。

■阔叶山麦冬 *Liriope platypnylla* Wang et Tang

资料来源：《南岭北坡—赣南地区种子植物多样性编目和野生果树资源》。

分布：九连山。

用途：药用植物。

■山麦冬（土麦冬）*Liriope spicata* (Thunb.) Lour.

标本号：LYL00539。

分布：九连山有分布，生于林下阴湿处。

用途：药用植物。

（148）沿阶草属 *Ophiopogon*

■沿阶草 *Ophiopogon bodinieri* Lévl.

标本号：PVHJX09123。

分布：九连山有分布，生于沟谷潮湿处。

用途：药用植物。

■间型沿阶草 *Ophiopogon intermedius* D. Don

标本号：张5014。

分布：九连山。

用途：药用植物。

■麦冬 *Ophiopogon japonicus* (L. f.) Ker-Gawl.

标本号：170403068。

分布：九连山有分布，生于沟谷潮湿处。

用途：药用植物。

（149）黄精属 *Polygonatum*

■多花黄精 *Polygonatum cyrtonema* Hua

标本号：LYL00626。

分布：九连山有分布，生于阔叶林下。

用途：食药植物。

■长梗黄精 *Polygonatum filipes* Merr. ex C. Jeffrey et McEwan

标本号：PVHJX05111。

分布：虾公塘、黄牛石、田心电站有分布，生于阔叶林下。

用途：食药植物。

■玉竹 *Polygonatum odoratum*（Mill.）Druce

标本号：LYL02797。

分布：九连山有分布，生于阔叶林下。

用途：食药植物。

（150）吉祥草属 *Reineckea*

■吉祥草 *Reineckea carnea*（Andrews）Kunth

资料来源：《南岭北坡—赣南地区种子植物多样性编目和野生果树资源》。

分布：九连山。

用途：园林植物。

（151）万年青属 *Rohdea*

■* 万年青 *Rohdea japonica*（Thunb.）Roth.

分布：古坑有人工栽培。

用途：园林植物。

39 棕榈科 Arecaceae

（152）省藤属 *Calamus*

■毛鳞省藤 *Calamus thysanolepis* Hance

标本号：T180724041。

分布：花露、墩头有分布，生于河谷旁。

用途：园林植物。

（153）鱼尾葵属 *Caryota*

■* 鱼尾葵 *Caryota ochlandra* Hance

分布：龙南湿地公园有人工栽培。

用途：园林植物。

（154）蒲葵属 Livistona

■* 蒲葵 *Livistona chinensis*（Jacq.）R. Br.

分布：龙南县城各小区有人工栽培。

用途：园林植物。

（155）刺葵属 Phoenix

■* 江边刺葵 *Phoenix roebelenii* O'Brien

分布：九连山保护区植物园有人工栽培。

用途：园林植物。

（156）棕竹属 Rhapis

■* 棕竹 *Rhapis excelsa*（Thunb.）Henry ex Rehd.

分布：九连山保护区植物园有人工栽培。

用途：园林植物。

（157）棕榈属 Trachycarpus

■ 棕榈 *Trachycarpus fortunei*（Hook.）H. Wendl.

标本号：LYL00934。

分布：九连山各村有栽培或野生。

用途：园林植物。

40 鸭跖草科 Commelinaceae

（158）鸭跖草属 Commelina

■ 鸭跖草 *Commelina communis* L.

标本号：LYL00242。

分布：九连山广布，生于路边、水边。

用途：药用植物。

■节节草 *Commelina diffusa* Burm. f.

标本号：LYL00879。

分布：九连山。

用途：药用植物。

■大苞鸭跖草 *Commelina paludosa* Bl.

标本号：LYL00215。

分布：九连山广布，生于路边、水边。

用途：药用植物。

（159）蓝耳草属 *Cyanotis*

■蛛丝毛蓝耳草 *Cyanotis arachnoidea* C. B. Clarke

标本号：LYL02455。

分布：润洞有分布，生于路边岩石上。

用途：药用植物。

■蓝耳草 *Cyanotis vaga* (Lour.) Schultes. et J. H. Schultes.

标本号：LYL02456。

分布：九连山有分布，生于荒地、水田中。

用途：药用植物。

（160）聚花草属 *Floscopa*

■聚花草 *Floscopa scandens* Lour.

标本号：LYL00073。

分布：九连山有分布，生于林缘、沟谷荒地中。

用途：药用植物。

（161）水竹草属 *Murdannia*

■裸花水竹叶 *Murdannia nudiflora* (L.) Brenan

标本号：LYL00735。

分布：九连山有分布，生于路边荒地中。

用途：药用植物。

（162）杜若属 *Pollia*

■杜若 *Pollia japonica* Thunb.

标本号：LYL02621。

分布：九连山有分布，生于林缘路边。

用途：药用植物。

■长花枝杜若 *Pollia secundiflora*（Bl.）Bakh. F.

标本号：LYL00216。

分布：九连山有分布，生于林缘路边。

用途：药用植物。

（163）竹叶吉祥草属 *Spatholirion*

■竹叶吉祥草 *Spatholirion longifolium*（Gagnep.）Dunn

资料来源：《南岭北坡—赣南地区种子植物多样性编目和野生果树资源》。

分布：九连山。

用途：药用植物。

41 雨久花科 Pontederiaceae

（164）凤眼蓝属 *Eichhornia*

■*凤眼莲 *Eichhornia crassipes*（Mart.）Solme.

分布：水塘有人工栽培。

用途：青饲料。

（165）雨久花属 *Monochoria*

■鸭舌草 *Monochoria vaginalis*（Burm. F.）Presl ex Kunth

标本号：PVHJX06468。

分布：九连山广布，生于稻田、池塘水湿处。

用途：药用植物。

42 芭蕉科 Musaceae

(166) 芭蕉属 *Musa*

野蕉 *Musa balbisiana* Colla

标本号：LYL00995。

分布：九连山有分布，生于沟谷中。

用途：果蔬植物。

* 芭蕉 *Musa basjoo* Sieb. et Zucc.

分布：古坑有人工栽培。

用途：果蔬植物。

(167) 地涌金莲属 *Musella*

* 地涌金莲 *Musella lasiocarpa* (Franch.) C. Y. Wu ex H. W. Li

分布：九连山有人工栽培。

用途：园林植物。

43 美人蕉科 Cannaceae

(168) 美人蕉属 *Canna*

* 美人蕉 *Canna indica* L.

标本号：PVHJX014579。

分布：九连山有人工栽培。

用途：园林植物。

* 蕉芋 *Canna indica* 'Edulis' [*Canna edulis* Ker-Gawl.]

分布：九连山有人工栽培。

用途：果蔬植物。

* 黄花美人蕉 *Canna indica* var. *flava* Roxb.

标本号：PVHJX05362。

分布：九连山有人工栽培。

用途：观赏植物。

44 闭鞘姜科 Costaceae

（169） 闭鞘姜属 *Costus*

■* 闭鞘姜 *Costus speciosus*（Koen.）Smith
分布：九连山有零星栽培或逸野生。
用途：药用植物。

45 姜科 Zingiberaceae

（170） 山姜属 *Alpinia*

■竹叶山姜 *Alpinia bambusifolia* C. F. Liang et D. Fang
标本号：20160830014。
分布：虾公塘有分布，生于疏林中。
用途：药用植物。

■山姜 *Alpinia japonica*（Thunb.）Miq.
标本号：PVHJX05344。
分布：九连山有分布，生于沟谷、林缘。
用途：药用植物。

■华山姜 *Alpinia oblongifolia* Hayata
标本号：LYL02507。
分布：虾公塘有分布，生于林缘路旁。
用途：药用植物。

■高良姜 *Alpinia officinarum* Hance
标本号：T180724043。
分布：九连山有分布，生于沟谷、林下阴湿处。
用途：药用植物。

■花叶山姜 *Alpinia pumila* Hook. f.
标本号：PVHJX015053。

分布：虾公塘有分布，生于疏林中。
用途：药用植物、观赏植物。

■**密苞山姜（穗花山姜）***Alpinia stachyoides* **Hance**
标本号：170405218。
分布：虾公塘有分布，生于疏林中。
用途：药用植物。

（171）舞花姜属 *Globba*

■**舞花姜** *Globba racemosa* **Smith**
标本号：160805011。
分布：虾公塘、大丘田有分布，生于林缘路边。
用途：药用植物。

（172）姜属 *Zingiber*

■**蘘荷** *Zingiber mioga*（**Thunb.**）**Rosc.**
标本号：XYF012522。
分布：九连山有分布，生于林缘路边。
用途：药用植物。

■***姜** *Zingiber officinale* **Roscoe.**
分布：九连山有广泛栽培。
用途：食用植物、药用植物。

■**阳荷** *Zingiber striolatum* **Diels**
资料来源：《江西种子植物名录》。
分布：九连山有分布，生于林缘路边。
用途：药用植物。

46 香蒲科 Typhaceae

（173）香蒲属 *Typha*

■**水烛** *Typha angustifolia* **L.**
标本号：LYL02457。

分布：墩头、坪坑有分布，生于沟谷水塘中。

用途：药用植物。

■东方香蒲（香蒲）*Typha orientalis* Presl.

资料来源：《南岭北坡—赣南地区种子植物多样性编目和野生果树资源》。

分布：九连山。

用途：药用植物。

47 谷精草科 Eriocaulaceae

（174）谷精草属 *Eriocaulon*

■谷精草 *Eriocaulon buergerianum* Koern.

标本号：PVHJX09273。

分布：九连山有分布，生于沟谷水边。

用途：药用植物。

■白药谷精草 *Eriocaulon cinereum* R. Br.

标本号：LYL02798。

分布：润河有分布，生于水田中。

用途：药用植物。

■华南谷精草 *Eriocaulon sexangulare* L.

标本号：161001960。

分布：下湖有分布，生于荒地水湿处。

用途：药用植物。

48 灯心草科 Juncaceae

（175）灯心草属 *Juncus*

■翅茎灯心草 *Juncus alatus* Franch. et Sav.

标本号：LYL02811。

分布：虾公塘、墩头有分布，生于水田、沟谷水湿处。

用途：药用植物。

■**灯心草** *Juncus effusus* L.

标本号：LYL02355。

分布：九连山有分布，生于水田、沟谷水湿处。

用途：药用植物。

■**假灯心草** *Juncus setchuensis* var. *effusoides* Buch.

标本号：PVHJX018405。

分布：横坑水有分布，生于水田、沟谷水湿处。

用途：药用植物。

49 莎草科 Cyperaceae

（176）球柱草属 *Bulbostylis*

■**丝叶球柱草** *Bulbostylis densa*（Wall.）Hand. -Mzt.

标本号：LYL02463。

分布：古坑、坪坑有分布，生于水田、小溪旁。

（177）薹草属 *Carex*

■**浆果薹草** *Carex baccans* Nees

标本号：170822116。

分布：九连山广布，生于沟谷、林下。

■**滨海薹草（锈点薹草）** *Carex bodinieri* Franch.

标本号：LYL02776。

分布：横坑水有分布，生于路边。

■**卷柱头薹草** *Carex bostryohostigma* Maxim.

资料来源：《南岭北坡—赣南地区种子植物多样性编目和野生果树资源》。

分布：九连山。

■青绿薹草 *Carex brevicalmis* R. Br.

标本号：LYL02530。

分布：横坑水有分布，生于路边草丛中。

■短尖薹草 *Carex brevicuspis* C. B. Clarke

资料来源：《南岭北坡—赣南地区种子植物多样性编目和野生果树资源》。

分布：九连山。

■中华薹草 *Carex chinensis* Retz.

标本号：170403032。

分布：九连山有分布，生于路边、荒地中。

■十字薹草 *Carex cruciata* Wahlenb.

标本号：170820019。

分布：九连山广布，生于草地中。

■亲族薹草（小鳞薹草）*Carex gentilis* Franch.

标本号：PVHJX018406。

分布：虾公塘有分布，生于路边。

■穹隆薹草 *Carex gibba* Wahlenb.

标本号：LYL02803。

分布：横坑水有分布，生于路边草丛中。

■长囊薹草 *Carex harlandii* Boott

标本号：790102。

分布：九连山。

■弯喙薹草 *Carex laticeps* C. B. Clarke

标本号：790219。

分布：九连山。

■长穗柄薹草 *Carex longipes* D. Don

标本号：Dengsw1673。

分布：黄牛石有分布，生于林下。

■套鞘薹草（密叶薹草）*Carex maubertiana* Boott

标本号：LYL025509。

分布：横坑水有分布，生于沟谷、林下。

■条穗薹草 *Carex nemostachys* Stend

标本号：171211454。

分布：鹅公坑有分布，生于沟谷旁。

■霹雳薹草（大序薹草）*Carex perakensis* C. B. Clarke

标本号：810164。

分布：九连山。

■花葶薹草 *Carex scaposa* C. B. Clarke

标本号：LYL00185。

分布：九连山广布，生于沟谷、林下。

■硬果薹草 *Carex sclerocarpa* Franch.

标本号：790195。

分布：九连山。

■宽叶薹草 *Carex siderosticta* Hance

标本号：LYL02465。

分布：九连山有分布，生于沟谷中。

■大理薹草 *Carex taliensis* Franch.

标本号：LYL02806。

分布：横坑水有分布，生于河谷中。

■细梗薹草（长柱头薹草）*Carex teinogyna* Boott

标本号：161003043。

分布：横坑水有分布，生于疏林中。

（178）莎草属 *Cyperus*

■扁穗莎草 *Cyperus compressus* L.

标本号：T180724009。

分布：古坑有分布，生于沟谷、路边。

■**砖子苗** *Cyperus cyperoides*（L.）**Kuntze**

标本号：LYL00258。

分布：九连山分布，生于路边、荒地。

■**异型莎草** *Cyperus difformis* **L.**

标本号：PVHJX018470。

分布：古坑有分布，生于沟谷、路边。

■**畦畔莎草** *Cyperus haspan* **L.**

标本号：LYL02801。

分布：古坑、大丘田有分布，生于沟谷水边。

■**碎米莎草** *Cyperus iria* **L.**

标本号：T170825291。

分布：古坑、坪坑有分布，生于路边、荒田。

■**旋鳞莎草** *Cyperus michelianus*（L.）**Link.**

标本号：LYL02775。

分布：古坑有分布，生于水边。

■**毛轴莎草** *Cyperus pilosus* **Vahl.**

标本号：170821067。

分布：九连山。

■**香附子** *Cyperus rotundus* **L.**

标本号：G180916049。

分布：九连山广布，生于荒田、路边。

（179）荸荠属 *Eleocharis*

■* **荸荠** *Eleocharis dulcis*（N. L. Burman）**Trinius ex Henschel**

分布：水田人工栽培。

用途：果蔬植物。

■**刚毛荸荠** *Eleocharis equisetiformis*（Meinsh.）**B. Fedtsch.**

标本号：PVHJX018446。

分布：九连山有分布，生于水田、小溪中。

■江南荸荠 *Eleocharis migoana* Ohwi & T. Koyama

资料来源：《江西种子植物名录》。

分布：九连山。

■龙师草 *Eleocharis tetraquetra* Kom.

标本号：161001987。

分布：九连山有分布，生于水田中。

■牛毛毡 *Eleocharis yokoscensis*（Franchet & Savatier）Tang & F. T. Wang

标本号：LYL02805。

分布：九连山有分布，生于水田中。

（180）飘拂草属 *Fimbristylis*

■夏飘拂草 *Fimbristylis aestivalis*（Retz.）Vahl.

标本号：018447。

分布：古坑有分布，生于田野、沙滩地。

■复序飘拂草 *Fimbristylis bisumbellata*（Forsk.）Bubani

标本号：LYL02510。

分布：古坑有分布，生于水田、路边。

■两歧飘拂草 *Fimbristylis dichotoma*（L.）Vahl.

标本号：161001917。

分布：九连山广布，生于水田、小溪中。

■水虱草 *Fimbristylis miliacea*（L.）Vahl.

标本号：170822112。

分布：九连山广布，生于水田水沟中。

■少穗飘拂草 *Fimbristylis schoenoides*（Retz.）Vahl.

资料来源：《南岭北坡—赣南地区种子植物多样性编目和野生果树资源》。

分布：九连山。

■烟台飘拂草 *Fimbristylis stauntonii* Debeaux & Franchet

标本号：790069。

分布：九连山。

（181）黑莎草属 *Gahnia*

■黑莎草 *Gahnia tristis* Nees

标本号：170420016。

分布：九连山广布，生于次生林中。

（182）水蜈蚣属 *Kyllinga*

■短叶水蜈蚣（水蜈蚣）*Kyllinga brevifolia* Rottb.

标本号：LYL00128。

分布：九连山有分布，生于路边、荒地。

（183）扁莎属 *Pycreus*

■球穗扁莎 *Pycreus globosus*（All.）Reichb

标本号：LYL00140。

分布：古坑有分布，生于田边、沟边。

■红鳞扁莎 *Pycreus sanguinolentus*（Vahl.）Nees

标本号：170420016。

分布：横坑水有分布，生于田边、沟边。

（184）刺子莞属 *Rhynchospora*

■刺子莞 *Rhynchospora rubra*（Lour.）Makino.

标本号：161003044。

分布：九连山有分布，生于路边、荒地。

（185）珍珠茅属 *Scleria*

■小型珍珠茅 *Scleria parvula* Steudel

标本号：LYL02799。

分布：古坑、墩头水田有分布。

■高秆珍珠茅 *Scleria terrestris*（L.）Fass ［*Scleria elata* Thw.］

标本号：LYL00114。

分布：九连山广布，生于沟谷草丛中。

50 禾本科 Poaceae

稻亚科 Ehrhartoideae 稻族 Oryzeae
（186）假稻属 *Leersia*

■李氏禾 *Leersia hexandra* Swartz.

资料来源：《南岭北坡—赣南地区种子植物多样性编目和野生果树资源》。

分布：九连山。

用途：粮食植物。

（187）稻属 *Oryza*

■﹡稻 *Oryza sativa* L.

分布：九连山广泛栽培。

用途：粮食植物。

■﹡糯稻 *Oryza sativa* var. *glutinosa* Matsum

分布：九连山广泛栽培。

用途：粮食植物。

（188）菰属 *Zizania*

■菰（野茭白）*Zizania latifolia*（Griseb.）Stapf

标本号：LYL00935。

分布：九连山广布，生于水塘中。

竹亚科 Bambusoideae 青篱竹族 Arundinarieae
（189）方竹属 Chimonobambusa

■方竹 *Chimonobambusa quadrangularis* (Fenzi) Makino

标本号：九连山 018。

分布：上湖有分布，生于沟谷中。

用途：园林植物。

（190）箬竹属 *Indocalamus*

■阔叶箬竹 *Indocalamus latifolius* (Keng) McClure

标本号：LYL02424。

分布：坪坑、虾公塘有分布，生于沟谷中。

用途：叶用竹。

■箬竹 *Indocalamus tessellatus* (munro) Keng f.

标本号：LYL02427。

分布：九连山有分布，生于沟谷中。

用途：叶用竹。

（191）刚竹属 *Phyllostachys*

■桂竹 *Phyllostachys bambusoides* Sieb. et Zucc.

标本号：LYL02781。

分布：九连山有分布，生于山坡、疏林中。

用途：笋、材两用竹。

■毛竹 *Phyllostachys edulis* (Carriere) J. Houzeau

标本号：LYL02466。

分布：九连山广布。

用途：笋、材两用竹。

■水竹 *Phyllostachys heteroclada* Oliver

标本号：LYL02760。

分布：墩头、古坑有分布，生于山坡、疏林中。

用途：笋用竹。

■实心竹 *Phyllostachys heteroclada* f. *solida*（S. L. Chen）Z. P. Wang et Z. H. Yu

标本号：LYL02528。

分布：九连山广布，生于沟谷两旁。

用途：笋用竹。

■篌竹 *Phyllostachys nidularia* Munro

标本号：LYL02511。

分布：九连山广布，生于沟谷两旁。

用途：笋、材两用竹。

■毛金竹 *Phyllostachys nigra* var. *henonis*（Mitford）Stapf ex Rendle

标本号：LYL02467。

分布：润洞有分布，生于山坡林中。

用途：材用竹。

（192）苦竹属 *Pleioblastus*

■苦竹 *Pleioblastus amarus*（keny）keny f. ［*Arundinaria amara* Keng］

标本号：LYL00936。

分布：九连山广布，生于疏林中。

用途：笋用、造纸用竹。

■斑苦竹（广西苦竹）*Pleioblastus kwangsiensis* W. Y. Hsiung et C. S. Chao

资料来源：《江西种子植物名录》。

分布：九连山。

用途：笋用竹。

■川竹（水苦竹）*Pleioblastus simonii* (Carr.) Nakai

资料来源：《南岭北坡—赣南地区种子植物多样性编目和野生果树资源》。

分布：九连山。

用途：笋用竹。

（193）赤竹属 *Sasa*

■赤竹 *Sasa longiligulata* McClure

标本号：庐植1312。

分布：虾公塘有分布，生于沟谷林下。

用途：笋用竹。

簕竹族 Bambuseae
（194）簕竹属 *Bambusa*

■花竹（绿篱竹）*Bambusa albolineata* L. C. Chia

资料来源：《江西种子植物名录》。

分布：九连山。

用途：观赏用竹。

■簕竹 *Bambusa blumeana* J. A. et J. H. Schult. F.

标本号：LYL02467。

分布：坪坑、古坑有分布。

用途：笋、材两用竹。

■坭竹 *Bambusa gibba* McClure

标本号：LYL02468。

分布：古坑有栽培。

用途：材用竹。

■凤尾竹 *Bambusa multiplex* f. *fernleaf* (R. A. Young) T. P. Yi

标本号：PVHJX018449。

分布：石背有分布，生于山坡林中。

用途：观赏竹。

■**孝顺竹** *Bambusa multiplex*（Lour.）Raeuschel ex J. A. et J. H. Schult.

标本号：LYL00660。

分布：虾公塘有分布，生于沟谷中。

用途：观赏用竹。

■* **观音竹** *Bambusa multiplex* var. *riviereorum* R. Maire

分布：龙南湿地公园有人工栽培。

用途：观赏用竹。

■* **硬头黄竹** *Bambusa rigida* Keng et Keng f.

分布：广泛栽培，生于村旁、河边。

用途：材用竹。

■* **佛肚竹** *Bambusa ventricosa* McClure

分布：金鸡寨公园有人工栽培。

用途：观赏用竹。

早熟禾亚科 Pooideae　小麦族 Triticeae
（195）披碱草属 *Elymus*

■**柯孟披碱草（鹅观草）** *Elymus kamoji*（Ohwi）S. L. Chen

标本号：050。

分布：九连山有分布，生于水田边、路边草丛中。

用途：药用植物。

燕麦族 Aveneae
（196）剪股颖属 *Agrostis*

■**台湾剪股颖** *Agrostis sozanensis* Hayata

标本号：丁790078。

分布：九连山。

（197）看麦娘属 *Alopecurus*

■看麦娘 *Alopecurus aequalis* Sobol.
标本号：LYL02815。
分布：九连山有分布，生于田边、路旁。
用途：药用植物。

（198）燕麦草属 *Avena*

■野燕麦 *Avena fatua* L.
资料来源：《江西种子植物名录》。
分布：九连山。
用途：药用植物。

早熟禾族 Poeae
（199）黑麦草属 *Lolium*

■*黑麦草 *Lolium perenne* L.
分布：九连山有人工栽培。
用途：优质牧草。

（200）早熟禾属 *Poa*

■白顶早熟禾 *Poa acroleuca* Steud.
标本号：LYL02774。
分布：九连山有分布，生于田边、路旁。

■早熟禾 *Poa annua* L.
标本号：PVHJX018450。
分布：九连山有分布，生于田边、路旁。

■法氏早熟禾 *Poa faberi* Rendle
资料来源：《南岭北坡—赣南地区种子植物多样性编目和野生果树资源》。

分布：九连山。

■**草地早熟禾 *Poa pratensis* L.**

资料来源：《南岭北坡—赣南地区种子植物多样性编目和野生果树资源》。

分布：九连山。

芦竹亚科 Arundinoideae　芦竹族 Arundineae
（201）芦苇属 *Phragmites*

■**芦苇 *Phragmites australis*（Cav.）Trin. ex Steud.**

标本号：T180718007。

分布：九连山有分布，生于河边。

用途：材用植物。

虎尾草亚科 Chloridoideae　画眉草族 Eragrosttideae
（202）画眉草属 *Eragrostis*

■**知风草 *Eragrostis ferruginea*（Thunb.）Beauv.**

标本号：160805061。

分布：九连山广布，生于荒地、田野、草丛中。

■**乱草 *Eragrostis japonica*（Thunb.）Trin.**

标本号：LYL00040。

分布：九连山广布，生于田野、荒地。

■**宿根画眉草 *Eragrostis perennans* Keng**

标本号：LYL02512。

分布：古坑有分布，生于田野、荒地。

■**疏穗画眉草 *Eragrostis perlaxa* Keng**

标本号：LYL02782。

分布：古坑、墩头有分布，生于山坡草丛中。

■**画眉草 *Eragrostis pilosa*（L.）Beauv.**

标本号：LYL00255。

分布：九连山广布，生于路边、荒地。

■牛虱草 *Eragrostis unioloides*（Retz.）Nees ex Steud.

标本号：160810358。

分布：九连山广布，生于田野、荒地、路边。

结缕草族 Zoysieae
（203）鼠尾粟属 *Sporobolus*

■鼠尾粟 *Sporobolus fertilis*（Steud.）W. D. Glayt.

标本号：161001915。

分布：九连山广布，生于河边、路边。

（204）虎尾草属 *Chloris*

■虎尾草 *Chloris virgata* Sw.

资料来源：《南岭北坡—赣南地区种子植物多样性编目和野生果树资源》。

分布：九连山。

虎尾草族 Cynodonteae
（205）狗牙根属 *Cynodon*

■狗牙根 *Cynodon dactylon*（L.）Pers.

标本号：LYL00974。

分布：九连山广布，生于河边、路边。

用途：园林植物。

（206）䅟属 *Eleusine*

■牛筋草 *Eleusine indica*（L.）Gaertn.

标本号：LYL00059。

分布：九连山广布，生于路边空旷处。

（207）千金子属 Leptochloa

■千金子 *Leptochloa chinensis*（L.）Nees

标本号：LYL02469。

分布：古坑有分布，生于田野、路旁。

用途：牧草。

黍亚科 Panicoideae　假淡竹叶族 Centotheceae
（208）淡竹叶属 *Lophatherum*

■淡竹叶 *Lophatherum gracile* Brongn.

标本号：161001891。

分布：九连山广布，生于路边、林地空旷处。

用途：药用植物。

粽叶芦族 Thysanolaeneae
（209）粽叶芦属 *Thysanolaena*

■粽叶芦 *Thysanolaena maxima*

标本号：LYL00938。

分布：虾公塘有分布，生于路边。

黍族 Paniceae
（210）臂形草属 *Brachiaria*

■四生臂形草 *Brachiaria subquadripara*（Trin.）Hitchc

标本号：LYL02513。

分布：古坑、上围有分布，生于田野、荒地。

■毛臂形草 *Arundinella hirta*（Thunb.）Tanaka

标本号：LYL02471。

分布：古坑、上围有分布，生于荒山灌丛中。

(211) 马唐属 *Digitaria*

■**毛马唐** *Digitaria chrysoblephara* **Fig. et De Not**
标本号：LYL02816。
分布：古坑有分布，生于田野、荒地中。

■**止血马唐** *Digitaria ischaemum* **(Schreb.) Schreb.**
标本号：PVHJX018441。
分布：横坑水、墩头有分布，生于田野、路边、草丛中。
用途：药用植物。

■**紫马唐** *Digitaria violascens* **Link.**
标本号：LYL00996。
分布：九连山有分布，生于荒地草丛中。
用途：牧草。

(212) 稗属 *Echinochloa*

■**光头稗** *Echinochloa colona* **(Linnaeus) Link**
标本号：LYL00052。
分布：九连山广布，生于荒地、路旁草丛中。

■**稗** *Echinochloa crusgalli* **(L.) P. Beauv**
标本号：160810357。
分布：水田广布。

(213) 求米草属 *Oplismenus*

■**求米草** *Oplismenus undulatifolius* **(Arduino) Beauv.**
标本号：LYL00171。
分布：九连山广布，生于荒地、河边草丛中。

（214）黍属 *Panicum*

■短叶黍 *Panicum brevifolium* L.

标本号：庐植 1417。

分布：九连山有分布，生于林缘。

■* 黍 *Panicum maximum* Jacq.

分布：九连山有栽培。

（215）雀稗属 *Paspalum*

■双穗雀稗 *Paspalum distichum* Linnaeus

标本号：170820017。

分布：古坑、上围有分布，生于荒地中。

■圆果雀稗 *Paspalum scrobiculatum* var. *orbiculare*（G. Forster）Hackel

标本号：LYL0087。

分布：古坑、上围有分布，生于荒地草丛中。

■雀稗 *Paspalum thunbergii* Kunth ex Steud.

标本号：T180513745。

分布：九连山广布，生于田野、荒地。

用途：药用植物。

（216）狼尾草属 *Pennisetum*

■狼尾草 *Pennisetum alopecuroides*（L.）Spreng.

标本号：LYL00230。

分布：九连山广布，生于荒田、河边、路旁。

（217）狗尾草属 *Setaria*

■大狗尾草 *Setaria faberii* Herrm.

标本号：LYL00086。

分布：坪坑、墩头有分布，生于荒地中。

■棕叶狗尾草 *Setaria palmifolia*（Koen.）Stapf

标本号：LYL00072。

分布：九连山广布，生于田野、荒地中。

■金色狗尾草 *Setaria pumila*（Poiret）Roemer & Schultes

标本号：LYL00056。

分布：九连山广布，生于田野、荒地中。

■狗尾草 *Setaria viridis*（L.）Beauv.

标本号：20151116008。

分布：九连山有分布，生于田野、荒地中。

柳叶箬族 Isachneae
（218）柳叶箬属 *Isachne*

■白花柳叶箬 *Isachne albens* Trin.

标本号：LYL02523。

分布：横坑水有分布，生于田边。

■柳叶箬 *Isachne globosa*（Thunb.）Kuntze

标本号：161004118。

分布：九连山有分布，生于水边。

（219）稗荩属 *Sphaerocaryum*

■稗荩 *Sphaerocaryum malaccense*（Trin.）Pilger

标本号：171209358。

分布：九连山有分布，生于田野、沟边水湿处。

野古草族 Arundinelleae
（220）野古草属 *Arundinella*

■毛秆野古草（野古草）*Arundinella hirta*（Thunb.）Tanaka

标本号：170824243。

分布：九连山有分布，生于田野、荒山、路边。

■石芒草 *Arundinella nepalensis* Trin.

标本号；《江西种子植物名录》。

分布：九连山。

■刺芒野古草 *Arundinella setosa* Trin.

资料来源：《南岭北坡—赣南地区种子植物多样性编目和野生果树资源》。

分布：九连山。

（221）耳稃草属 *Garnotia*

■锐颖葛氏草（丛茎耳稃草）*Garnotia caespitosa* Santos

标本号：PVHJX018436。

分布：古坑、坪坑有分布，生于河边。

高粱族 Andropogoneae
（222）荩草属 *Arthraxon*

■荩草 *Arthraxon hispidus* （Trin.） Makino

标本号：LYL00089。

分布：九连山广布，生于田野、河边、菜园。

（223）细柄草属 *Capillipedium*

■硬秆子草 *Capillipedium assimile* （Steud.） A. Camus

标本号：LYL02814。

分布：九连山广布，生于路边草丛、荒地、田野。

（224）薏苡属 *Coix*

■薏苡 *Coix lacryma-jobi* L.

标本号：LYL00700。

分布：九连山广布，生于水边。

用途：药用植物。

（225）香茅属 *Cymbopogon*

■青香茅 *Cymbopogon mekongensis* A. Camus

资料来源：《南岭北坡—赣南地区种子植物多样性编目和野生果树资源》。

分布：九连山。

（226）蜈蚣草属 *Eremochloa*

■假俭草 *Eremochloa ophiuroides*（Munro）Hack.

标本号：LYL02773。

分布：古坑、坪坑有分布，生于田边、路边。

（227）黄金茅属 *Eulalia*

■四脉金茅 *Eulalia quadrinervis*（Hack.）Kuntze

标本号：LYL00985。

分布：虾公塘山脊广布。

（228）牛鞭草属 *Hemarthria*

■牛鞭草 *Hemarthria sibirica*（Gandoger）Ohwi

标本号：PVHJX018409。

分布：古坑、墩头有分布，生于荒地、河边。

（229）白茅属 *Imperata*

■白茅 *Imperata cylindrica*（L.）Beauv.

标本号：LYL00094。

分布：九连山广布，生于田野、荒地中。

用途：药用植物。

（230）鸭嘴草属 *Ischaemum*

■有芒鸭嘴草 *Ischaemum aristatum* L.

资料来源：《南岭北坡—赣南地区种子植物多样性编目和野生果树资源》。

分布：九连山。

■粗毛鸭嘴草 *Ischaemum barbatum* Retzius

标本号：170822125。

分布：九连山有分布，生于荒地、河边。

■细毛鸭嘴草 *Ischaemum ciliare* Retzius

标本号：17082423。

分布：九连山。

（231）莠竹属 *Microstegium*

■柔枝莠竹 *Microstegium vimineum* (Trin.) A. Camus

标本号：LYL02797。

分布：横坑水有分布，生于荒地水沟边。

（232）芒属 *Miscanthus*

■五节芒 *Miscanthus floridulus* (Lab.) Warb. ex Schum et Laut.

标本号：LYL02459。

分布：九连山广布，生于荒地、路边。

用途：牧草。

■芒 *Miscanthus sinensis* Anderss.

标本号：LYL02400。

分布：九连山有分布，生于路边、荒山中。

用途：牧草。

(233) 金发草属 *Pogonatherum*

■金丝草 *Pogonatherum crinitum* (Thunb.) Kunth
标本号：PVHJX018444。
号分布：九连山广布，生于山坡草丛中。
用途：药用植物。

(234) 甘蔗属 *Saccharum*

■斑茅 *Saccharum arundinaceum* Retz.
标本号：LBG0212811。
分布：九连山广布，生于河边。

■* 甘蔗 *Saccharum officinarum* L.
分布：古坑有人工栽培。
用途：果蔬植物。

■甜根子草 *Saccharum spontaneum* L.
资料来源：《南岭北坡—赣南地区种子植物多样性编目和野生果树资源》。
分布：九连山。

(235) 高粱属 *Sorghum*

■* 高粱 *Sorghum bicolor* (L.) Moench
分布：九连山有人工种植。
用途：粮食植物。

(236) 菅属 *Themeda*

■菅 *Themeda villosa* (Poir.) A. Camus
标本号：LYL00204。
分布：九连山有分布，生于路边。

（237）玉蜀黍属 *Zea*

▪* 玉米 *Zea mays* L.

分布：九连山有栽培。

用途：粮食植物。

51 罂粟科 Papaveraceae

（238）紫堇属 *Corydalis*

▪ 北越紫堇（台湾堇菜）*Corydalis balansae* Prain

标本号：PVHJX016096。

分布：九连山有分布，生于沟边湿地。

用途：药用植物。

▪ 珠芽紫堇 *Corydalis balsamiflora* Prain

标本号：PVHJX016093。

分布：润洞有分布，生于路边草丛中。

用途：药用植物。

▪ 夏天无 *Corydalis decumbens*（Thunb.）Pers.

标本号：D2299。

分布：润洞有分布，生于路边草丛中。

用途：药用植物。

▪ 黄堇 *Corydalis pallida*（Thunb.）Pers.

分布：九连山有分布，生于沟边湿地。

用途：药用植物。

▪ 尖距紫堇 *Corydalis sheareri* S. Moore

资料来源：《南岭北坡—赣南地区种子植物多样性编目和野生果树资源》。

分布：九连山。

用途：药用植物。

（239）血水草属 *Eomecon*

■血水草 *Eomecon chionantha* Hance

标本号：LYL00685。

分布：黄牛石有分布，生于林下阴湿处。

（240）博落回属 *Macleaya*

■博落回 *Macleaya cordata*（Willd.）R. Br.

标本号：PVHJX05185。

分布：九连山有零星分布，生于路边荒地中。

用途：有大毒。

52 木通科 Lardizabalaceae

（241）木通属 *Akebia*

■木通 *Akebia quinata*（Houttuyn）Decaisne

标本号：PVHJX09215。

分布：九连山有分布，生于林缘。

用途：药用植物。

■三叶木通 *Akebia trifoliata*（Thunb.）Koidz.

标本号：LYL00600。

分布：润洞、花露有分布，生于沟谷林缘。

用途：药用植物。

■白木通 *Akebia trifoliata*（Thunb.）Koidz. subsp. *australis*（Diels）T. Shimizu

标本号：161001899。

分布：九连山有分布，生于沟谷林缘。

用途：药用植物。

（242）大血藤属 *Sargentodoxa*

■大血藤 *Sargentodoxa cuneata*（Oliv.）Rehd. et Wils.

标本号：LYL00939。

分布：九连山有分布，生于林缘。

用途：药用植物。

（243）野木瓜属 *Stauntonia*

■黄蜡果 *Stauntonia brachyanthera* Hand. -Mazz.

标本号：LYL02472。

分布：虾公塘有分布，攀缘林缘树木上。

用途：药用植物。

■野木瓜 *Stauntonia chinensis* DC.

标本号：20161104005。

分布：虾公塘、黄牛石有分布，生于林缘。

用途：药用植物。

■鹰爪枫 *Stauntonia coriacea* Diels

标本号：LYL02796。

分布：九连山有零星分布，生于林缘。

用途：药用植物。

■牛藤果 *Stauntonia elliptica* Hems.

标本号：L-001。

分布：虾公塘有分布，攀缘林缘树木上。

用途：药用植物。

■五月瓜藤 *Stauntonia fargesii* Reaub.

标本号：F838。

分布：九连山有零星分布，生于林缘。

用途：药用植物。

■牛姆瓜 *Stauntonia grandiflora* Reaub.

资料来源：《南岭北坡—赣南地区种子植物多样性编目和野生果树资源》。

分布：九连山。

用途：药用植物。

■白花野木瓜（五叶木通）*Stauntonia leucantha* Diels ex C. Y. Wu

标本号：LYL02796。

分布：古坑、墩头有分布，生于林缘。

用途：药用植物。

■尾叶那藤 *Stauntonia obovatifoliola* subsp. *urophylla*（Hand.-Mazz.）H. N. Qin

标本号：PVHJX012250。

分布：九连山广布，生于沟谷灌丛中。

用途：药用植物。

53 防己科 Menispermaceae

（244）木防己属 *Cocculus*

■樟叶木防己 *Cocculus laurifolius* DC.

资料来源：《南岭北坡—赣南地区种子植物多样性编目和野生果树资源》。

分布：九连山。

用途：药用植物。

（245）轮环藤属 *Cyclea*

■毛叶轮环藤 *Cyclea barbata* Miers

资料来源：《南岭北坡—赣南地区种子植物多样性编目和野生果树资源》。

分布：九连山。

用途:药用植物。

■纤细轮环藤 *Cyclea gracillima* Diels

资料来源:《南岭北坡—赣南地区种子植物多样性编目和野生果树资源》。

分布:九连山。

用途:药用植物。

■粉叶轮环藤 *Cyclea hypoglauca*(Schauer)Diels

标本号:161001951。

分布:九连山广布,生于路旁。

用途:药用植物。

■轮环藤 *Cyclea racemosa* Oliv.

标本号:LYL00190。

分布:九连山有分布,生于沟谷、疏林及灌丛中。

用途:药用植物。

(246) 秤钩风属 *Diploclisia*

■秤钩风 *Diploclisia affinis*(Oliv.)Diels

资料来源:《南岭北坡—赣南地区种子植物多样性编目和野生果树资源》。

分布:九连山。

用途:药用植物。

■苍白秤钩风 *Diploclisia glaucescens*(Bl.)Diels

标本号:D2383。

分布:九连山。

用途:药用植物。

(247) 蝙蝠葛属 *Menispermum*

■蝙蝠葛 *Menispermum dauricum* DC.

资料来源:《南岭北坡—赣南地区种子植物多样性编目和野生果

树资源》。

分布：九连山。

用途：药用植物。

（248）细圆藤属 *Pericampylus*

■细圆藤 *Pericampylus glaucus*（Lam.）Merr.

标本号：D2487。

分布：九连山。

用途：药用植物。

（249）风龙属 *Sinomenium*

■风龙（防己）*Sinomenium acutum*（Thunb.）Rehd. et Wils.

标本号：160808283。

分布：九连山。

（250）千金藤属 *Stephania*

■千金藤 *Stephania japonica*（Thunb.）Miers.

标本号：170423209。

分布：九连山。

用途：药用植物。

■粪箕笃 *Stephania longa* Lour.

资料来源：《南岭北坡—赣南地区种子植物多样性编目和野生果树资源》。

分布：九连山。

用途：药用植物。

■粉防己 *Stephania tetrandra* S. Moore

标本号：170420047。

分布：横坑水有分布，生于林缘。

用途：药用植物。

54 小檗科 Berberidaceae

（251） 小檗属 *Berberis*

■华东小檗 *Berberis chingii* Cheng

标本号：180521791。

分布：九连山。

用途：药用植物。

■豪猪刺 *Berberis julianae* Schneid.

标本号：LYL02761。

分布：润洞、上围有分布，生于河边及路旁灌丛中。

用途：药用植物。

■南岭小檗 *Berberis impedita* Schneid.

资料来源：《江西种子植物名录》。

分布：九连山。

用途：药用植物。

（252） 鬼臼属 *Dysosma*

■八角莲 *Dysosma versipellis* (Hance) M. Cheng ex Ying

资料来源：《南岭北坡—赣南地区种子植物多样性编目和野生果树资源》。

分布：九连山。

用途：药用植物。

（253） 淫羊藿属 *Epimedium*

■淫羊藿（朝鲜淫羊藿）*Epimedium grandiflorum* C. Morr.

标本号：D2525。

分布：九连山有分布，生于林下。

用途：药用植物。

■箭叶淫羊藿（三枝九叶草）*Epimedium sagittatum*（Sieb. et Zucc.）**Maxim.**

标本号：LYL02544。

分布：九连山有分布，生于林下。

用途：药用植物。

（254）十大功劳属 *Mahonia*

■阔叶十大功劳 *Mahonia bealei*（Fort.）Carr.

标本号：LYL00940。

分布：九连山有零星分布，生于疏林中。

用途：药用植物。

■小果十大功劳 *Mahonia bodinieri* Gagnep.

资料来源：《南岭北坡—赣南地区种子植物多样性编目和野生果树资源》。

用途：药用植物。

■华南十大功劳（台湾十大功劳）*Mahonia japonica*（Thunb.）DC.

标本号：170422186。

分布：花露、润洞有分布，生于林缘。

用途：药用植物。

（255）南天竹属 *Nandina*

■南天竹 *Nandina domestica* Thunb.

标本号：G181028020。

分布：九连山有零星分布，生于沟谷旁。

用途：观赏植物。

55 毛茛科 Ranunculaceae

（256）乌头属 *Aconitum*

■赣皖乌头 *Aconitum finetianum* Hand.-Mazz.

资料来源：《江西种子植物名录》。

分布：九连山。

用途：药用植物。

（257）类叶升麻属 *Actaea*

■金龟草（小升麻）*Actaea acerina*（Sieb . et Zucc.）Tanaka

资料来源：《南岭北坡—赣南地区种子植物多样性编目和野生果树资源》。

分布：九连山。

用途：药用植物。

■单穗升麻 *Actaea simplex* Wormsk

资料来源：《南岭北坡—赣南地区种子植物多样性编目和野生果树资源》。

分布：九连山。

用途：药用植物。

（258）银莲花属 *Anemone*

■打破碗花花 *Anemone hupehensis* Lem.

资料来源：《南岭北坡—赣南地区种子植物多样性编目和野生果树资源》。

分布：九连山。

用途：药用植物。

■秋牡丹 *Anemone hupehensis* var. *japonica*（Thunb.）Bowles et Stearn

资料来源：《南岭北坡—赣南地区种子植物多样性编目和野生果树资源》。

分布：九连山。

用途：药用植物。

(259) 铁线莲属 *Clematis*

■**女萎** ***Clematis apiifolia*** **DC.**

资料来源：《南岭北坡—赣南地区种子植物多样性编目和野生果树资源》。

分布：九连山。

■**钝齿铁线莲** ***Clematis apiifolia*** **var.** ***argentilucida*** **（H. Léveillé & Vaniot）W. T. Wang**

资料来源：《江西种子植物名录》。

分布：九连山。

用途：药用植物。

■**粗齿铁线莲** ***Clematis argentilucida*** **（Lévl. et Vant.）W. T. Wang**

资料来源：《南岭北坡—赣南地区种子植物多样性编目和野生果树资源》。

分布：九连山。

用途：药用植物。

■**小木通** ***Clematis armandii*** **Franch.**

标本号：F1331。

分布：九连山。

用途：药用植物。

■**短尾铁线莲** ***Clematis brevicaudata*** **DC.**

资料来源：《江西种子植物名录》。

分布：九连山。

用途：药用植物。

■**短柱铁线莲** ***Clematis cadmia*** **Buch-Ham. ex Wall.**

资料来源：《南岭北坡—赣南地区种子植物多样性编目和野生果树资源》。

分布：九连山。

用途：药用植物。

■**威灵仙** *Clematis chinensis* **Osbeck**

标本号：LYL02727。

分布：九连山广布，生于林缘、路边。

■**两广铁线莲** *Clematis chingii* **W. T. Wang**

资料来源：《江西种子植物名录》。

分布：九连山。

用途：药用植物。

■**厚叶铁线莲** *Clematis crassifolia* **Benth.**

标本号：20160405030。

分布：九连山。

用途：药用植物。

■**山木通** *Clematis finetiana* **Lévl. et Vant.**

标本号：LYL00098。

分布：九连山广布，生于疏林及路旁。

用途：药用植物。

■**单叶铁线莲** *Clematis henryi* **Oliv.**

标本号：PVHJX019900。

分布：九连山有分布，生于疏林及路旁。

■**毛蕊铁线莲** *Clematis lasiandra* **Maxim.**

资料来源：《南岭北坡—赣南地区种子植物多样性编目和野生果树资源》。

分布：九连山。

用途：药用植物。

■**锈毛铁线莲** *Clematis leschenaultiana* **DC.**

标本号：LYL00167。

分布：大丘田有分布，生于疏林及路旁。

用途：药用植物。

■**毛柱铁线莲 *Clematis meyeniana* Walp.**

标本号：XYF008280。

分布：黄牛石主峰有分布，生于疏林及路旁。

用途：药用植物。

■**裂叶铁线莲 *Clematis parviloba* Gard. et Champ.**

资料来源：《南岭北坡—赣南地区种子植物多样性编目和野生果树资源》。

分布：九连山。

用途：药用植物。

■**柱果铁线莲 *Clematis uncinata* Champ.**

标本号：161003027。

分布：九连山。

用途：药用植物。

（260）黄连属 *Coptis*

■**黄连 *Coptis chinensis* Franch.**

资料来源：《南岭北坡—赣南地区种子植物多样性编目和野生果树资源》。

分布：九连山。

用途：药用植物。

■**短萼黄连 *Coptis chinensis* var. *brevisepala* W. T. Wang et Hsiao**

标本号：PVHJX018132。

分布：坪坑有分布，生于竹林中。

用途：药用植物。

（261）翠雀属 *Delphinium*

■**还亮草 *Delphinium anthriscifolium* Hance**

标本号：PVHJX02617。

分布：九连山。

用途：药用植物。

（262）人字果属 *Dichocarpum*

■蕨叶人字果 *Dichocarpum dalzielii*（Drumm. et Hutch.）W. T. Wang et Hsiao

标本号：17041610。

分布：虾公塘有分布，生于林中沟谷旁。

用途：药用植物。

（263）毛茛属 *Ranunculus*

■禺毛茛 *Ranunculus cantoniensis* DC.

标本号：XYF008425。

分布：虾公塘有分布，生于沟边阴湿处。

用途：药用植物。

■毛茛 *Ranunculus japonicus* Thunb.

标本号：PVHJX05811。

分布：横坑水有分布，生于路边草丛中。

用途：药用植物。

■杨子毛茛 *Ranunculus sieboldii* Miq.

标本号：170822157。

分布：九连山广布，生于路旁、田边。

用途：药用植物。

（264）天葵属 *Semiaquilegia*

■天葵 *Semiaquilegia adoxoides*（DC.）Makino

标本号：LYL02460。

分布：古坑、墩头有分布，生于荒地中。

用途：药用植物。

（265）唐松草属 *Thalictrum*

■尖叶唐松草 *Thalictrum acutifolium* (Hand. -Mazz.) Boivin

资料来源：《江西种子植物名录》。

分布：九连山。

用途：药用植物。

■大叶唐松草 *Thalictrum faberi* Ulbr.

资料来源：《南岭北坡—赣南地区种子植物多样性编目和野生果树资源》。

分布：九连山。

用途：药用植物。

■华东唐松草 *Thalictrum fortunei* S. Moore

标本号：XYF008229。

分布：九连山。

用途：药用植物。

■爪哇唐松草 *Thalictrum javanicum* Bl.

标本号：170528011。

分布：九连山。

用途：药用植物。

■阴地唐松草 *Thalictrum umbricola* Ulbr.

标本号：LYL02798。

分布：大丘田有分布，生于岩石中。

56 清风藤科 Sabiaceae

（266）泡花树属 *Meliosma*

■泡花树 *Meliosma cuneifolia* Franch.

资料来源：《南岭北坡—赣南地区种子植物多样性编目和野生果树资源》。

分布：九连山。

用途：观赏树种。

■垂枝泡花树 *Meliosma flexuosa* **Pamp.**

标本号：XYF013470。

分布：九连山。

■异色泡花树 *Meliosma myriantha* var. *discolor* **Dunn**

标本号：20160606062。

分布：虾公塘、黄牛石有分布，生于沟谷林中。

用途：观赏植物。

■钝叶泡花树（香皮树）*Meliosma obtusa* **Merr. & Chun**

标本号：160805006。

分布：花露有分布，生于山坡林中。

用途：观赏植物。

■红柴枝 *Meliosma oldhamii* **Maxim.**

标本号：XT180721067。

分布：润洞、虾公塘、黄牛石有分布，生于沟谷林中。

用途：观赏植物。

■笔罗子 *Meliosma rigida* **Sieb. et Zucc.**

标本号：F429。

分布：九连山有零星分布，生于山坡林中。

用途：观赏植物。

■毡毛泡花树 *Meliosma rigida* var. *pannosa* **(Hand. -Mazz.) Law**

标本号：L180722028。

分布：虾公塘、横坑水有分布，生于山坡林中。

用途：观赏植物。

■樟叶泡花树 *Meliosma squamulata* **Hance**

标本号：170821058。

分布：九连山。

（267）清风藤属 *Sabia*

■革叶清风藤 *Sabia coriacea* Rehd. et Wils.

标本号：160806177。

分布：下湖、横坑水有分布，生于沟谷林中。

用途：药用植物。

■灰背清风藤 *Sabia discolor* Dunn

标本号：PVHJX015179。

分布：横坑水老管理局旁有分布，生于林缘。

用途：药用植物。

■清风藤 *Sabia japonica* Maxim.

标本号：LYL00722。

分布：九连山广布，生于沟谷及路边。

用途：药用植物。

■尖叶清风藤 *Sabia swinhoei* Hemsl. ex Forb. et Hemsl.

标本号：LYL00540。

分布：横坑水有分布，生于山坡林中。

用途：药用植物。

57 莲科 Nelumbonaceae

（268）莲属 *Nelumbo*

■* 莲 *Nelumbo nucifera* Gaertn.

分布：上围、墩头有栽培，生于水塘中。

用途：园林植物。

58 悬铃木科 Platanaceae

（269）悬铃木属 *Platanus*

■* 二球悬铃木（法国梧桐）*Platanus acerifolia* (Aiton) Willd.

分布：龙南县城有栽培。

用途：园林植物。

■* 一球悬铃木（美国梧桐）*Platanus occidentalis* L.

分布：龙南县城有栽培。

用途：园林植物。

■* 英国梧桐 *Platanus* × *acerifolia*（Aiton.）Willd.

分布：龙南县城有栽培。

用途：园林植物。

59 山龙眼科 Proteaceae

（270）山龙眼属 *Helicia*

■小果山龙眼 *Helicia cochinchinensis* Lour.

标本号：LYL00590。

分布：九连山有零星分布，生于山坡林中。

用途：园林植物观赏植物。

■广东山龙眼 *Helicia kwangtungensis* W. T. Wang

标本号：T-13。

分布：黄牛石有分布，生于路旁。

用途：药用植物。

■网脉山龙眼 *Helicia reticulata* W. T. Wang

标本号：LYL02705。

分布：大丘田、墩头、中迳有分布，生于山坡林中。

用途：园林植物。

（271）银桦属 *Grevillea*

■* 银桦 *Grevillea robusta* A. Cunn. R. Br

标本号：LYL00465。

分布：古坑、横坑水有人工栽培。

用途：园林植物。

60 黄杨科 Buxaceae

（272）黄杨属 *Buxus*

■* 雀舌黄杨 *Buxus bodinieri* Lévl.

分布：古坑有人工栽培。

用途：观赏植物。

■* 瓜子黄杨（黄杨）*Buxus sinica*（Rehd. et Wils.）Cheng

分布：古坑、润洞有人工栽培。

用途：园林植物。

（273）野扇花属 *Sarcococca*

■ 东方野扇花 *Sarcococca orientalis* C. Y. Wu

标本号：LYL02208。

分布：虾公塘、中迳、大丘田有分布，生于林下。

用途：药用植物。

■ 野扇花 *Sarcococca ruscifolia* Stapf

资料来源：《南岭北坡—赣南地区种子植物多样性编目和野生果树资源》。

分布：九连山。

用途：药用植物。

61 蕈树科 Altingiaceae

（274）枫香树属 *Liquidambar*

■ 缺萼枫香（缺萼枫香树）*Liquidambar acalycina* Chang

标本号：LYL00549。

分布：虾公塘、坪坑有分布，生于沟谷中。

用途：用材树种。

■半枫荷 *Liquidambar cathayensis* Chang

标本号：LYL00687。

分布：九连山有零星分布，生于山坡林中。

用途：药用植物。

■细柄半枫荷 *Liquidambar chingii*（Metc.）Chang

标本号：PVHJX018420。

分布：润洞有分布，生于山坡林中。

用途：药用植物。

■枫香树（山枫香）*Liquidambar formosana* Hance

标本号：LYL02719。

分布：九连山广布，生于山坡林中。

用途：用材树种。

■蕈树 *Liquidambar hinensis*（Champ.）Oliver ex Hance

标本号：F392。

分布：虾公塘、坪坑有分布，生于沟谷旁。

用途：观赏植物。

62 金缕梅科 Hamamelidaceae

（275）蜡瓣花属 *Corylopsis*

■蜡瓣花 *Corylopsis sinensis* Hemsl.

标本号：F1050。

分布：虾公塘有分布，生于沟谷旁。

■秃蜡瓣花（牯岭蜡瓣花）*Corylopsis sinensis* var. *calvescens* Rehd. et Wils.

标本号：Q13141。

分布：九连山。

（276）假蚊母树属 *Distyliopsis*

■钝叶假蚊母树（钝叶水丝梨）*Distyliopsis tutcheri*（Hemsley）P. K. Endress

标本号：赵卫平 748。

分布：虾公塘有分布，生于阔叶林中。

（277）蚊母树属 *Distylium*

■小叶蚊母树 *Distylium buxifolium*（Hance）Merr.

标本号：D2386。

分布：九连山。

用途：园林植物。

■闽粤蚊母树 *Distylium chungii*（Metc.）Cheng

标本号：LYL00980。

分布：新开迳有分布。

用途：园林植物。

■杨梅叶蚊母树 *Distylium myricoides* Hemsl.

标本号：PVHJX024618。

分布：九连山有零星分布，生于林中。

用途：园林植物。

（278）秀柱花属 *Eustigma*

■秀柱花 *Eustigma oblongifolium* Gardn. et Champ.

标本号：171209324。

分布：九连山有零星分布，生于沟谷山坡中。

用途：药用植物。

(279) 马蹄荷属 *Exbucklandia*

■ **大果马蹄荷** *Exbucklandia tonkinensis* (Lec.) Steenis

标本号：160820579。

分布：虾公塘、黄牛石有分布。

用途：园林植物。

(280) 檵木属 *Loropetalum*

■ **檵木** *Loropetalum chinense* (R. Br.) Oliv.

标本号：LYL00874。

分布：九连山广布，生于沟边、林缘路边。

用途：园林植物。

■* **红花檵木** *Loropetalum chinense* var. *rubrum* Yieh

分布：九连山有人工栽培。

用途：园林植物。

(281) 壳菜果属 *Mytilaria*

■* **壳菜果** *Mytilaria laosensis* Lec.

分布：润洞、梅仔坑、安基山有人工栽培。

用途：用材树种。

(282) 红花荷属 *Rhodoleia*

■* **红花荷** *Rhodoleia championii* Hook. f.

标本号：160808274。

分布：九连山保护区植物园有栽培。

用途：园林植物。

63 交让木科 Daphniphyllaceae

（283） 虎皮楠属 *Daphniphyllum*

■牛耳枫 *Daphniphyllum calycinum* Benth.

标本号：LYL00104。

分布：九连山广布，生于沟谷旁。

用途：药用植物。

■交让木 *Daphniphyllum macropodum* Miq.

标本号：XYF008418。

分布：虾公塘有分布，生于山坡林中。

用途：园林植物。

■虎皮楠 *Daphniphyllum oldhami* (Hemsl.) Rosenth.

标本号：LYL00472。

分布：九连山广布，生于山坡林中。

用途：园林植物。

64 鼠刺科 Iteaceae

（284） 鼠刺属 *Itea*

■鼠刺 *Itea chinensis* Hook. et Arn.

标本号：LYL00587。

分布：九连山广布，生于山坡林中。

65 虎耳草科 Saxifragaceae

（285） 落新妇属 *Astilbe*

■华南落新妇（大落新妇）*Astilbe austrosinensis* Hand. -Mazz.

标本号：160806210。

分布：九连山。

用途：药用植物。

■**落新妇** *Astilbe chinensis*（Maxim.）Franch. et Savat.

资料来源：《南岭北坡—赣南地区种子植物多样性编目和野生果树资源》。

分布：九连山。

用途：药用植物。

（286）金腰属 *Chrysosplenium*

■**绵毛金腰** *Chrysosplenium lanuginosum* Hook. f. et Thoms.

标本号：170626064。

分布：九连山。

用途：药用植物。

（287）虎耳草属 *Saxifraga*

■**虎耳草** *Saxifraga stolonifera* Curt.

标本号：PVHJX011905。

分布：坪坑、中迳有分布，生于路边岩石上。

用途：药用植物。

66 景天科 Crassulaceae

（288）景天属 *Sedum*

■**东南景天** *Sedum alfredi* Hance

标本号：PVHJX09516。

分布：九连山、小武当有分布，生于岩石阴湿处。

用途：药用植物。

■**对叶景天** *Sedum baileyi* Praeg.

标本号：170824246。

分布：九连山、小武当有分布，生于岩石阴湿处。

用途：药用植物。

■珠芽景天 *Sedum bulbiferum* Makino

标本号：LYL02700。

分布：九连山有分布，生于水湿处。

用途：园林植物。

■日本景天 *Sedum japonicum* Sieb. ex Miq.

资料来源：《南岭北坡—赣南地区种子植物多样性编目和野生果树资源》。

分布：九连山、小武当。

用途：药用植物。

■佛甲草 *Sedum lineare* Thunb.

标本号：041。

分布：黄牛石有分布，生于岩石阴湿处。

用途：园林植物。

■垂盆草 *Sedum sarmentosum* Bunge

分布：古坑、中迳有分布，生于路边。

用途：园林植物。

67 扯根菜科 Penthoraceae

（289）扯根菜属 *Penthorum*

■扯根菜 *Penthorum chinense* Pursh

资料来源：《南岭北坡—赣南地区种子植物多样性编目和野生果树资源》。

分布：九连山。

用途：药用植物。

68 小二仙草科 Haloragaceae

（290） 小二仙草属 *Gonocarpus*

■黄花小二仙草 *Haloragis chinensis*（Lour.）Merr.

标本号：170825264。

分布：润洞有分，生于水沟水湿处。

■小二仙草 *Haloragis micrantha*（Thunb.）R. Br.

标本号：D041。

分布：虾公塘有分布，生于林缘草丛中。

用途：药用植物。

（291） 狐尾藻属 *Myriophyllum*

■穗状狐尾藻 *Myriophyllum spicatum* L.

标本号：LYL02461。

分布：九连山有分布，生于水塘中。

用途：青饲料。

■轮叶狐尾藻（狐尾藻）*Myriophyllum verticillatum* L.

资料来源：《南岭北坡—赣南地区种子植物多样性编目和野生果树资源》。

分布：九连山。

用途：青饲料。

69 葡萄科 Vitaceae

（292） 蛇葡萄属 *Ampelopsis*

■广东蛇葡萄 *Ampelopsis cantoniensis*（Hook. el Arn.）Planch.

标本号：D2040。

分布：九连山广布，生于林缘树上。

用途：药用植物。

■**羽叶蛇葡萄 Ampelopsis chaffanjonii**（H. Léveillé & Vaniot）Rehder

标本号：hxy17027。

分布：虾公塘有分布，攀缘于林中树上。

用途：药用植物。

■**三裂叶蛇葡萄 Ampelopsis delavayana Planch.**

标本号：LYL02421。

分布：大丘田有分布，生于河边树上。

用途：药用植物。

■**蛇葡萄 Ampelopsis glandulosa**（Wall.）Momiy

标本号：XYF012166。

分布：九连山广布，生于沟谷灌丛及林中。

用途：药用植物。

■**光叶蛇葡萄 Ampelopsis glandulosa var. hancei**（Planchon）Momiyama

标本号：L180721010。

分布：九连山。

用途：药用植物。

■**显齿蛇葡萄 Ampelopsis grossedentata**（Hand.-Mazz.）W. T. Wang

标本号：LYL00875。

分布：九连山广布，生于林中及荒山灌丛中。

用途：药用植物。

■**粉叶蛇葡萄 Ampelopsis hypoglauca**（Hance）C. L. Li

标本号：1804044520。

分布：九连山。

用途：药用植物。

■**白蔹 Ampelopsis japonica**（Thunb.）Makino

资料来源：《南岭北坡—赣南地区种子植物多样性编目和野生果树资源》。

分布：九连山。
用途：药用植物。

■毛枝蛇葡萄 *Ampelopsis rubifolia*（Wall.）Planch.

标本号：797。
分布：虾公塘有分布，攀缘于林中树上。
用途：药用植物。

（293）乌蔹莓属 *Cayratia*

■白毛乌蔹莓 *Cayratia albifolia* C. L. Li

标本号：LYL02746。
分布：虾公塘有分布，生于林缘。
用途：药用植物。

■乌蔹莓 *Cayratia japonica*（Thunb.）Gagnep.

标本号：LYL02385。
分布：九连山广布，生于路边空地。

（294）白粉藤属 *Cissus*

■苦郎藤 *Cissus assamica*（Laws.）Craib

标本号：L180723104。
分布：花露、黄牛石有分布，生于林中空地。
用途：药用植物。

（295）地锦属 *Parthenocissus*

■异叶爬山虎 *Parthenocissus dalzielii* Gagnep.

分布：虾公塘、大丘田有分布，攀缘于林缘树上或岩石上。
用途：园林植物。

■绿叶地锦 *Parthenocissus laetevirens* Rehd.

标本号：170420045。
分布：虾公塘、大丘田有分布，攀缘于林缘树上或岩石上。

用途：园林植物。

（296）崖爬藤属 Tetrastigma

■三叶崖爬藤 *Tetrastigma hemsleyanum* Diels et Gilg

标本号：LYL00461。

分布：九连山广布，生于林缘及灌丛中。

用途：药用植物。

■无毛崖爬藤 *Tetrastigma obtectum* var. *glabrum*（Levl. & Vant.）Gagnep.

标本号：160821583。

分布：虾公塘、鹅公坑有分布，攀缘于林缘树上或岩石上。

用途：药用植物。

■扁担藤 *Tetrastigma planicaule*（Hook.）Gagnep.

标本号：LYL02762。

分布：虾公塘有分布，生于沟谷林缘树上。

用途：药用植物。

（297）葡萄属 Vitis

■蘡薁 *Vitis bryoniifolia* Bunge

标本号：LYL00686。

分布：九连山有分布，生于林缘岩石上。

用途：果蔬植物。

■东南葡萄 *Vitis chunganensis* Hu

标本号：T180720010。

分布：九连山。

用途：果蔬植物。

■刺葡萄 *Vitis davidii*（Roman. Du Caill.）Foex.

标本号：D2570。

分布：九连山。

用途：果蔬植物。

■**锈毛刺葡萄** *Vitis davidii* var. *ferruginea* **Merr. & Chun**

标本号：D2076。

分布：九连山。

用途：果蔬植物。

■**毛葡萄** *Vitis heyneana* **Roem. et Schult**

标本号：20160826026。

分布：虾公塘、大丘田有分布，生于沟谷林缘。

用途：果蔬植物。

■**小叶葡萄** *Vitis sinocinerea* **W. T. Wang**

标本号：JPS20180717023。

分布：古坑、坪坑、黄牛石有分布，生于荒山灌丛中。

用途：果蔬植物。

■**狭叶葡萄** *Vitis tsoi* **Merrill**

分布：古坑、黄牛石、花露有分布，生于路旁灌丛中。

用途：果蔬植物。

■* **葡萄** *Vitis vinifera* **L.**

分布：九连山有零星栽培。

用途：果蔬植物。

（298）俞藤属 *Yua*

■**大果俞藤** *Yua austro-orientalis* （Metcalf） **C. L. Li**

标本号：170822137。

分布：虾公塘、花露有分布，生于疏林灌丛中。

用途：药用植物。

■**俞藤** *Yua thomsonii* （M. A. Lawson） **C. L. Li**

标本号：L180721015。

分布：九连山。

用途：药用植物。

70 豆科 Fabaceae

云实亚科 Caesalpinioideae　紫荆族 Cercideae
（299）羊蹄甲属 *Bauhinia*

■阔裂叶羊蹄甲 *Bauhinia apertilobata* Merr. et Metc.

标本号：170823181。

分布：虾公塘有分布，生于林缘。

用途：园林植物。

■*红花羊蹄甲 *Bauhinia* × *blakeana* Dunn

分布：龙南县有栽培，作为行道树。

用途：药用植物。

■龙须藤 *Bauhinia championii*（Bentn.）Benth.

标本号：LYL02663。

分布：花露有分布，生于沟谷中。

用途：药用植物。

■粉叶羊蹄甲 *Bauhinia glauca* Wall. ex Benth.

标本号：LYL02435。

分布：花露有分布，生于沟谷中。

用途：药用植物。

（300）紫荆属 *Cercis*

■*紫荆 *Cercis chinensis* Bunge

标本号：PVHJX03169。

分布：九连山保护区植物园有栽培。

用途：药用植物。

决明族 Cassieae
(301) 决明属 Senna

■* **望江南** *Senna occidentalis* (L.) Link [*Cassia occidentalis* L.]
分布：古坑、墩头有分布，栽培逸野生。
用途：药用植物。

■**决明** *Senna tora* (Linnaeus) Roxburgh
资料来源：《南岭北坡—赣南地区种子植物多样性编目和野生果树资源》。
分布：九连山。
用途：药用植物。

(302) 山扁豆属 Chamaecrista

■**含羞草决明（山扁豆）** *Chamaecrista mimosoides* (L.) Greene
标本号：LYL00135。
分布：九连山广布，生于田野荒地。
用途：药用植物。

(303) 任豆属 Zenia

■* **任豆（翅荚木）** *Zenia insignis* Chun
分布：龙南县广泛栽培。

云实族 Caesalpinieae
(304) 云实属 Caesalpinia

■**云实** *Caesalpinia decapetala* (Roth) Alston
标本号：LYL00666。
分布：九连山广布，生于疏林树上。
用途：药用植物。

■小叶云实 *Caesalpinia millettii* Hook. et Arn.

标本号：PVHJX05540。

分布：九连山有零星分布，生于疏林树上。

用途：药用植物。

（305）凤凰木属 *Delonix*

■*凤凰木 *Delonix regia* (Boj.) Raf.

分布：小武当有引种栽培。

用途：园林植物。

（306）皂荚属 *Gleditsia*

■华南皂荚 *Gleditsia fera* (Lour.) Merr.

标本号：赵卫平 771。

分布：大丘田、小武当有分布，生于山坡林中。

用途：药用植物。

（307）肥皂荚属 *Gymnocladus*

■肥皂荚 *Gymnocladus chinensis* Baill.

标本号：T180722024。

分布：南亨有分布，生于村旁。

用途：药用植物。

（308）老虎刺属 *Pterolobium*

■*老虎刺 *Pterolobium punctatum* Hemsl.

分布：九连山有栽培。

用途：作围园用。

含羞草亚科 Mimosoideae　含羞草族 Mimoseae
（309）含羞草属 *Mimosa*

■* **含羞草** *Mimosa pudica* **L.**

分布：古坑有栽培。

用途：园林植物。

金合欢族 Acacieae
（310）金合欢属 *Acacia*

■* **黑荆** *Acacia mearnsii* **De Wild.**

分布：古坑有引种栽培。

用途：提栲胶。

■ **藤金合欢** *Acacia sinuata* （Lour.）**Merr.**

标本号：825。

分布：大丘田有分布，生于疏林中。

用途：药用植物。

印加树族 Ingeae
（311）合欢属 *Albizia*

■ **合欢** *Albizia julibrissin* **Durazz.**

标本号：丁810246。

分布：古坑有分布，生于林缘。

用途：园林植物。

■ **山合欢（山槐）** *Albizia kalkora* （Roxb.）**Prain**

标本号：20160829002。

分布：九连山广布，生于沟谷林中。

用途：园林植物。

（312）猴耳环属 Archidendron

猴耳环 Archidendron clypearia（Jack）Benth.
标本号：PVHJX019996。
分布：新开迳有分布，生于疏林中。
用途：药用植物。

亮叶猴耳环 Archidendron lucida（Bentham.）Kosterm.
标本号：180405543。
分布：新开迳有分布，生于林缘。
用途：药用植物。

（313）南洋楹属 Falcataria

* 南洋楹 Falcataria moluccana ［Albizia falcata（L.）Backer］
分布：龙南县城有引种栽培。
用途：园林植物。

蝶形花亚科 Papilionoideae 槐族 Sophoreae
（314）香槐属 Cladrastis

香槐 Cladrastis wilsonii Takeda
标本号：160723005。
分布：大丘田公路边有分布。
用途：园林植物。

（315）红豆属 Ormosia

长脐红豆 Ormosia balansae Drake
资料来源：《南岭北坡—赣南地区种子植物多样性编目和野生果树资源》。
分布：九连山。
用途：园林植物。

■光叶红豆 *Ormosia glaberrima* **Y. C. Wu**

资料来源：《南岭北坡—赣南地区种子植物多样性编目和野生果树资源》。

分布：九连山。

用途：用材树种。

■花榈木 *Ormosia henryi* **Prain**

标本号：LYL02720。

分布：中迳有分布，生于林缘或竹林中。

用途：用材树种。

■红豆树 *Ormosia hosiei* **Hemsl. et Wils.**

资料来源：《南岭北坡—赣南地区种子植物多样性编目和野生果树资源》。

分布：安基山有分布。

用途：用材树种。

■软荚红豆 *Ormosia semicastrata* **Hance**

标本号：180404476。

分布：九连山有零星分布，生于林缘。

用途：用材树种。

■木荚红豆 *Ormosia xylocarpa* **Chun ex L. Chen**

标本号：LYL02724。

分布：九连山有分布，生于林缘。

用途：用材树种。

（316）槐属 *Styphnolobium*

■* 槐 *Styphnolobium japonica* **L.**

分布：下湖、坪坑、中迳村旁栽培。

用途：药用植物。

■* 龙爪槐 *Styphnolobium japonica* f. *pendula* **Hort.**

分布：古坑有栽培。

用途：园林植物。

山豆根族 Euchresteae
（317）山豆根属 *Euchresta*

■山豆根 *Euchresta japonica* Hook. f. ex Regel.

标本号：160807242。

分布：九连山。

用途：药用植物。

猪屎豆族 Crotalarieae
（318）猪屎豆属 *Crotalaria*

■条叶猪屎豆（线叶猪屎豆）*Crotalaria linifolia* L. f.

标本号：LYL00941。

分布：九连山有分布，生于路边、荒地。

用途：绿肥。

■猪屎豆 *Crotalaria pallida* Ait.

标本号：LYL02799。

分布：九连山有分布，生于荒地。

用途：绿肥。

■大托叶猪屎豆 *Crotalaria spectabilis* Roth

资料来源：《南岭北坡—赣南地区种子植物多样性编目和野生果树资源》。

分布：九连山。

用途：绿肥。

紫穗槐族 Amorpheae
（319）紫穗槐属 *Amorpha*

■*紫穗槐 *Amorpha fruticosa* L.

分布：黄牛石有分布，栽培逸野生。

用途：绿肥。

黄檀族 Deibergieae
（320）黄檀属 *Dalbergia*

■* **秧青（南岭黄檀）*Dalbergia balansae* Prain**

标本号：919。

分布：九亩地、上湖有栽培。

用途：养紫胶虫。

■ **藤黄檀 *Dalbergia hancei* Benth.**

标本号：LYL00261。

分布：九连山广布，生于林缘。

用途：养紫胶虫。

■ **黄檀 *Dalbergia hupeana* Hance**

标本号：LYL02744。

分布：九连山有零星分布，生于山坡林中。

用途：用材树种。

合萌族 Aeschynomeneae
（321）合萌属 *Aeschynomene*

■ **合萌 *Aeschynomene indica* L.**

标本号：PVHJX00944。

分布：九连山广布，生于路边荒地中。

用途：固氮植物。

（322）落花生属 *Arachis*

■* **落花生 *Arachis hypogaea* L.**

分布：九连山广泛栽培。

用途：油料植物。

（323）坡油甘属 *Smithia*

■坡油甘 *Smithia sensitiva* Ait.

标本号：LYL02780。

分布：黄牛石有分布，生于田野。

用途：药用植物。

木蓝族 Indigofereae
（324）木蓝属 *Indigofera*

■庭藤 *Indigofera decora* Lindl.

标本号：160805092。

分布：大丘田有分布，生于路边。

用途：园林植物。

■黑叶木蓝 *Indigofera nigrescens* Kurz ex King et Prain

标本号：赵卫平307。

分布：九连山。

■马棘（河北木蓝）*Indigofera pseudotinctoria* Matsum

标本号：170423234。

分布：九连山。

■野青树 *Indigofera suffruticosa* Mill.

资料来源：《南岭北坡—赣南地区种子植物多样性编目和野生果树资源》。

分布：九连山。

用途：园林植物。

崖豆藤族 Millettieae
（325）鸡血藤属 *Callerya*

■绿花鸡血藤（绿花崖豆藤）*Callerya championii* (Bentham) X. Y. Zhu [*Millettia championi* Benth]

标本号：LYL02462。

分布：九连山。

用途：药用植物。

■密花鸡血藤（密花崖豆藤）*Callerya congestiflora* T. Chen

标本号：160823740。

分布：九连山广布，生于林缘树上。

用途：药用植物。

■香花鸡血藤（香花崖豆藤）*Callerya dielsiana* Harms [*Millettia dielsiana* Harms]

标本号：LYL00942。

分布：黄牛石、润洞有分布，攀缘林缘、河谷树上。

用途：药用植物。

■异果鸡血藤（异果崖豆藤）*Callerya dielsiana* var. *heterocarpa* (Chun ex T. C. Chen) X. Y. Zhu ex Z. Wei & Pedley

标本号：PVHJX05554。

分布：九连山。

用途：药用植物。

■宽序鸡血藤（宽序崖豆藤）*Callerya eurybotrya* (Drake) Schot

标本号：LYL00231。

分布：润洞、坪坑有分布，生于荒山灌丛中。

用途：药用植物。

■亮叶鸡血藤（亮叶崖豆藤）*Callerya nitida* (Bentham) R. Geesink

标本号：170423254。

分布：黄牛石、大丘山有分布，攀缘灌丛中。

用途：药用植物。

■丰城崖豆藤（丰城鸡血藤）*Callerya nitida* var. *hirsutissima* (Z. Wei) X. Y. Zhu

标本号：170824225。

分布：九连山。

■**网络鸡血藤（网络崖豆藤）** *Callerya reticulata* Benth.

标本号：170420034。

分布：古坑有分布，生于荒山灌丛中。

（326）鱼藤属 *Derris*

■**中南鱼藤** *Derris fordii* Oliv.

标本号：LYL00074。

分布：墩头有分布，生于路边。

用途：药用植物。

（327）崖豆藤属 *Millettia*

■**厚果崖豆藤** *Millettia pachycarpa* Benth.

标本号：赵卫平444。

分布：新开迳、黄牛石有分布，攀缘林中树冠上。

用途：药用植物。

■**疏叶崖豆** *Millettia pulchra* var. *laxior* (Dunn) Z. Wei

资料来源：《南岭北坡—赣南地区种子植物多样性编目和野生果树资源》。

分布：九连山。

（328）紫藤属 *Wisteria*

■***多花紫藤** *Wisteria floribunda* (Willd.) DC.

分布：九连山保护区植物园有栽培。

用途：园林植物。

菜豆族 Phaseoleae
(329) 两型豆属 *Amphicarpaea*

■ 两型豆 *Amphicarpaea edgeworthii* Benth.

资料来源：《南岭北坡—赣南地区种子植物多样性编目和野生果树资源》。

分布：古坑有分布，生于荒山灌丛中。

用途：药用植物。

(330) 木豆属 *Cajanus*

■* 木豆 *Cajanus cajan* (L.) Millsp.

分布：古坑有栽培。

用途：果蔬植物。

■ 蔓草虫豆 *Cajanus scarabaeoides* (L.) Thouars

资料来源：《南岭北坡—赣南地区种子植物多样性编目和野生果树资源》。

分布：九连山。

用途：药用植物。

(331) 刀豆属 *Canavalia*

■* 刀豆（海刀豆）*Canavalia rosea* (Sw.) DC. (Aubl.) Thou.

分布：九连山有栽培。

用途：果蔬植物。

(332) 鸡头薯属 *Eriosema*

■ 猪仔笠（鸡头薯）*Eriosema chinense* Vog.

标本号：LYL02817。

分布：九连山有零星分布，生于山脊及荒山中。

用途：药用植物。

(333) 刺桐属 *Erythrina*

■*鸡冠刺桐 *Erythrina crista-galli* L.

分布：龙南县城广泛栽培。

用途：园林植物。

(334) 千斤拔属 *Flemingia*

■大叶千斤拔 *Flemingia macrophylla*（Willd.）Prain

标本号：LYL00943。

分布：横坑水有分布，生于沟谷旁。

用途：药用植物。

■千斤拔 *Flemingia prostrata* C. Y. Wu

标本号：PVHJX018473。

分布：中迳、古坑有分，生于荒地。

用途：药用植物。

(335) 大豆属 *Glycine*

■*大豆 *Glycine max*（L.）Merr.

分布：九连山有广泛栽培。

用途：果蔬植物。

■野大豆 *Glycine soja* Sieb. et Zucc.

资料来源：《南岭北坡—赣南地区种子植物多样性编目和野生果树资源》。

分布：九连山。

用途：果蔬植物。

(336) 扁豆属 *Lablab*

■*扁豆 *Lablab purpureus*（L.）Sweet［*Dolichos lablab* Linn.］

分布：九连山广泛栽培。

用途：果蔬植物。

（337）豆薯属 *Pachyrhizus*

■* 豆薯 *Pachyrhizus erosus*（Linn.）Urb.

分布：园菜栽培。

用途：果蔬植物。

（338）菜豆属 *Phaseolus*

■* 金甲豆（棉豆）*Phaseolus lunatus* L.

分布：园菜栽培。

用途：果蔬植物。

■* 菜豆（四季豆）*Phaseolus vulgaris* L.

分布：园菜栽培。

用途：果蔬植物。

（339）葛属 *Pueraria*

■ 葛 *Pueraria lobata*（Willd.）Ohwi

标本号：20160827049。

分布：九连山广布，生于荒地或疏林中。

用途：药用植物。

■ 葛麻姆 *Pueraria lobata* var. *montana*（Lour.） van der Maesen

标本号：LYL0063。

分布：大丘田、墩头有分布，生于荒地或疏林中。

用途：药用植物。

■ 粉葛 *Pueraria lobata* var. *thomsonii*（Benth.） van der Maesen

标本号：LYL02781。

分布：九连山广布，生于荒山或疏林中。

用途：药用植物。

（340） 鹿藿属 *Rhynchosia*

■菱叶鹿藿 *Rhynchosia dielsii* Harms

标本号：Dengsw1637。

分布：虾公塘有分布，生于路旁灌丛中。

用途：药用植物。

■鹿藿 *Rhynchosia volubilis* Lour.

标本号：LYL00724。

分布：九连山有零星分布，生于路旁灌丛中。

用途：药用植物。

（341） 豇豆属 *Vigna*

■* 赤豆 *Vigna angularis* （Willd.） Ohwi et Ohashi

标本号：PVHJX014566。

分布：九连山有人工栽培。

用途：果蔬植物。

■山绿豆 *Vigna minima* （Roxb.） Ohwi et Ohashi

标本号：LYL02515。

分布：黄牛石有分布，生于林缘灌丛中。

用途：果蔬植物。

■* 绿豆 *Vigna radiata* （L.） Wilczek

分布：九连山广泛栽培。

用途：果蔬植物。

■赤小豆 *Vigna umbellata* （Thunb.） Ohwi et Ohashi

标本号：LYL00099。

分布：九连山有分布，生于路边灌丛中。

用途：果蔬植物。

■* 豇豆 *Vigna unguiculata* （Linn.） Walp.

分布：九连山广泛栽培。

用途：果蔬植物。

山蚂蟥族 Desmodieae
（342）舞草属 *Codariocalyx*

■舞草 *Codariocalyx motorius*（Houtt.）Ohashi

标本号：张海道 5367。

分布：黄牛石有分布，生于荒山灌丛。

用途：园林植物。

（343）山蚂蝗属 *Desmodium*

■小叶三点金 *Desmodium microphyllum*（Thunb.）DC.

标本号：PVHJX018413。

分布：九连山广布，生于路边、河滩。

用途：药用植物。

■假地豆 *Desmodium heterocarpon*（L.）DC.

标本号：LYL00547。

分布：九连山广布，生于路边、河滩。

用途：药用植物。

■异叶山蚂蝗 *Desmodium heterophyllum*（Willd.）DC.

资料来源：《南岭北坡—赣南地区种子植物多样性编目和野生果树资源》。

分布：九连山。

用途：药用植物。

■饿蚂蝗 *Desmodium multiflorum* DC.

标本号：ZQ20110096。

分布：中迳有分布，生于灌丛中。

用途：药用植物。

■三点金 *Desmodium triflorum*（L.）DC.

资料来源：《南岭北坡—赣南地区种子植物多样性编目和野生果

树资源》。

分布：九连山。

用途：药用植物。

（344）长柄山蚂蝗属 *Hylodesmum*

■细长柄山蚂蝗 *Hylodesmum leptopus*（A. Gray ex Bentham）H. Ohashi & R. R. Mill

资料来源：《南岭北坡—赣南地区种子植物多样性编目和野生果树资源》。

分布：九连山。

■长柄山蚂蝗 *Hylodesmum podocarpum*（Candolle）H. Ohashi & R. R. Mill

标本号：170822161。

分布：九连山广布，生于林下或灌丛中。

用途：药用植物。

■宽卵叶长柄山蚂蝗 *Hylodesmum podocarpum* subsp. *fallax* （Schindler）H. Ohashi & R. R. Mill

标本号：LYL00635。

分布：九连山广布，生于林下或灌丛中。

用途：药用植物。

■尖叶长柄山蚂蝗 *Hylodesmum podocarpum* subsp. *oxyphyllum* （Candolle）H. Ohashi & R. R. Mill

标本号：LYL00644。

分布：古坑有分布，生于荒山中。

用途：药用植物。

（345）鸡眼草属 *Kummerowia*

■鸡眼草 *Kummerowia striata*（Thunb.）Schindl.

标本号：LYL00665。

分布：九连山广布，生于路边。

用途：药用植物。

（346） 胡枝子属 *Lespedeza*

■胡枝子 *Lespedeza bicolor* Turcz.

标本号：160823726。

分布：九连山有分布，生于路边草丛中。

用途：药用植物。

■绿叶胡枝子 *Lespedeza buergeri* Miq.

标本号：LYL02496。

分布：九连山有分布，生于路边草丛中。

用途：药用植物。

■中华胡枝子 *Lespedeza chinensis* G. Don

资料来源：《南岭北坡—赣南地区种子植物多样性编目和野生果树资源》。

分布：九连山。

用途：药用植物。

■截叶铁扫帚 *Lespedeza cuneata*（Dum. -Cours.）G. Don

标本号：LYL00088。

分布：中迳有分布，生于路边草丛中。

用途：药用植物。

■大叶胡枝子 *Lespedeza davidii* Franch.

资料来源：《南岭北坡—赣南地区种子植物多样性编目和野生果树资源》。

分布：九连山。

用途：药用植物。

■广东胡枝子 *Lespedeza fordii* Schindl.

资料来源：《南岭北坡—赣南地区种子植物多样性编目和野生果

树资源》。

分布：九连山。

用途：药用植物。

■**美丽胡枝子** *Lespedeza formosa*（Vog.）Koehne

标本号：LYL00111。

分布：九连山广布，生于路边、林缘。

用途：药用植物。

■**短叶胡枝子** *Lespedeza mucronata* Rick.

标本号：LYL02497。

分布：大丘田有分布，生于路边。

用途：药用植物。

■**细梗胡枝子** *Lespedeza virgata*（Thunb.）DC.

资料来源：《南岭北坡—赣南地区种子植物多样性编目和野生果树资源》。

分布：九连山。

用途：药用植物。

（347）小槐花属 *Ohwia*

■**小槐花** *Ohwia caudata*（Thunberg）H. Ohashi

标本号：LYL00105。

分布：九连山广布，生于林缘及路旁。

用途：药用植物。

刺槐族 Robinieae
（348）刺槐属 *Robinia*

■***刺槐** *Robinia pseudoacacia* L.

分布：龙南县城栽培。

用途：园林植物。

车轴草族 Trifolieae
（349）苜蓿属 Medicago

■* 天蓝苜蓿 *Medicago lupulina* L.

分布：人工栽培。

用途：绿肥。

野豌豆族 Fabeae
（350）豌豆属 Pisum

■* 豌豆 *Pisum sativum* L.

分布：园菜栽培。

用途：果蔬植物。

（351）野豌豆属 Vicia

■* 蚕豆 *Vicia faba* L.

分布：园菜栽培。

用途：果蔬植物。

71 远志科 Polygalaceae

（352）远志属 Polygala

■ 黄花远志（荷包山桂）*Polygala arillata* Buch.–Ham. ex D. Don

标本号：X3820。

分布：九连山。

用途：药用植物。

■ 金不换（华南远志）*Polygala chinensis* Linnaeus

标本号：LYL02772。

分布：九连山有分布，生于山坡草丛中。

用途：药用植物。

■黄花倒水莲 *Polygala fallax* Hemsl.

标本号：LYL00737。

分布：九连山广布，生于林缘、路边。

用途：药用植物。

■狭叶香港远志 *Polygala hongkongensis* var. *stenophylla*（Hayata）Migo

标本号：170528008。

分布：上围有分布，生于山坡草丛中。

用途：药用植物。

■瓜子金 *Polygala japonica* Houtt.

标本号：PVHJX018187。

分布：古坑、横坑水有分布，生于田边、路边草丛中。

用途：药用植物。

■曲江远志 *Polygala koi* Merr.

资料来源：《南岭北坡—赣南地区种子植物多样性编目和野生果树资源》。

分布：九连山。

用途：药用植物。

（353）齿果草属 *Salomonia*

■齿果草 *Salomonia cantoniensis* Lour.

标本号：LYL00944。

分布：九连山有分布，生于山坡草丛中。

用途：药用植物。

■椭圆叶齿果草 *Salomonia ciliata*（L.）DC.

资料来源：《南岭北坡—赣南地区种子植物多样性编目和野生果树资源》。

分布：九连山。

用途：药用植物。

72 蔷薇科 Rosaceae

（354）龙牙草属 *Agrimonia*

■小花龙牙草 *Agrimonia nipponica* var. *occidentalis* Skalicky

标本号：Ft17097。

分布：九连山广布，生于田野、路旁。

用途：药用植物。

■龙牙草 *Agrimonia pilosa* Ldb.

标本号：LYL00050。

分布：九连山。

（355）木瓜属 *Chaenomeles*

■木瓜 *Chaenomeles sinensis*（Thouin）Koehne

标本号：LYL02518。

分布：龙南洒源有野生分布，县城公园有人工栽培。

用途：药用植物。

（356）枇杷属 *Eriobotrya*

■大花枇杷 *Eriobotrya cavaleriei*（Levl.）Rehd.

标本号：PVHJX012709。

分布：虾公塘、大丘田有分布，生于阔叶林中。

■台湾枇杷 *Eriobotrya deflexa*（Hemsl.）Nakai

标本号：PVHJX018411。

分布：九连山广布，生于沟谷林中。

用途：果蔬植物。

■香花枇杷 *Eriobotrya fragrans* Champ. ex Benth.

标本号：161001980。

分布：九连山有零星分布，生于山坡林中。
用途：果蔬植物。

■* 枇杷 *Eriobotrya japonica* (Thunb) Lindl.
分布：广泛栽培。
用途：果蔬植物。

（357）草莓属 *Fragaria*

■* 草莓 *Fragaria ananassa* (Weston) Duchesne
分布：广泛栽培。
用途：果蔬植物。

（358）苹果属 *Malus*

■ 台湾林檎（尖嘴林檎）*Malus doumeri* (Bois) Chev.
标本号：PVHJX024624。
分布：坪坑、上围、花露有分布，生于山坡林中。
用途：果蔬植物。

■ 湖北海棠 *Malus hupehensis* (Pamp.) Rehd.
资料来源：《南岭北坡—赣南地区种子植物多样性编目和野生果树资源》。
分布：九连山。
用途：果蔬植物。

■ 三叶海棠 *Malus sieboldii* (Regel) Rehd.
标本号：XYF012568。
分布：黄牛石有分布，生于沟谷灌丛中。
用途：果蔬植物。

（359）绣线梅属 *Neillia*

■ 中华绣线梅 *Neillia sinensis* Oliv.
资料来源：《南岭北坡—赣南地区种子植物多样性编目和野生果

树资源》。

分布：九连山。

（360）石楠属 *Photinia*

■中华石楠 *Photinia beauverdiana* Schneid

标本号：LYL00159。

分布：横坑水有分布，生于疏林中。

用途：药用植物。

■闽粤石楠 *Photinia benthamiana* Hance

资料来源：《南岭北坡—赣南地区种子植物多样性编目和野生果树资源》。

分布：九连山。

用途：药用植物。

■椤木石楠（贵州石楠）*Photinia davidsoniae* Rehd. et Wils

标本号：PVHJX012568。

分布：九连山零星有分布，生于村庄旁。

用途：药用植物。

■光叶石楠 *Photinia glabra* (Thunb.) Maxim.

标本号：XYF008434。

分布：九连山有分布，生于山坡林中。

用途：药用植物。

■陷脉石楠 *Photinia impressivena* Hayata

标本号：180512665。

分布：九连山。

■倒卵叶石楠 *Photinia lasiogyna* (Franch.) Schneid.

标本号：T54070。

分布：虾公塘有分布，生于山坡林中。

用途：药用植物。

■小叶石楠 *Photinia parvifolia* (Pritz.) Schneid.

标本号：PVHJX05951。

分布：九连山广布，生于山坡林中或路边。

用途：药用植物。

■桃叶石楠 *Photinia prunifolia* (Hook. et Arn.) Lindl.

标本号：XYF008420。

分布：九连山广布，生于山坡林中。

用途：药用植物。

■饶平石楠 *Photinia raupingensis* Kuan

标本号：赵卫平457。

分布：虾公塘有分布，生于山坡林中。

用途：药用植物。

■* 石楠 *Photinia serrulata* Lindl.

标本号：F439。

分布：广泛栽培。

用途：园林植物。

■绒毛石楠（芷江石楠）*Photinia zhijiangensis* T. C. Ku

标本号：160822693。

分布：九连山。

用途：药用植物。

（361）委陵菜属 *Potentilla*

■委陵菜 *Potentilla chinensis* Ser.

标本号：X3952。

分布：九连山。

用途：药用植物。

■翻白草 *Potentilla discolor* Bge.

资料来源：《南岭北坡—赣南地区种子植物多样性编目和野生果

树资源》。

分布：九连山。

用途：药用植物。

■莓叶委陵菜 *Potentilla fragarioides* L.

资料来源：《南岭北坡—赣南地区种子植物多样性编目和野生果树资源》。

分布：九连山。

用途：药用植物。

■三叶委陵菜 *Potentilla freyniana* Bornm.

标本号：丁790125。

分布：上围有分布，生于荒地及路边。

用途：药用植物。

■蛇莓 *Potentilla indica*（Andr.）Focke

标本号：LYL00464。

分布：九连山广布，生于荒地及路边。

■蛇含委陵菜 *Potentilla kleiniana* Wight et Arn.

标本号：XYF011846。

分布：九连山广布，生于荒地及路边。

用途：药用植物。

■朝天委陵菜 *Potentilla supina* L.

资料来源：《南岭北坡—赣南地区种子植物多样性编目和野生果树资源》。

分布：九连山。

用途：药用植物。

（362）李属 *Prunus*

■华南桂樱 *Prunus fordiana*（Dunn.）Yü et Li

资料来源：《南岭北坡—赣南地区种子植物多样性编目和野生果

树资源》。

分布：九连山。

■毛背桂樱 *Prunus hypotricha* (Rehd.) Yü et Lu

标本号：庐植1150。

分布：横坑水有分布，生于沟谷旁。

■腺叶桂樱 *Prunus phaeosticta* (Hance) Schneid

标本号：PVHJX015126。

分布：九连山有分布，生于沟谷旁。

■* 李 *Prunus salicina* Lindl.

分布：九连山广泛栽培。

用途：果蔬植物。

■刺叶桂樱 *Prunus spinulosa* (Sieb. et Zucc.) Schneid.

标本号：LYL00945。

分布：九连山有分布，生于山坡林中。

■尖叶桂樱 *Prunus undulata* (D. Don) Roem

标本号：赵卫平867。

分布：九连山广布，生于沟谷山坡林中。

■大叶桂樱 *Prunus zippeliana* (Miq.) Yü

标本号：LYL00652。

分布：大丘田有分布，生于沟谷旁。

(363) 火棘属 *Pyracantha*

■* 火棘 *Pyracantha fortuneana* (Maxim.) Li

分布：九连山保护区植物园有人工种植。

(364) 梨属 *Pyrus*

■* 杜梨 *Pyrus betulifolia* Bge.

标本号：D2373。

分布：九连山有零星分布，生于村旁。
用途：果蔬植物。

■豆梨 *Pyrus calleryana* Dcne.

标本号：PVHJX05229。
分布：九连山广布，生于路边、林缘。
用途：果蔬植物。

■* 沙梨 *Pyrus pyrifolia*（Brum. f.）Nakai

分布：广泛人工栽培。
用途：果蔬植物。

（365）石斑木属 *Rhaphiolepis*

■锈毛石斑木 *Rhaphiolepis ferruginea* F. P. Metcalf

标本号：161001001。
分布：九连山。

■石斑木 *Rhaphiolepis indica*（L.）Lindl.

标本号：PVHJX00848。
分布：九连山广布，生于荒山灌丛中。
用途：药用植物。

■大叶石斑木 *Rhaphiolepis major* Card.

标本号：D877。
分布：九连山有零星分布，生于荒山灌丛中。
用途：药用植物。

（366）蔷薇属 *Rosa*

■* 月季花 *Rosa chinensis* Jacq.

分布：广泛栽培。
用途：园林植物。

■小果蔷薇（山木香）*Rosa cymosa* Tratt.

标本号：LYL02067。

分布：九连山广布，生于路旁灌丛中。
用途：药用植物。

■**软条七蔷薇 *Rosa henryi* Bouleng.**

标本号：D2153。

分布：九连山广布，生于路旁荒山灌丛中。

用途：药用植物。

■**广东蔷薇 *Rosa kwangtungensis* Yü et Tsai**

资料来源：《南岭北坡—赣南地区种子植物多样性编目和野生果树资源》。

分布：九连山。

■**金樱子 *Rosa laevigata* Michx.**

标本号：XYF008334。

分布：九连山广布，生于路旁灌丛中。

用途：药用植物。

■* **多花蔷薇 *Rosa multiflora* Thunb.**

分布：龙南县城各公园广泛栽培。

用途：园林植物。

■**粉团蔷薇（红刺玫）*Rosa multiflora* var. *cathayensis* Rehd. et Wils.**

标本号：PVHJX012592。

分布：九连山广布，生于路旁灌丛中。

用途：园林植物。

■**悬钩子蔷薇 *Rosa rubus* Lévl. et Vant.**

标本号：T180723090。

分布：九连山。

（367）悬钩子属 *Rubus*

■**粗叶悬钩子 *Rubus alceaefolius* Poir**

标本号：160823708。

分布：九连山广布，生于沟谷林缘、路旁。

用途：药用植物。

■周毛悬钩子 *Rubus amphidasys* Focke ex Diels

标本号：170821073。

分布：九连山有零星分布

■寒莓 *Rubus buergeri* Miq

标本号：x3849。

分布：虾公塘、横坑水、大丘田有分布，生于沟谷林下。

用途：药用植物。

■掌叶覆盆子 *Rubus chingii* Hu

标本号：D2056。

分布：九连山广布，生于沟谷林缘、路边。

用途：药用植物。

■小柱悬钩子 *Rubus columellaris* Tutcher

标本号：LYL00150。

分布：九连山广布，生于路边空地。

用途：药用植物。

■山莓 *Rubus corchorifolius* L. F.

标本号：LYL02266。

分布：九连山有零星分布，生于路旁灌丛中。

用途：药用植物。

■光果悬钩子 *Rubus glabricarpus* Cheng

资料来源：《南岭北坡—赣南地区种子植物多样性编目和野生果树资源》。

分布：九连山。

用途：药用植物。

■江西悬钩子 *Rubus gressittii* Metc.

标本号：D2552。

分布：虾公塘、墩头有分布，生于路旁灌丛中。

用途：药用植物。

■华南悬钩子 *Rubus hanceanus* Ktze.

标本号：D-2067。

分布：九连山。

■白叶莓 *Rubus innominatus* S. Moore

标本号：20160828048。

分布：虾公塘有分布，生于林下。

用途：药用植物。

■蜜腺白叶莓 *Rubus innominatus* var. *aralioides* (Hance) Yü et Lu

标本号：庐植1114。

分布：斜坡水有分布，生于林下。

用途：药用植物。

■无腺白叶莓 *Rubus innominatus* var. *kuntzeanus* (Hemsl.) Bailey

标本号：PVHJX09722。

分布：九连山。

■灰毛泡 *Rubus irenaeus* Focke

标本号：1805821773。

分布：鹅公坑有分布，生于林下。

用途：药用植物。

■高粱泡 *Rubus lambertianus* Ser.

标本号：F1314。

分布：九连山广布，生于路边、空地中。

用途：药用植物。

■耳叶悬钩子 *Rubus latoauriculatus* Metc.

标本号：LYL02475。

分布：虾公塘有分布，生于林下。

用途：药用植物。

■白花悬钩子 *Rubus leucanthus* Hance

标本号：180512686。

分布：九连山。

用途：药用植物。

■棠叶悬钩子 *Rubus malifolius* Focke

资料来源：《南岭北坡—赣南地区种子植物多样性编目和野生果树资源》。

分布：九连山。

用途：药用植物。

■大乌泡 *Rubus multibracteatus* Lévl. et Vant.

资料来源：《南岭北坡—赣南地区种子植物多样性编目和野生果树资源》。

分布：九连山。

用途：药用植物。

■太平莓 *Rubus pacfficus* Hance

标本号：PVHJX02660。

分布：九连山。

用途：药用植物。

■茅莓 *Rubus parvifolius* L.

标本号：XYF008342。

分布：九连山广布，生于田野、路旁。

用途：药用植物。

■梨叶悬钩子 *Rubus pirifolius* Smith

资料来源：《南岭北坡—赣南地区种子植物多样性编目和野生果树资源》。

分布：九连山。

用途：药用植物。

■锈毛莓 *Rubus reflexus* Ker

标本号：LYL02298。

分布：九连山广布，生于田野、路旁。
用途：药用植物。

■长叶锈毛莓 *Rubus reflexus* var. *orogenes* Hand. –Mazz.

资料来源：《南岭北坡—赣南地区种子植物多样性编目和野生果树资源》。

分布：九连山。

■空心泡 *Rubus rosaefolius* Smith

标本号：LYL00272。

分布：九连山广布，生于沟谷林缘及路边灌丛。

用途：药用植物。

■红腺悬钩子 *Rubus sumatranus* Miq.

标本号：LYL02124。

分布：九连山广布，生于沟谷林缘及路边灌丛。

用途：药用植物。

■木莓 *Rubus swinhoei* Hance

标本号：F484。

分布：九连山。

■三花悬钩子 *Rubus trianthus* Focke

资料来源：《九连山植物名录》。

分布：虾公塘有分布，生于路边灌丛中。

用途：药用植物。

■东南悬钩子 *Rubus tsangorum* Hand. –Mazz.

标本号：LYL02476。

分布：虾公塘有分布，生于路边灌丛中。

用途：药用植物。

（368）地榆属 *Sanguisorba*

■地榆 *Sanguisorba officinalis* L.

资料来源：《南岭北坡—赣南地区种子植物多样性编目和野生果

树资源》。

分布：九连山。

（369）花楸属 Sorbus

■水榆花楸 *Sorbus alnifolia*（Sieb. et Zucc.）K. Koch

标本号：庐植 1290。

分布：虾公塘有分布，生于沟谷岩石上。

用途：药用植物。

■美脉花楸 *Sorbus caloneura*（Stapf）Rehd.

资料来源：《南岭北坡—赣南地区种子植物多样性编目和野生果树资源》。

分布：九连山。

■江南花楸 *Sorbus hemsleyi*（Schneid.）Rehd.

资料来源：《南岭北坡—赣南地区种子植物多样性编目和野生果树资源》。

分布：九连山。

（370）绣线菊属 *Spiraea*

■绣球绣线菊 *Spiraea blumei* G. Don

资料来源：《南岭北坡—赣南地区种子植物多样性编目和野生果树资源》。

分布：九连山。

用途：药用植物。

■麻叶绣线菊 *Spiraea cantoniensis* Lour.

资料来源：《南岭北坡—赣南地区种子植物多样性编目和野生果树资源》。

分布：九连山。

用途：药用植物。

■中华绣线菊 *Spiraea chinensis* Maxim.

标本号：201704195。

分布：大丘田、润洞有分布，生于林下岩石上。

用途：药用植物。

73 胡颓子科 Elaeagnaceae

（371）胡颓子属 *Elaeagnus*

■长叶胡颓子 *Elaeagnus bockii* Diels

标本号：PVHJX018432。

分布：虾公塘有分布，生于林下。

用途：药用植物。

■蔓胡颓子 *Elaeagnus glabra* Thunb.

标本号：LYL00077。

分布：九连山有零星分布，生于沟谷林缘。

用途：药用植物。

■鸡柏紫藤 *Elaeagnus loureirii* Champ.

资料来源：《南岭北坡—赣南地区种子植物多样性编目和野生果树资源》。

分布：九连山。

74 鼠李科 Rhamnaceae

（372）勾儿茶属 *Berchemia*

■多花勾儿茶 *Berchemia floribunda*（Wall.）Brongn.

标本号：LYL00251。

分布：九连山有分布，生于沟谷林缘。

用途：药用植物。

(373) 枳椇属 *Hovenia*

■枳椇（拐枣）*Hovenia acerba* **Lindl.**

标本号：LYL02689。

分布：九连山有分布，生于村庄旁。

用途：果蔬植物。

■北枳椇 *Hovenia dulcis* **Thunb.**

资料来源：《南岭北坡—赣南地区种子植物多样性编目和野生果树资源》。

分布：九连山。

(374) 马甲子属 *Paliurus*

■马甲子 *Paliurus ramosissimus*（Lour.）Poir.

标本号：X3702。

分布：上围、横坑水有分布，生于路边。

用途：作篱笆围园。

(375) 鼠李属 *Rhamnus*

■山绿柴（山冻绿）*Rhamnus brachypoda* **C. Y. Wu ex Y. L. Chen**

标本号：160807231。

分布：九连山广布，生于荒山灌丛中。

用途：药用植物。

■长叶冻绿 *Rhamnus crenata* **Sieb. el Zucc.**

标本号：170424319。

分布：九连山广布，生于荒山灌丛中。

用途：药用植物。

■薄叶鼠李 *Rhamnus leptophylla* **Schneid.**

标本号：LYL02837。

分布：九连山。

■尼泊尔鼠李 *Rhamnus napalensis*（Wall.）Laws.

标本号：170820022。

分布：虾公塘、墩头有分布，生于山坡林中。

用途：药用植物。

■皱叶鼠李 *Rhamnus rugulosa* Hemsl.

标本号：170421103。

分布：九连山。

用途：药用植物。

■冻绿 *Rhamnus utilis* Decne.

标本号：F681。

分布：九连山。

用途：药用植物。

（376）雀梅藤属 *Sageretia*

■钩刺雀梅藤 *Sageretia hamosa*（Wall.）Brongn.

标本号：LYL00946。

分布：虾公塘、黄牛石有分布，攀缘林中树上。

用途：园林植物。

■刺藤子 *Sageretia melliana* Hand.-Mazz

标本号：150120001。

分布：九连山。

用途：药用植物。

■雀梅藤 *Sageretia thea*（Osbeck）Johnst.

标本号：xwd0717050。

分布：九连山广布，生于荒山灌丛中。

用途：园林植物。

（377）枣属 *Ziziphus*

■* 枣 *Ziziphus jujuba* Mill.

分布：广泛栽培。

用途：果蔬植物。

75 榆科 Ulmaceae

（378）榆属 *Ulmus*

■杭州榆 *Ulmus changii* Cheng

标本号：170424320。

分布：大丘田有分布，生于河边。

用途：用材树种。

■榔榆 *Ulmus parvifolia* Jacq.

标本号：170421130。

分布：润洞、南亨有分布，生于河边。

用途：园林植物。

■红果榆 *Ulmus szechuanica* Fang

标本号：PVHJX014630。

分布：九连山广布，生于河边。

用途：园林植物。

76 大麻科 Cannabaceae

（379）糙叶树属 *Aphananthe*

■糙叶树 *Aphananthe aspera* (Thunb.) Planch.

标本号：LYL02667。

分布：花露、大丘田、虾公塘有分布，生于河边、沟谷。

用途：药用植物。

（380） 朴属 *Celtis*

■珊瑚朴 *Celtis julianae* **Schneid.**

标本号：LYL02499。

分布：黄牛石有分布，生于路边。

用途：观赏植物。

■朴树 *Celtis sinensis* **Pers.**

标本号：LYL02447。

分布：九连山广布生于路边、河边。

用途：用材树种。

■西川朴 *Celtis vandervoetiana* **Schneid.**

标本号：160820532。

分布：黄牛石小武当有分布，生于路边。

用途：观赏植物。

（381） 葎草属 *Humulus*

■葎草 *Humulus scandens*（**Lour.**）**Merr.**

标本号：LYL0039。

分布：九连山广布，生于路边、荒地中。

用途：药用植物。

（382） 山黄麻属 *Trema*

■光叶山黄麻 *Trema cannabina* **Lour.**

标本号：F253。

分布：九连山广布，生于路边荒地中。

用途：药用植物。

■山油麻 *Trema cannabina* var. *dielsiana*（**Hand.-Mazz.**）**C. J. Chen**

标本号：Wu015。

分布：九连山。

77 桑科 Moraceae

（383）构属 Broussonetia

■葡蟠 *Broussonetia kaempferi* Sieb.

标本号：PVHJX015385。

分布：九连山有分布，生于沟谷林缘。

用途：药用植物。

■小构树（楮）*Broussonetia kazinoki* Sieb.

标本号：LYL02329。

分布：九连山有分布，生于路边、沟谷。

用途：药用植物。

■* 构树 *Broussonetia papyrifera* (Linnaeus) L'Heritier ex Ventenat

分布：古坑有栽培。

用途：造纸。

（384）水蛇麻属 *Fatoua*

■水蛇麻 *Fatoua villosa* (Thunb.) Nakai

标本号：160821628。

分布：九连山。

用途：药用植物。

（385）榕属 *Ficus*

■* 无花果 *Ficus carica* L.

分布：龙南县城有栽培。

用途：果蔬植物。

■* 橡皮树（印度榕）*Ficus elastica* Roxb. ex Hornem.

分布：龙南县城有栽培。

用途：观赏植物。

■**天仙果（矮小天仙果）** *Ficus erecta* **Thunb. var.** *beecheyana* **（Hook. et Arn.）King**

标本号：LYL02284。

分布：九连山有分布，生于沟谷溪边。

用途：药用植物。

■**台湾榕** *Ficus formosana* **Maxim.**

标本号：LYL00220。

分布：九连山广布，生于沟谷林下、路边。

用途：药用植物。

■**异叶榕** *Ficus heteromorpha* **Hemsl.**

标本号：D2460。

分布：九连山有零星分布，生于沟谷林下、路边。

用途：药用植物。

■**粗叶榕** *Ficus hirta* **Vahl.**

标本号：LYL00604。

分布：九连山广布，生于路边灌丛中。

用途：药用植物。

■*　**大叶榕** *Ficus lacor* **Buch. -Ham.**

分布：龙南县城广泛栽培。

用途：观赏植物。

■*　**榕树** *Ficus microcarpa* **L. f.**

分布：广泛栽培。

用途：观赏植物。

■**琴叶榕（条叶榕）** *Ficus pandurata* **Hance**

标本号：LYL02287。

分布：九连山有分布，生于荒山灌丛中。

用途：药用植物。

■薜荔 *Ficus pumila* L.

标本号：LYL00947。

分布：九连山广布，攀缘于树上或岩石上。

用途：药用植物。

■珍珠莲 *Ficus sarmentosa* Buch. -Ham. ex. J. E. Sm. var. *henryi*（King et Oliv）Corner

标本号：LYL00948。

分布：虾公塘有分布，攀缘于树上。

用途：药用植物。

■尾尖爬藤榕 *Ficus sarmentosa* var. *lacryman*（Levl. et Vant.）Corner.

标本号：庐植1432。

分布：大丘田有分布，攀缘于树上。

用途：药用植物。

■白背爬藤榕（粉背珍珠莲）*Ficus sarmentosa* var. *nipponica*（Fr. et Sav.）Corner

标本号：Lhs25006。

分布：虾公塘有分布，攀缘于树上。

用途：药用植物。

■竹叶榕 *Ficus stenophylla* Hemsl.

标本号：F786。

分布：九连山有分布，生于林下。

用途：药用植物。

■变叶榕 *Ficus variolosa* Lindl. ex Benth.

标本号：PVHJX015026。

分布：虾公塘、墩头有分布，生于荒山灌丛中。

用途：药用植物。

（386）橙桑属 *Maclura*

■构棘 *Maclura cochinchinensis*（Loureiro）Lorner ［*Cudrania cochinchinensis*（Lour.）Kudo et Masam.］

标本号：360731190726051LY。

分布：九连山有分布，生于沟谷、路旁。

用途：药用植物。

■柘树 *Maclura tricuspidata* Carriere

标本号：Lhs28063。

分布：坪坑有分布，生于村庄旁。

用途：药用植物。

（387）桑属 *Morus*

■*桑 *Morus alba* L.

分布：广泛栽培。

用途：养蚕。

■鸡桑 *Morus australis* Poir.

标本号：LYL02068。

分布：九连山有分布，生于路边、沟谷。

用途：药用植物。

■长穗桑 *Morus wittiorum* Hand. -Mazz.

资料来源：《南岭北坡—赣南地区种子植物多样性编目和野生果树资源》。

分布：九连山、安基山。

用途：药用植物。

78 荨麻科 Urticaceae

（388）苎麻属 Boehmeria

■**序叶苎麻** *Boehmeria clidemioidesiq* Miq. var. *diffusa*（Wedd.）Hand. -Mazz.

标本号：160821613。

分布：九连山。

■**密球苎麻** *Boehmeria densiglomerata* W. T. Wang

标本号：JLS-6108。

分布：大丘田冷水坑有分布，生于林下。

■**海岛苎麻** *Boehmeria formosana* Hayata

标本号：160821614。

分布：横坑水、黄牛石有分布，生于河滩上。

■**野线麻** *Boehmeria japonica*（Linnaeus f.）Miquel

标本号：160809329。

分布：九连山。

■**大叶苎麻** *Boehmeria longispicata* Steud.

标本号：PVHJX07255。

分布：下湖有分布，生于沟谷溪边。

■**青叶苎麻** *Boehmeria nivea* var. *tenacissima*（Gaudich.） Miq.

标本号：LYL02473。

分布：九连山有分布，生于路边林缘。

■**薮苎麻** *Boehmeria spicata*（Thunb.）Thunb.

标本号：标本810042。

分布：九连山。

■**伏毛苎麻（长序苎麻）** *Boehmeria strigosifolia* W. T. Wang

分布：九连山有分布，生于路边林缘。

■悬铃叶苎麻 *Boehmeria tricuspis*（Hance）Makino

资料来源：《南岭北坡—赣南地区种子植物多样性编目和野生果树资源》。

分布：九连山。

(389) 楼梯草属 *Elatostema*

■楼梯草 *Elatostema involucratum* Franch. et Sav.

标本号：LYL00596。

分布：九连山有分布，生于林下阴湿处。

用途：药用植物。

■托叶楼梯草 *Elatostema nasutum* Hook. f.

标本号：FT17118。

分布：虾公塘有分布，生于林下阴湿处。

用途：药用植物。

■对叶楼梯草 *Elatostema sinense* H. Schroter

标本号：L0330。

分布：虾公塘有分布，生于林下阴湿处。

用途：药用植物。

■庐山楼梯草 *Elatostema stewardii* Merr.

标本号：160810337。

分布：虾公塘有分布，生于林下阴湿处。

用途：药用植物。

(390) 糯米团属 *Gonostegia*

■糯米团 *Gonostegia hirta*（Bl.）Miq.

标本号：LYL00132。

分布：九连山广布，生于荒地、河谷。

用途：药用植物。

(391) 艾麻属 *Laportea*

■珠芽艾麻 *Laportea bulbifera*（Sieb. et Zucc.）Wedd.

标本号：160824774。

分布：九连山。

(392) 花点草属 *Nanocnide*

■毛花点草 *Nanocnide lobata* Wedd.

资料来源：《南岭北坡—赣南地区种子植物多样性编目和野生果树资源》。

分布：九连山。

(393) 紫麻属 *Oreocnide*

■紫麻 *Oreocnide frutescens*（Thunb.）Miq.

标本号：D2172。

分布：九连山广布，生于路边、河谷。

用途：药用植物。

(394) 赤车属 *Pellionia*

■短叶赤车（小赤车）*Pellionia brevifolia* Benth.

标本号：T-062601。

分布：九连山。

用途：药用植物。

■赤车 *Pellionia radicans*（Sieb. et Zucc.）Wedd.

标本号：170420020。

分布：九连山广布，生于沟谷水湿处。

用途：药用植物。

■蔓赤车（毛赤车）*Pellionia scabra* Benth.

标本号：170823179。

分布：虾公塘有分布，生于林下水湿处。
用途：药用植物。

（395）冷水花属 *Pilea*

■* 花叶冷水花 *Pilea cadierei* Gagnep. et Guill.

分布：龙南县城人工栽培。

用途：观赏植物。

■波缘冷水花 *Pilea cavaleriei* Lévl.

资料来源：《南岭北坡—赣南地区种子植物多样性编目和野生果树资源》。

分布：九连山。

■日本冷水花（山冷水花）*Pilea japonica*（Maxim.）Hand. -Mazz

标本号：160821645。

分布：九连山。

■隆脉冷水花 *Pilea lomatogramma* Hand. -Mazz.

标本号：LYL02784。

分布：鹅公坑有分布，生于沟谷、水边及林下阴湿处。

用途：药用植物。

■大叶冷水花 *Pilea martinii*（Levl.）H. -M

资料来源：《江西种子植物名录》。

分布：九连山。

■小叶冷水花 *Pilea microphylla*（L.）Liebm.

标本号：JLS-6112。

分布：大丘田有分布，生于沟谷、水边水湿处。

■齿叶冷水花 *Pilea peploides* var. *major* Wedd.

资料来源：《南岭北坡—赣南地区种子植物多样性编目和野生果树资源》。

分布：九连山。

■透茎冷水花 *Pilea pumila*（L）A. Gray

标本号：LYL00623。

分布：九连山有分布，生于沟谷、水边水湿处。

■三角形冷水花 *Pilea swinglei* Merr.

标本号：LYL02498。

分布：九连山有分布，生于沟谷、水边水湿处。

用途：药用植物。

■生根冷水花 *Pilea wightii* Wedd.

标本号：Dengsw1625。

分布：润洞有分布，生于沟谷、水边水湿处。

用途：药用植物。

（396）雾水葛属 *Pouzolzia*

■雾水葛 *Pouzolzia zeylanica*（L.）Benn.

标本号：JLS-6114。

分布：大丘田有分布，生于沟谷、水边水湿处。

（397）荨麻属 *Urtica*

■荨麻 *Urtica fissa* Pritz.

标本号：XYF012279。

分布：九连山。

用途：药用植物。

79 壳斗科 Fagaceae

（398）栗属 *Castanea*

■*板栗（栗）*Castanea mollissima* Blume

分布：九连山有广泛栽培。

用途：果蔬植物。

■茅栗 *Castanea seguinii* Dode

标本号：XYF012697。

分布：虾公塘、黄牛石有分布，生于山顶灌丛中。

用途：果蔬植物。

（399）锥属 *Castanopsis*

■米槠 *Castanopsis carlesii* (Hemsl.) Hayata

标本号：LYL00693。

分布：九连山广布，生于山坡林中。

用途：用材树种。

■甜槠 *Castanopsis eyrei* (Champ. ex Benth.) Tutch.

标本号：LYL00208。

分布：九连山有分布，生于山坡林中。

用途：用材树种。

■罗浮栲（罗浮锥）*Castanopsis fabri* Hance

标本号：161002977。

分布：九连山有分布，生于山坡林中。

用途：用材树种。

■黧蒴栲 *Castanopsis fissa* (Champion ex Bentham) Rehder et E. H. Wilson

标本号：63。

分布：九连山有分布，生于山坡林中。

用途：用材树种。

■南岭栲（毛锥）*Castanopsis fordii* Hance

标本号：20160830039。

分布：九连山有分布，生于沟谷林中。

用途：用材树种。

■东南栲（秀丽锥）*Castanopsis jucunda* Hance

标本号：D-2061。

分布：九连山有零星分布，生于山坡林中。

用途：用材树种。

■**青钩栲（吊皮锥）** *Castanopsis kawakamii* Hayata

标本号：171211435。

分布：花露、高峰有分布，生于山坡林缘。

用途：用材树种。

■**鹿角栲** *Castanopsis lamontii* Hance

分布：九连山广布，生于沟谷旁。

用途：用材树种。

■**苦槠** *Castanopsis sclerophylla*（Lindl.）Schottky

标本号：F1406。

分布：程龙千年古树群。

用途：用材树种。

■**钩栲（大叶槠）** *Castanopsis tibetana* Hance

标本号：LYL02087。

分布：九连山有零星分布，生于沟谷旁。

用途：用材树种。

■**淋漓锥** *Castanopsis uraiana*（Hayata）Kanehira et Hatusima

标本号：20161106075。

分布：大丘田、安基山有分布，生于山坡林缘。

用途：用材树种。

（400）青冈属 *Cyclobalanopsis*

■**岭南青冈** *Cyclobalanopsis championii*（Benth.）Oerst.

标本号：160825828。

分布：九连山。

用途：用材树种。

■福建青冈（南岭青冈）*Cyclobalanopsis chungii*（F. P. Metcalf）Y. C. Hsu et H. W. Jen ex Q. F. Zh

标本号：160401003。

分布：九连山。

用途：用材树种。

■碟斗青冈 *Cyclobalanopsis disciformis*（Chun et Tsiang）Y. C. Hsu et H.

标本号：2014002。

分布：虾公塘有分布，生于沟谷林中。

用途：用材树种。

■华南青冈 *Cyclobalanopsis edithae*（Skan）Schott.

资料来源：《江西种子植物名录》。

分布：九连山。

用途：用材树种。

■饭甑青冈 *Cyclobalanopsis fleuryi*（Hickel et A. Camus）Chun ex Q. F. Zheng

标本号：171209354。

分布：虾公塘有分布，生于山坡林中。

用途：用材树种。

■青冈 *Cyclobalanopsis glauca*（Thunberg）Oersted

标本号：LYL00691。

分布：九连山广布，生于林缘。

用途：用材树种。

■细叶青冈 *Cyclobalanopsis gracilis*（Rehd. et Wils.）Cheng et T. Hong

标本号：LYL00201。

分布：花露、黄牛石有分布，生于山坡林中。

用途：用材树种。

■雷公青冈 Cyclobalanopsis hui（Chun）Chun ex Y. C. Hsu et H. W. JenQuercus hui

资料来源：《江西种子植物名录》。

分布：九连山。

■木姜叶青冈 Cyclobalanopsis litseoides（Dunn）Schottky

资料来源：《南岭北坡—赣南地区种子植物多样性编目和野生果树资源》。

分布：九连山。

■小叶青冈 Cyclobalanopsis myrsinaefolia（Blume）Oerst.

标本号：F731。

分布：大丘田有分布，生于山坡林中。

用途：用材树种。

■云山青冈 Cyclobalanopsis sessilifolia（Blume）Schottky

标本号：160822695。

分布：九连山广布，生于山顶林中。

用途：用材树种。

■多脉青冈 Gyclobalanopsis multinervis W. C. Cheng & T. Hong

标本号：LYL02748。

分布：虾公塘有分布，生于山坡林中。

用途：用材树种。

（401）水青冈属 Fagus

■水青冈 Fagus longipetiolata Seem.

标本号：LYL02593。

分布：九连山有零星分布，生于山坡林中。

用途：用材树种。

■亮叶水青冈（光叶水青冈）Fagus lucida Rehd. et Wils.

分布：九连山有零星分布，生于山坡林中。

用途：用材树种。

（402）柯属 *Lithocarpus*

■美叶石栎 *Lithocarpus calophyllus* Chun ex C. C. Huang et Y. T. Chang

标本号：140。

分布：九连山广布，生于山坡林中。

用途：用材树种。

■粤北柯 *Lithocarpus chifui* Chun et Tsiang

资料来源：《江西种子植物名录》。

分布：九连山。

■金毛柯 *Lithocarpus chrysocomus* Chun et Tsiang

资料来源：《南岭北坡—赣南地区种子植物多样性编目和野生果树资源》。

分布：九连山。

■华南石栎（泥柯）*Lithocarpus fenestratus*（Roxb.）Rehd.

资料来源：《江西种子植物名录》。

分布：九连山。

■柯石栎 *Lithocarpus glaber*（Thunb.）Nakai

标本号：160806159。

分布：九连山广布，生于山坡林中。

用途：用材树种。

■硬斗石栎（硬壳柯）*Lithocarpus hancei*（Beneh.）Rehd.

标本号：160805043。

分布：九连山广布，生于山坡及山脊林中。

用途：用材树种。

■木姜叶柯 *Lithocarpus litseifolius*（Hance）Chun

标本号：LYL02334。

分布：九连山广布，生于沟谷及山坡中。

用途：用材树种。

■榄叶柯 *Lithocarpus oleaefoius* A. Camus

标本号：PVHJX015392。

分布：九连山广布，生于沟谷林中。

用途：用材树种。

■大叶苦柯 *Lithocarpus paihengii* Chun et Tsiang

标本号：161001974。

分布：九连山。

■圆锥柯 *Lithocarpus paniculatus* Hand. -Mazz.

资料来源：《江西种子植物名录》。

分布：九连山、小武当有分布。

（403） 栎属 *Quercus*

■* 麻栎 *Quercus acutissima* Carr.

标本号：170720185。

分布：古坑有栽培。

用途：用材树种。

■巴东栎 *Quercus engleriana* Seem.

分布：虾公塘海拔850米以上有分布。

用途：用材树种。

■短柄枹栎 *Quercus serrata* Murray

标本号：PVHJX018434。

分布：虾公塘山脊有分布。

用途：用材树种。

■* 娜塔栎 *Quercus texana* Buckley

分布：金鸡寨公园有种植（美国引进）。

用途：园林植物。

80 杨梅科 Myricaceae

（404）香杨梅属 *Myrica*

■青杨梅 *Myrica adenophora* Hance

资料来源：《江西植物志》。

分布：虾公塘山脊有分布。

用途：果蔬植物。

■毛杨梅 *Myrica esculenta* Buch. -Ham.

资料来源：《江西植物志》。

分布：虾公塘山脊有分布。

用途：果蔬植物。

■杨梅 *Myrica rubra* Siebold et Zuccarini

标本号：PVHJX05213。

分布：九连山广布，生于阔叶林山脊、山坡。

用途：果蔬植物。

81 胡桃科 Juglandaceae

（405）黄杞属 *Engelhardia*

■少叶黄杞（黄杞） *Engelhardia fenzlii* Merr.

标本号：PVHJX05332。

分布：九连山有分布，生于山坡林中。

用途：药用植物。

（406）胡桃属 *Juglans*

■*核桃 *Juglans regia* L.

分布：九连山林场办公楼后有栽培。

用途：果蔬植物。

（407）枫杨属 *Pterocarya*

■枫杨 *Pterocarya stenoptera* C. DC.

标本号：LYL00260。

分布：九连山广布，生于河边。

用途：药用植物。

82 木麻黄科 Casuarinaceae

（408）木麻黄属 *Casuarina*

■* 木麻黄 *Casuarina equisetifolia* L.

分布：桃江乡有人工栽培。

用途：观赏植物。

83 桦木科 Betulaceae

（409）桤木属 *Alnus*

■江南桤木 *Alnus trabeculosa* Hand. -Mazz.

标本号：LYL02100。

分布：虾公塘有野生分布，退耕还林地大量种植。

用途：用材树种。

（410）桦木属 *Betula*

■光皮桦 *Betula luminifera* H. Winkl.

标本号：LYL02752。

分布：上湖、虾公塘、杨村斜坡水有分布，生于山坡林中。

用途：用材树种。

(411) 鹅耳枥属 Carpinus

■粤北鹅耳枥 Carpinus chuniana Hu
资料来源：《南岭北坡—赣南地区种子植物多样性编目和野生果树资源》。
分布：九连山。

■雷公鹅耳枥 Carpinus viminea Lindley
标本号：LYL00949。
分布：九连山有分布，生于山坡林中。
用途：用材树种。

84 葫芦科 Cucurbitaceae

(412) 冬瓜属 Benincasa

■*冬瓜 Benincasa hispida (Thunb.) Cogn.
分布：九连山广泛栽培。
用途：果蔬植物。

(413) 西瓜属 Citrullus

■*西瓜 Citrullus lanatus (Thunb.) Matsum. et Nakai
分布：九连山广泛栽培。
用途：果蔬植物。

(414) 黄瓜属 Cucumis

■*甜瓜 Cucumis melo L.
分布：九连山有广泛栽培。
用途：果蔬植物。

■*菜瓜 Cucumis melo var. conomon (Thunb.) Makino
分布：九连山有广泛栽培。

用途：果蔬植物。

■*黄瓜 *Cucumis sativus* Linn.

标本号：PVHJX09190。

分布：九连山有广泛栽培。

用途：果蔬植物。

（415）南瓜属 *Cucurbita*

■*南瓜 *Cucurbita moschata* (Duch. ex Lam.) Duch. ex Poiret

分布：九连山有广泛栽培。

用途：果蔬植物。

（416）金瓜属 *Gymnopetalum*

■*金瓜 *Gymnopetalum chinense* (Lour.) Merr.

分布：九连山有广泛栽培。

用途：果蔬植物。

（417）绞股蓝属 *Gynostemma*

■光叶绞股蓝 *Gynostemma laxum* (Wall.) Cogn.

标本号：PVHJX018474。

分布：九连山有分布，生于沟谷阴湿处。

用途：药用植物。

■绞股蓝 *Gynostemma pentaphyllum* (Thunb.) Makino

标本号：161003087。

分布：九连山广布，生于沟谷及疏林潮湿处。

用途：药用植物。

(418) 雪胆属 *Hemsleya*

■马铜铃 *Hemsleya graciliflora* (Harms) Cogn.

资料来源：《南岭北坡—赣南地区种子植物多样性编目和野生果树资源》。

分布：九连山。

用途：药用植物。

(419) 葫芦属 *Lagenaria*

■*瓠 *Lagenaria siceraria* (Molina) Standl.

分布：九连山有广泛栽培。

用途：果蔬植物。

■*瓠子 *Lagenaria siceraria* (Molina) Standl. var. *hispida* (Thunb.) Hara

分布：九连山有广泛栽培。

用途：果蔬植物。

(420) 丝瓜属 *Luffa*

■*广东丝瓜 *Luffa acutangula* (L.) Roxb.

分布：九连山有栽培。

用途：果蔬植物。

■*丝瓜 *Luffa cylindrica* (Linn.) Roem.

分布：九连山有广泛栽培。

用途：果蔬植物。

(421) 苦瓜属 *Momordica*

■*苦瓜 *Momordica charantia* L.

分布：九连山有广泛栽培。

用途：果蔬植物。

■木鳖子 *Momordica cochinchinensis* (Lour.) Spreng.

资料来源：《南岭北坡—赣南地区种子植物多样性编目和野生果树资源》。

分布：九连山。

用途：药用植物。

■凹萼木鳖 *Momordica subangulata* Bl.

标本号：LYL02477。

分布：横坑水有分布，生于路旁灌丛中。

用途：药用植物。

（422）佛手瓜属 *Sechium*

■*佛手瓜 *Sechium edule* (Jacq.) Swartz

分布：上围、墩头有栽培。

用途：果蔬植物。

（423）罗汉果属 *Siraitia*

■罗汉果 *Siraitia grosvenorii* (Swingle) C. Jeffrey ex Lu et Z. Y. Zhang

标本号：LYL00621。

分布：九连山有分布，生于林下。

用途：果蔬植物。

（424）赤瓟属 *Thladiantha*

■长叶赤瓟 *Thladiantha longifolia* Cogn. ex Oliv.

标本号：LYL02501。

分布：下湖、虾公塘有分布，攀缘树冠中。

用途：药用植物。

■**南赤瓟** *Thladiantha nudiflora* **Hemsl. ex Forbes et Hemsl.**

资料来源：《南岭北坡—赣南地区种子植物多样性编目和野生果树资源》。

分布：九连山。

用途：药用植物。

（425）栝楼属 *Trichosanthes*

■**王瓜** *Trichosanthes cucumeroides* **（Ser.）Maxim.**

标本号：庐植937。

分布：虾公塘有分布，生于沟谷林缘。

用途：药用植物。

■**江西栝楼** *Trichosanthes kiangsiensis* **E. Y. Cheng, et C. H. Yueh.**

资料来源：《南岭北坡—赣南地区种子植物多样性编目和野生果树资源》。

分布：九连山。

■**栝楼** *Trichosanthes kirilowii* **Maxim.**

资料来源：《南岭北坡—赣南地区种子植物多样性编目和野生果树资源》。

分布：九连山。

■**趾叶栝楼** *Trichosanthes pedata* **Merr. et Chun**

标本号：LYL02782。

分布：横坑水有分布，生于沟谷林缘。

用途：药用植物。

■**中华栝楼** *Trichosanthes rosthornii* **Harms**

标本号：LYL00988。

分布：九连山有分布，生于沟谷疏林下。

用途：药用植物。

（426）马㼎儿属 Zehneria

■钮子瓜 *Zehneria bodinieri*（H. Léveillé）W. J. de Wilde & Duyfj
标本号：PVHJX05608。
分布：下湖有分布，生于沟谷林缘。
用途：药用植物。

■马㼎儿瓜 *Zehneria japonica*（Thunberg）H. Y. Liu
标本号：LYL00527。
分布：九连山有分布，生于沟谷林缘。
用途：药用植物。

85 秋海棠科 Begoniaceae

（427）秋海棠属 *Begonia*

■* 美丽秋海棠 *Begonia algaia* L. B. Smith et D. C. Wasshausen
资料来源：《南岭北坡—赣南地区种子植物多样性编目和野生果树资源》。
分布：九连山。

■粗喙秋海棠 *Begonia crassirostris* lrmsch.
标本号：LYL00597。
分布：九连山有分布，生于沟谷林缘。
用途：药用植物。

■紫背天葵 *Begonia fimbristipula* Hance
分布：虾公塘、大丘田有分布，生于岩石上。
用途：药用植物。

■红孩儿 *Begonia palmata* var. *bowringiana*（Champ. ex Benth.）J. Golding et C. Kareg.
标本号：LYL02838。
分布：九连山广布，生于岩石上。
用途：药用植物。

■* 银星秋海棠 Begonia × albopicta Hort.

分布：古坑有人工栽培。

用途：观赏植物。

86 卫矛科 Celastraceae

（428）南蛇藤属 Celastrus

■过山枫 Celastrus aculeatus Merr.

标本号：017431。

分布：坪坑有分布，生于沟谷林缘。

用途：药用植物。

■哥兰叶（大芽南蛇藤）Celastrus gemmatus Loes.

标本号：LYL02771。

分布：横坑水、下湖有分布，生于路旁灌丛中。

用途：药用植物。

■青江藤 Celastrus hindsii Benth.

分布：虾公塘有分布，生于路旁灌丛中。

用途：药用植物。

■圆叶南蛇藤 Celastrus kusanoi Hayata

标本号：Dengsw1588。

分布：黄牛石有分布，生于路旁灌丛中。

用途：药用植物。

■短梗南蛇藤 Celastrus rosthornianus Loes.

标本号：PVHJX08916。

分布：虾公塘有分布，生于路旁灌丛中。

用途：药用植物。

■显柱南蛇藤 Celastrus stylosus Wall.

标本号：PVHJX05549。

分布：虾公塘有分布，生于路旁灌丛中。

用途：药用植物。

■**窄叶南蛇藤** *Celastrus oblanceifolius* Wang et Tsoong

标本号：PVHJX08928。

分布：虾公塘有分布，生于山坡疏林中。

用途：药用植物。

（429）卫矛属 *Euonymus*

■**百齿卫矛** *Euonymus centidens* Lévl.

标本号：LYL00768。

分布：九连山有零星分布，生于沟谷及山坡林中。

用途：药用植物。

■**鸦椿卫矛** *Euonymus euscaphis* Hand. –Mazz.

标本号：kj2012060070。

分布：九连山。

用途：药用植物。

■**扶芳藤** *Euonymus fortunei* (Turcz.) Hand. –Mazz.

标本号：XYF011734。

分布：九连山。

用途：药用植物。

■*****冬青卫矛** *Euonymus japonicus* Thunb.

分布：古坑有人工栽培。

用途：观赏植物。

■**疏花卫矛** *Euonymus laxiflorus* Champ. ex Benth.

标本号：PVHJX012602。

分布：九连山有分布，生于沟谷、山坡林中。

用途：药用植物。

■**大果卫矛** *Euonymus myrianthus* Hemsl.

标本号：LYL00950。

分布：九连山阔叶林有分布，生于沟谷旁。

用途：药用植物。

■中华卫矛 *Euonymus nitidus* Benth.

标本号：LYL02479。

分布：虾公塘有分布，生于林下。

用途：药用植物。

■矩叶卫矛（中华卫矛）*Euonymus oblongifolius* Loes. et Rehd.

资料来源：《南岭北坡—赣南地区种子植物多样性编目和野生果树资源》。

分布：九连山。

用途：药用植物。

■无柄卫矛 *Euonymus subsessilis* Sprague

标本号：PVHJX018480。

分布：下湖有分布，生于疏林中。

用途：药用植物。

（430）美登木属 *Maytenus*

■*美登木 *Maytenus hookeri* Loes.

分布：原横坑水老管理局大院内有人工种植。

用途：药用植物。

（431）假卫矛属 *Microtropis*

■福建假卫矛 *Microtropis fokienensis* Dunn

标本号：丁781349。

分布：虾公塘有分布，生于林缘。

用途：药用植物。

（432）雷公藤属 *Tripterygium*

■雷公藤 *Tripterygium wilfordii* Hook. f.

资料来源：《南岭北坡—赣南地区种子植物多样性编目和野生果树资源》。

分布：九连山。

用途：药用植物。

87 酢浆草科 Oxalidaceae

（433）酢浆草属 *Oxalis*

■酢浆草 *Oxalis corniculata* L.

标本号：LYL00876。

分布：九连山广布，生于田野、路旁、沟谷。

用途：药用植物。

■红花酢浆草 *Oxalis corymbosa* DC.

标本号：PVHJX015083。

分布：古坑、横坑水有分布，生于沟边、荒地。

用途：药用植物。

88 杜英科 Eeaeocarpaceae

（434）杜英属 *Elaeocarpus*

■中华杜英 *Elaeocarpus chinensis*（Gardn. et Champ.）Hook. f. ex Benth.

标本号：LYL02423。

分布：九连山有零星分布，生于山坡林中。

用途：观赏植物。

■杜英 *Elaeocarpus decipiens* Hemsl.

标本号：LYL02617。

分布：大丘田、鹅公坑、中迳有分布，生于山坡林中。

用途：观赏植物。

■褐毛杜英 *Elaeocarpus duclouxii* Gagnep.

标本号：LYL02662。

分布：九连山广布，生于山脊中。

用途：观赏植物。

■**秃瓣杜英** *Elaeocarpus glabripetalus* **Merr.**

标本号：LYL02432。

分布：九连山有分布，生于沟谷旁。

用途：观赏植物。

■* **水石榕** *Elaeocarpus hainanensis* **Oliver**

分布：龙南县城有人工栽培。

■**日本杜英** *Elaeocarpus japonicus* **Sieb. et Zucc.**

标本号：160806134。

分布：九连山广布，生于山坡林中。

用途：观赏植物。

■**山杜英** *Elaeocarpus sylvestris*（Lour.）**Poir.**

标本号：LYL02438。

分布：龙南县广泛栽培，行道树。

用途：观赏植物。

（435）猴欢喜属 *Sloanea*

■**仿栗** *Sloanea hemsleyana*（Ito）**Rehd. et Wils.**

标本号：庐植 59-375。

分布：高峰、杨村斜坡水有分布。

用途：观赏植物。

■**猴欢喜** *Sloanea sinensis*（Hance）**Hemsl.**

标本号：LYL00895。

分布：九连山广布，生于山坡林中。

用途：观赏植物。

89 古柯科 Erythroxylaceae

（436）古柯属 *Erythroxylum*

■**东方古柯** *Erythroxylum kunthianum*（Wall.）**Kurz.**

标本号：LYL02678。

分布：虾公塘、黄牛石有分布，生于山坡林中。

用途：药用植物。

90 藤黄科 Clusiaceae

（437）藤黄属 *Garcinia*

■多花山竹子（木竹子）*Garcinia multiflora* Champ. ex Benth.

标本号：LYL02679。

分布：九连山有零星分布，生于沟谷林缘。

用途：观赏植物。

91 金丝桃科 Hypericaceae

（438）金丝桃属 *Hypericum*

■地耳草 *Hypericum japonicum* Thunb. ex Murray

标本号：LYL02323。

分布：九连山广布，生于田野路旁及荒地。

用途：药用植物。

■金丝桃 *Hypericum monogynum* L.

标本号：LYL00158。

分布：黄牛石山顶有分布。

用途：观赏植物。

■金丝梅 *Hypericum patulum* Thunb. ex Murray

标本号：T-023。

分布：九连山。

用途：观赏植物。

■贯叶连翘 *Hypericum perforatum* L.

标本号：20160827009。

分布：九连山。

用途：观赏植物。

■元宝草 *Hypericum sampsonii* Hance

标本号：LYL02328。

分布：九连山广布，生于沟谷林缘及路边。

用途：药用植物。

■蜜腺小连翘 *Hypericum seniawinii* Maximowicz

资料来源：《南岭北坡—赣南地区种子植物多样性编目和野生果树资源》。

分布：九连山。

用途：药用植物。

（439）三腺金丝桃属 *Triadenum*

■三腺金丝桃 *Triadenum breviflora*（Wall. ex Dyer）Y. Kimura

资料来源：《南岭北坡—赣南地区种子植物多样性编目和野生果树资源》。

分布：九连山。

用途：观赏植物。

92 堇菜科 Violaceae

（440）堇菜属 *Viola*

■戟叶堇菜（尼泊尔堇菜）*Viola betonicifolia* J. E. Smith［*Viola befoncifolia* Sm. subsp. *nepalensis* W. Beck subsp.］

标本号：LYL02494。

分布：虾公塘、古坑有分布，生于路边、田边。

用途：药用植物。

■蔓茎堇菜（七星莲）*Viola diffusa* Ging.

标本号：LYL0000542。

分布：九连山分布，生于路边、田边。

用途：药用植物。

■毛果堇菜（球果堇菜）*Viola collina* Bess.

资料来源：《江西种子植物名录》。

分布：九连山。

■心叶堇菜 *Viola concordifolia* C. J. Wang

资料来源：《江西种子植物名录》。

分布：九连山。

■长萼堇菜 *Viola inconspicua* Blume

标本号：170719167。

分布：古坑有分布，生于荒地、田边。

用途：药用植物。

■江西堇菜（福建堇菜）*Viola kiangsiensis* W. Beck.

标本号：170626007。

分布：大丘田有分布，生于沟谷林缘石缝中。

用途：药用植物。

■小尖堇菜 *Viola mucronulifera* Hand. -Mazz.

标本号：LYL02818。

分布：虾公塘、下湖有分布，生于阔叶林下。

用途：药用植物。

■紫花地丁 *Viola philippica* Cav.

标本号：X3825。

分布：九连山广布，生于荒地、田边。

用途：药用植物。

■浅圆齿堇菜（深圆齿堇菜）*Viola schneideri* W. Beck.

资料来源：《南岭北坡—赣南地区种子植物多样性编目和野生果树资源》。

分布：九连山。

■三角叶堇菜 *Viola triangulifolia* W. Beck.

标本号：20161104116。

分布：虾公塘有分布，生于沟谷林缘空地。

用途：药用植物。

■斑叶堇菜 *Viola variegata* Fisch ex Link

资料来源：《南岭北坡—赣南地区种子植物多样性编目和野生果树资源》。

分布：九连山。

■堇菜（如意草）*Viola verecunda* A. Gray

标本号：LYL02378。

分布：九连山有分布，生于路边、田边。

用途：药用植物。

■阴地堇菜 *Viola yezoensis* Maxim.

资料来源：《南岭北坡—赣南地区种子植物多样性编目和野生果树资源》。

分布：九连山。

93 西番莲科 Passifloraceae

（441）西番莲属 *Passiflora*

■广东西番莲 *Passiflora kwangtungensis* Merr.

资料来源：《南岭北坡—赣南地区种子植物多样性编目和野生果树资源》。

分布：九连山。

94 杨柳科 Salicaceae

（442）山桂花属 *Bennettiodendron*

■山桂花 *Bennettiodendron leprosipes* (Clos) Merr.

标本号：赵卫平258。

分布：小武当山、栈道山有分布，生于路边。

（443）天料木属 *Homalium*

■**天料木 *Homalium cochinchinense* (Lour.) Druce**

标本号：LYL00452。

分布：虾公塘、大丘田、小武当将军峰有分布，生于路边林缘。

用途：用材树种。

（444）山桐子属 *Idesia*

■**山桐子 *Idesia polycarpa* Maxim.**

标本号：LYL00890。

分布：九连山有零星分布，生于沟谷林中。

用途：观赏树种。

（445）山拐枣属 *Poliothyrsis*

■**山拐枣 *Poliothyrsis sinensis* Oliv.**

标本号：T180718177。

分布：九连山。

（446）杨属 *Populus*

■* **加拿大杨（加杨）*Populus canadensis* Moench**

分布：九连山有栽培。

用途：用材树种。

■* **钻天杨 *Populus nigra* L. var. *italica* (Moench) Koehne.**

分布：原古坑招待所周边有栽培。

用途：用材树种。

（447）柳属 *Salix*

■* **垂柳 *Salix babylonica* L.**

分布：九连山有栽培。

用途：观赏树种。

■**长梗柳** *Salix dunnii* **Schneid.**

标本号：LYL02608。

分布：九连山广布，生于河沟水湿处。

■**旱柳** *Salix matsudana* **Koidz.**

标本号：Q0442。

分布：九连山。

用途：观赏树种。

■**簸箕柳** *Salix suchowensis* **W. C. Cheng ex G. Zhu**

资料来源：《南岭北坡—赣南地区种子植物多样性编目和野生果树资源》。

分布：九连山。

（448）柞木属 *Xylosma*

■**南岭柞木** *Xylosma controversum* **Clos.**

分布：小武当有分布，生于林中、山坡。

用途：观赏树种。

■**柞木** *Xylosma racemosum* （Sieb. et Zucc.） **Miq.**

标本号：160820577。

分布：大丘田、横坑水有分布，生于山坡林中。

95 大戟科 Euphorbiacea

（449）铁苋菜属 *Acalypha*

■**铁苋菜** *Acalypha australis* **L.**

标本号：170825282。

分布：九连山广布，生于荒地、河滩。

用途：药用植物。

（450）山麻秆属 *Alchornea*

■山麻杆 *Alchornea davidii* Franch.

标本号：161001862。

分布：九连山有分布，生于林缘、路旁。

用途：药用植物。

■红背山麻杆 *Alchornea trewioides* (Benth.) Muell. Arg.

标本号：LYL02126。

分布：九连山广布，生于荒山及沟谷中。

用途：药用植物。

（451）变叶木属 *Codiaeum*

■* 变叶木 *Codiaeum variegatum* (L.) A. Juss.

分布：龙南县城广泛栽培。

用途：观赏植物。

（452）巴豆属 *Croton*

■鸡骨香 *Croton crassifolius* Geisel.

资料来源：《南岭北坡—赣南地区种子植物多样性编目和野生果树资源》。

分布：九连山。

用途：药用植物。

■毛果巴豆 *Croton lachnocarpus* Benth.

标本号：D2418。

分布：九连山。

用途：药用植物。

(453) 大戟属 *Euphorbia*

■飞扬草 *Euphorbia hirta* L.

标本号：PVHJX09999。

分布：九连山广布，生于荒地、路边。

■地锦草 *Euphorbia humifusa* Willd.

资料来源：《南岭北坡—赣南地区种子植物多样性编目和野生果树资源》。

分布：九连山。

■通奶草 *Euphorbia hypericifolia* L.

标本号：LYL0009。

分布：中迳路边有分布。

用途：药用植物。

■* 铁海棠 *Euphorbia milii* Ch. Des Moulins

分布：古坑有栽培。

用途：观赏植物。

■* 一品红 *Euphorbia pulcherrima* Willd. ex Klotzsch

分布：龙南县城人工栽培。

用途：观赏植物。

■千根草 *Euphorbia thymifolia* L.

标本号：018429。

分布：古坑有分布，生于荒地路边。

用途：药用植物。

(454) 野桐属 *Mallotus*

■白背叶 *Mallotus apelta*（Lour.）Muell. Arg.

标本号：LYL00520。

分布：九连山广布，生于路边、荒山。

用途：药用植物。

■**南平野桐** *Mallotus dunnii* Metc.

资料来源：《南岭北坡—赣南地区种子植物多样性编目和野生果树资源》。

分布：九连山。

■**野梧桐** *Mallotus japonicus*（Thunb.）Muell. Arg.

标本号：F281。

分布：虾公塘、花露有广布，生于沟谷树林。

用途：药用植物。

■**东南野桐** *Mallotus lianus* Croiz

标本号：LYL00730。

分布：中迳、黄牛石有分布，生于林缘、路边。

用途：药用植物。

■**白楸** *Mallotus paniculatus*（Lam.）Muell. Arg.

资料来源：《南岭北坡—赣南地区种子植物多样性编目和野生果树资源》。

分布：九连山。

用途：药用植物。

■**粗糠柴** *Mallotus philippiensis*（Lam.）Muell. -Arg.

标本号：F1161。

分布：九连山广布，生于山坡林中。

用途：药用植物。

■**石岩枫** *Mallotus repandus*（Willd.）Muell. Arg.

标本号：D2262。

分布：九连山广布，生于疏林中。

用途：药用植物。

■**野桐** *Mallotus tenuifolius* Pax

标本号：PVHJX09268。

分布：九连山广布，生于山坡林中。
用途：药用植物。

（455）木薯属 *Manihot*

■* 木薯 *Manihot esculenta* Crantz

分布：九连山有零星栽培。
用途：果蔬植物。

（456）白木乌桕属 *Neoshirakia*

■白木乌桕（日本乌桕）*Neoshirakia japonica*（Siebold & Zuccarini）Esser［*Sapium japonicum*（Sieb. et Zucc.）Pax et Hoffm.］

资料来源：《南岭北坡—赣南地区种子植物多样性编目和野生果树资源》。

分布：九连山。

（457）蓖麻属 *Ricinus*

■* 蓖麻 *Ricinus communis* L.

分布：九连山有栽培。
用途：药用植物。

（458）乌桕属 *Triadica*

■山乌桕 *Triadica cochinchinensis* Loureiro［*Sapium discolor*（Champ. ex Benth.）Muell. -Arg.］

标本号：F1332。
分布：九连山广布，生于疏林中。
用途：观赏植物。

■乌桕 *Triadica sebifera*（Linnaeus）Small［*Sapium sebiferum*（L.）Roxb.］

标本号：LYL02710。

分布：九连山有分布，生于路边、荒地。
用途：药用植物。

（459）油桐属 *Vernicia*

■*油桐 *Vernicia fordii* (Hemsl.) Airy Shaw

分布：墩头、润洞有栽培。

用途：油料植物。

■*木油桐 *Vernicia montana* Lour.

分布：广泛栽培。

用途：油料植物。

96 黏木科 Ixonanthaceae

（460）黏木属 *Ixonanthes*

■黏木 *Ixonanthes reticulata* Jack

标本号：171211448。

分布：虾公塘有分布，生于林缘。

97 叶下珠科 Phyllanthaceae

（461）五月茶属 *Antidesma*

■日本五月茶（酸味子）*Antidesma japonicum* Sieb. et Zucc.

标本号：LYL02296。

分布：九连山有分布，生于山坡林中。

用途：药用植物。

■小叶五月茶 *Antidesma montanum* var. *microphyllum* (Hemsley) Petra Hoffmann

标本号：171209323。

分布：花露有分布，生于山坡林中。

用途：药用植物。

(462) 秋枫属 *Bischofia*

■*秋枫 *Bischofia javanica* Blume
分布：龙南县城、小武当有栽培。
用途：园林植物。

■重阳木 *Bischofia polycarpa* (Levl.) Airy
标本号：LYL00655。
分布：大丘田有分布，栽培或逸野生。
用途：园林植物。

(463) 黑面神属 *Breynia*

■黑面神 *Breynia fruticosa* (L.) Hook. f
标本号：161001949。
分布：九连山。
用途：药用植物。

(464) 算盘子属 *Glochidion*

■毛果算盘子 *Glochidion eriocarpum* Champ. ex Benth.
标本号：180512672。
分布：九连山。

■算盘子 *Glochidion puberum* (L.) Hutch.
标本号：LYL00652。
分布：九连山广布，生于路边或荒山中。
用途：药用植物。

■湖北算盘子 *Glochidion wilsonii* Hutch.
标本号：161003023。
分布：九连山。
用途：药用植物。

(465) 叶下珠属 *Phyllanthus*

■**浙江叶下珠 *Phyllanthus chekiangensis* Croiz. et Metc.**

资料来源:《南岭北坡—赣南地区种子植物多样性编目和野生果树资源》。

分布:九连山。

用途:药用植物。

■**落萼叶下珠 *Phyllanthus flexuosus* (Sieb. et Zucc.) Muell. Arg**

标本号:LYL02684。

分布:大丘田、黄牛石有分布,生于沟谷林缘。

用途:药用植物。

■**青灰叶下珠 *Phyllanthus glaucus* Wall. ex Muell. Arg**

标本号:LYL02297。

分布:九连山广布,生于沟谷林缘。

用途:药用植物。

■**叶下珠 *Phyllanthus urinaria* L.**

标本号:LYL00533。

分布:九连山广布,生于荒地、路边。

用途:药用植物。

■**蜜甘草 *Phyllanthus ussuriensis* Rupr. et Maxim.**

标本号:LYL02815。

分布:九连山有分布,生于荒地、路边。

■**黄珠子草 *Phyllanthus virgatus* Forst. F.**

资料来源:《南岭北坡—赣南地区种子植物多样性编目和野生果树资源》。

分布:九连山。

98 牻牛儿苗科 Geraniaceae

（466）牻牛儿苗属 *Erodium*

■ 牻牛儿苗 *Erodium stephanianum* Willd.

资料来源：《南岭北坡—赣南地区种子植物多样性编目和野生果树资源》。

分布：九连山。

（467）老鹳草属 *Geranium*

■ 野老鹳草 *Geranium carolinianum* L.

标本号：LYL02102。

分布：下湖、黄牛石有分布，生于田边、路边。

用途：药用植物。

99 使君子科 Combretaceae

（468）风车子属 *Combretum*

■* 使君子 *Combretum indicum* ［*Quisqualis indica* L.］

分布：龙南县城各公园栽培。

用途：观赏植物。

100 千屈菜科 Lythraceae

（469）水苋菜属 *Ammannia*

■ 水苋菜 *Ammannia baccifera* L.

标本号：KJL2012060101。

分布：九连山。

用途：药用植物。

■ 多花水苋 *Ammannia multiflora* Roxb.

资料来源：《南岭北坡—赣南地区种子植物多样性编目和野生果

树资源》。

分布：九连山。

（470）紫薇属 *Lagerstroemia*

■紫薇 *Lagerstroemia indica* L.

标本号：G181007003。

分布：各村有栽培，临江、程龙有天然分布。

用途：园林植物。

■南紫薇 *Lagerstroemia subcostata* Koehne

标本号：XYF012343。

分布：大丘田、横坑水有分布，生于山坡林中。

用途：园林植物。

（471）千屈菜属 *Lythrum*

■*千屈菜 *Lythrum salicaria* L.

分布：龙南湿地公园有种植。

用途：园林植物。

（472）石榴属 *Punica*

■*石榴 *Punica granatum* L.

分布：九连山有栽培。

用途：果蔬植物。

■'千瓣红花石榴' *Punica granatum* 'Flore Plena'

分布：龙南县各公园栽培。

用途：园林植物。

（473）节节菜属 *Rotala*

■节节菜 *Rotala indica* (Willd.) Koehne

标本号：LYL02478。

分布：九连山有分布，生于水田中。

用途：药用植物。

■轮叶节节菜 *Rotala mexicana* **Cham. et Schlechtend.**

资料来源：《南岭北坡—赣南地区种子植物多样性编目和野生果树资源》。

分布：九连山。

■圆叶节节菜 *Rotala rotundifolia*（**Buch. –Ham. ex Roxb.**）**Koehn**

标本号：LYL02120。

分布：九连山有分布，生于水田、小溪。

用途：园林植物。

（474）菱属 *Trapa*

■*菱（欧菱）*Trapa bispinosa* **Roxb.**

标本号：LYL02601。

分布：古坑、坪坑有栽培，生于水塘中。

用途：果蔬植物。

101 柳叶菜科 Onagraceae

（475）露珠草属 *Circaea*

■高山露珠草 *Circaea alpina* **L.**

资料来源：《南岭北坡—赣南地区种子植物多样性编目和野生果树资源》。

分布：九连山。

用途：药用植物。

■南方露珠草 *Circaea mollis* **Sieb. et Zucc.**

标本号：160823713。

分布：虾公塘、横坑水有分布，生于林下。

用途：药用植物。

(476) 柳叶菜属 *Epilobium*

■长籽柳叶菜 *Epilobium pyrricholophum* **Franch. et Savat.**

标本号：XYF012061。

分布：横坑水有分布，生于水田中。

用途：园林植物。

■柳叶菜 *Epilobium hirsutum* **L.**

标本号：LYL02683。

分布：九连山有分布，生于水田中

(477) 丁香蓼属 *Ludwigia*

■水龙 *Ludwigia adscendens* (L.) **Hara**

标本号：LYL02820。

分布：古坑、墩头河中有分布。

用途：药用植物。

■柳叶丁香蓼（假柳叶菜）*Ludwigia epilobioides* **Maxim.**

标本号：170825290。

分布：黄牛石有分布，生于河滩上。

用途：药用植物。

■卵叶丁香蓼 *Ludwigia ovalis* **Miq.**

资料来源：《南岭北坡—赣南地区种子植物多样性编目和野生果树资源》。

分布：九连山。

■丁香蓼 *Ludwigia prostrata* **Roxb.**

标本号：161003011。

分布：九连山广布，生于水田、池塘水湿处。

用途：药用植物。

102 桃金娘科 Myrtaceae

(478) 岗松属 *Baeckea*

■岗松 *Baeckea frutescens* L.

标本号：180405552。

分布：古坑、中迳有分布，生于荒山灌丛中。

用途：药用植物。

(479) 桉属 *Eucalyptus*

■* 赤桉 *Eucalyptus camaldulensis* Dehnh.

分布：原江西共产主义劳动大学九连山分校、虾公塘有栽培。

用途：用材树种。

■* 窿缘桉 *Eucalyptus exserta* F. V. Muell.

分布：龙南县造林栽培。

用途：用材树种。

■* 二色桉 *Eucalyptus largiflorens* F. Mueller

分布：龙南县造林栽培。

用途：用材树种。

■* 大叶桉（桉）*Eucalyptus robusta* Smith

分布：龙南县造林栽培。

用途：用材树种。

■* 细叶桉 *Eucalyptus tereticornis* Smith

分布：龙南县造林栽培。

用途：用材树种。

(480) 白千层属 *Melaleuca*

■* 白千层 *Melaleuca cajuputi* subsp. *cumingiana*（Turczaninow）Barlow

分布：龙南县有栽培，绿化行道树。

■红千层 *Melaleuca rigidus* R. Br

分布：龙南县有栽培，绿化行道树。

（481）番石榴属 *Psidium*

■* 番石榴 *Psidium guajava* L.

分布：古坑自来水厂旁有人工栽培，已结实。

用途：果蔬食品。

（482）桃金娘属 *Rhodomyrtus*

■桃金娘 *Rhodomyrtus tomentosa*（Ait.）Hassk.

标本号：LYL00951。

分布：古坑、黄牛石有分布，生于林缘灌丛中。

用途：药用植物。

（483）蒲桃属 *Syzygium*

■华南蒲桃 *Syzygium austrosinense*（Merr. et Perry）Chang et Miau

标本号：170822095。

分布：大丘田有分布，生于林中。

用途：药用植物。

■赤楠 *Syzygium buxifolium* Hook. et Arn.

标本号：LYL02683。

分布：九连山广布，生于荒山灌丛中。

用途：园林植物。

■轮叶赤楠 *Syzygium buxifolium* var. *verticillatum* C. Chen

标本号：LYL00987。

分布：黄牛石有分布，生于山坡林中。

用途：园林植物。

■轮叶蒲桃（三叶赤楠）*Syzygium grijsii*（Hance）Merr. et Perry

标本号：20160829064。

分布：九连山广布，生于山坡林中。
用途：园林植物。

103 野牡丹科 Melastomataceae

（484）棱果花属 Barthea

■棱果花 *Barthea barthei* (Hance) Krass.

资料来源：《南岭北坡—赣南地区种子植物多样性编目和野生果树资源》。

分布：九连山。

（485）柏拉木属 Blastus

■柏拉木 *Blastus cochinchinensis* Lour.

标本号：161004124。

分布：九连山。

■少花柏拉木（留行草）*Blastus pauciflorus* (Benth.) Guillaum.

标本号：LYL02074。

分布：九连山广布，生于林缘灌丛中。

用途：药用植物。

（486）野海棠属 Bredia

■秀丽野海棠（过路惊）*Bredia amoena* Diels

标本号：LYL00170。

分布：九连山。

用途：药用植物。

■叶底红 *Bredia fordii* (Hance) Diels

标本号：160823717。

分布：九连山。

■长萼野海棠 *Bredia longiloba* (Hand.-Mazz.) Diels

标本号：kjl2012060045。

分布：九连山。

用途：药用植物。

■中华野海棠（鸭脚茶）*Bredia sinensis*（Diels）H. L. Li

标本号：D894。

分布：九连山。

用途：药用植物。

（487）异药花属 *Fordiophyton*

■异药花（毛柄肥肉草、肥肉草）*Fordiophyton fordii*（Oliv.）Krass.

标本号：LYL00618。

分布：九连山。

（488）野牡丹属 *Melastoma*

■地菍 *Melastoma dodecandrum* Lour.

标本号：LYL00893。

分布：九连山广布，生于林缘路边空旷处。

用途：药用植物。

■野牡丹 *Melastoma malabathricum* Linnaeus

标本号：171210382。

分布：龙南县城公园有栽培。

用途：园林植物。

（489）金锦香属 *Osbeckia*

■金锦香 *Osbeckia chinensis* L. ex Walp.

标本号：LYL00112。

分布：九连山有分布，生于路旁、荒地。

用途：药用植物。

■星毛金锦草（朝天罐）*Osbeckia opipara* C. Y. Wu et C. Chen

资料来源：《南岭北坡—赣南地区种子植物多样性编目和野生果

树资源》。

分布：九连山。

用途：药用植物。

（490）锦香草属 *Phyllagathis*

■锦香草 *Phyllagathis cavaleriei*（Lévl. et Van.）Guillaum.

资料来源：《南岭北坡—赣南地区种子植物多样性编目和野生果树资源》。

分布：九连山。

（491）肉穗草属 *Sarcopyrami*

■肉穗草 *Sarcopyramis bodinieri* Lévl. et Van.

标本号：170626026。

分布：九连山。

■楮头红 *Sarcopyramis nepalensis* Wall.

标本号：LYL00612。

分布：古坑有分布，生于荒山脚下。

用途：药用植物。

（492）蜂斗草属 *Sonerila*

■三蕊草（直立蜂斗草）*Sonerila erecta* Jack

标本号：160825820。

分布：九连山。

104 省沽油科 Staphyleaceae

（493）野鸦椿属 *Euscaphis*

■野鸦椿 *Euscaphis japonica*（Thunb.）Dippel

标本号：20160606057。

分布：花露有分布，生于沟谷旁。
用途：观赏植物。

（494）山香圆属 *Turpinia*

■锐尖山香圆 *Turpinia arguta*（Lindl.）Seem.

标本号：160805040。

分布：九连山有分布，生于沟谷林缘或路边。

用途：药用植物。

■绒毛锐尖山香圆 *Turpinia arguta* var. *pubescens* T. Z. Hsu

标本号：LYL02131。

分布：九连山有零星分布，生于路边。

用途：药用植物。

■山香圆 *Turpinia montana*（Bl.）Kurz

标本号：D2259。

分布：九连山。

用途：药用植物。

105 旌节花科 Stachyuraceae

（495）旌节花属 *Stachyurus*

■旌节花（中国旌节花）*Stachyurus chinensis* Franch.

标本号：160822689。

分布：九连山。

106 漆树科 Anacardiaceae

（496）南酸枣属 *Choerospondias*

■南酸枣 *Choerospondias axillaris*（Roxb.）B. L. Bortt & A. W. Hill

标本号：X3868。

分布：九连山广布，生于阔叶林中。

用途：果蔬植物、用材植物。

（497）黄连木属 *Pistacia*

■黄连木 *Pistacia chinensis* Bunge

标本号：LYL02763。

分布：小武当有分布，生于山坡林中。

用途：药用植物。

（498）盐肤木属 *Rhus*

■盐肤木 *Rhus chinensis* Mill.

标本号：LYL00148。

分布：九连山广布，生于林缘、路边。

用途：药用植物。

■青麸杨 *Rhus potaninii* Maxim.

标本号：Q0447。

分布：九连山。

（499）漆树属 *Toxicodendron*

■野漆 *Toxicodendron succedaneum*（L.）O. Kuntze

标本号：170513268。

分布：九连山广布，生于荒山灌丛中。

用途：药用植物。

■木蜡树 *Toxicodendron sylvestre*（Sieb. et Zucc.）O. Kuntze

标本号：LYL00888。

分布：上湖、黄牛石有分布，生于阔叶林中。

用途：用材树种。

■毛漆树 *Toxicodendron trichocarpum*（Miq.）O. Kuntze

标本号：PVHJX015369。

分布：九连山有分布，生于灌丛中。

用途：药用植物。

107 无患子科 Sapindaceae

（500）枫属 *Acer*

■三角槭 *Acer buergerianum* Miq.

标本号：LYL00952。

分布：虾公塘有分布，生于阔叶林中。

■紫果槭 *Acer cordatum* Pax

标本号：LYL00953。

分布：九连山有零星分布，生于阔叶林缘。

■革叶槭（樟叶槭）*Acer coriaceifolium* Lévl.

标本号：LYL02747。

分布：九连山有分布，生于阔叶林缘。

■青榨槭 *Acer davidii* Franch.

标本号：LYL02816。

分布：九连山广布，生于阔叶林中。

■罗浮槭 *Acer fabri* Hance

标本号：LYL00954。

分布：九连山有分布，生于阔叶林缘。

■红果罗浮槭 *Acer fabri* var. *rubrocarpus* Metc

标本号：PVHJX018455。

分布：九连山有分布，生于阔叶林缘。

■南岭槭 *Acer metcalfii* Rehd.

标本号：LYL02783。

分布：九连山。

■飞蛾槭 *Acer oblongum* Wall. ex DC.

标本号：LYL02495。

分布：九连山。

■'红枫'*Acer palmatum* 'Atropurpureum' (Van Houtte) Schwerim

分布：龙南县广泛种植。

■毛脉槭 *Acer pubinerve* Rehd.

标本号：LYL02541。

分布：夹湖、安基山有分布，生于阔叶林中。

■中华槭 *Acer sinense* Pax

标本号：LYL02785。

分布：九连山有分布，生于阔叶林中。

■岭南槭 *Acer tutcheri* Duthie

标本号：PVHJX018415。

分布：九连山。

（501）龙眼属 *Dimocarpus*

■*龙眼 *Dimocarpus longan* Lour.

分布：龙南石人村有栽培，已结实。

用途：果蔬植物。

（502）伞花木属 *Eurycorymbus*

■伞花木 *Eurycorymbus cavaleriei* (Lévl.) Rehd. et Hand. -Mazz.

标本号：九连山28。

分布：大丘田、虾公塘有分布，生于阔叶林缘。

用途：药用植物。

（503）栾属 *Koelreuteria*

■*复羽叶栾树 *Koelreuteria bipinnata* Franch.

分布：龙南县广泛栽培或逸野生。

用途：观赏植物。

■* **全缘叶栾树** *Koelreuteria bipinnata* Franch. var. *integrifoliola* (Merr.) T. Chen

分布：龙南县广泛栽培或逸野生。

用途：园林植物。

■* **栾树** *Koelreuteria paniculata* Laxm.

分布：龙南县广泛栽培或逸野生。

用途：园林植物。

（504）荔枝属 *Litchi*

■* **荔枝** *Litchi chinensis* Sonn.

分布：龙南县城石人村避风处有人工栽培，已结实。

（505）无患子属 *Sapindus*

■ **无患子** *Sapindus mukorossi* Gaertn.

标本号：PVHJX018326。

分布：西牛坑、大丘田、润洞有分布，生于阔叶林中。

用途：园林植物、药用植物。

108 芸香科 Rutaceae

（506）石椒草属 *Boenninghausenia*

■ **松风草（臭节草）** *Boenninghausenia albiflora* (Hook.) Reichb. ex Meisn.

标本号：160805008。

分布：九连山。

（507）柑橘属 *Citrus*

■* **酸橙** *Citrus aurantium* L.

分布：九连山广泛栽培。

用途：果蔬植物。

■* 柚 *Citrus grandis* (L.) Osbeck

分布：九连山广泛栽培。

用途：果蔬植物。

■* 金柑（金橘）*Citrus japonica* Thunb. [*Fortunella margarita* (Lour.) Swingle.]

分布：人工栽培。

用途：果蔬植物。

■* 柠檬 *Citrus limon* (Linn.) Burm. f.

分布：人工栽培。

用途：果蔬植物。

■* 香橼 *Citrus medica* L.

分布：龙南县城有人工栽培。

用途：果蔬植物。

■* 橙（甜橙）*Citrus sinensis* (L.) Osbeck

分布：广泛栽培。

用途：果蔬植物。

(508) 金橘属 *Fortunella*

■ 山橘 *Fortunella hindsii* (Champ. ex Benth.) Swingle[①]

资料来源：《南岭北坡—赣南地区种子植物多样性编目和野生果树资源》。

分布：焦树坑有分布，生于石壁下。

用途：果蔬植物。

■ 金弹 *Fortunella margarita* 'Chintan' (Lour.) Swingle

资料来源：《南岭北坡—赣南地区种子植物多样性编目和野生果

---

① FOC 中已并入金柑。

树资源》。

分布：人工栽培。

用途：果蔬植物。

■金豆 *Fortunella venosa*（Champ. ex Benth.）Huang[①]

标本号：LYL02278。

分布：大丘田有分布，生于林下。

用途：药用植物。

（509）黄皮属 *Clausena*

■*黄皮 *Clausena lansium*（Lour.）Skeels

分布：龙南县城有人工栽培。

用途：果蔬植物。

（510）蜜茱萸属 *Tetradium*

■楝叶吴茱萸（臭辣吴茱萸）*Tetradium glabrifolium*（Champion ex Bentham）T. G. Hartley

标本号：LYL00955。

分布：上湖、上围有分布，生于沟谷中。

用途：药用植物。

■吴茱萸 *Tetradium ruticarpull*（A. Jussieu）T. G. Hartley

标本号：PVHJX018546。

分布：黄牛石有分布，生于沟谷中。

用途：药用植物。

（511）九里香属 *Murraya*

■九里香 *Murraya exotica* L. Mant.

标本号：赣南医学院在黄牛石采到过标本。

[①] FOC 中已并入金柑。

(512) 臭常山属 *Orixa*

■ **臭常山** *Orixa japonica* **Thunb.**

标本号：LYL02419。

分布：润洞有分布，生于沟谷中。

用途：药用植物。

(513) 黄檗属 *Phellodendron*

■ * **黄檗** *Phellodendron amurense* **Rupr.**

分布：南亨东村有人工栽培。

用途：药用植物。

(514) 茵芋属 *Skimmia*

■ **茵芋** *Skimmia reevesiana* **Fort.**

标本号：170403110。

分布：九连山。

用途：药用植物。

(515) 飞龙掌血属 *Toddalia*

■ **飞龙掌血** *Toddalia asiatica* (**L.**) **Lam.**

标本号：160821601。

分布：九连山有分布，攀缘林缘树上。

用途：药用植物。

(516) 花椒属 *Zanthoxylum*

■ **椿叶花椒**（樗叶花椒）*Zanthoxylum ailanthoides* **Sied. et. Zucc.**

标本号：160809328。

分布：虾公塘、花露有分布，生于山坡林中。

用途：药用植物。

■竹叶花椒 *Zanthoxylum armatum* DC.

标本号：D2500。

分布：九连山有分布，生于林缘。

用途：药用植物。

■岭南花椒 *Zanthoxylum austrosinense* Huang

标本号：F127。

分布：九连山。

用途：药用植物。

■大叶臭花椒 *Zanthoxylum myriacanthum* Wall. ex Hook. f.

标本号：Q13168。

分布：下湖有分布，生于阔叶林中。

用途：药用植物。

■两面针 *Zanthoxylum nitidum*（Roxb.）DC.

资料来源：《南岭北坡—赣南地区种子植物多样性编目和野生果树资源》。

分布：九连山。

用途：药用植物。

■花椒簕 *Zanthoxylum scandens* Bl.

标本号：PVHJX012243。

分布：九连山广布，生于路边灌丛或沟谷中。

用途：药用植物。

109 苦木科 Simaroubaceae

（517）臭椿属 *Ailanthus*

■* 臭椿 *Ailanthus altissima*（Mill.）Swingle

分布：杨村燕翼围旁有栽培。

用途：观赏植物。

（518）苦木属 *Picrasma*

■苦木（苦树）*Picrasma quassioides*（D. Don）Benn.

标本号：160825827。

分布：安基山有分布，生于山坡林中。

用途：药用植物。

110 楝科 Meliaceae

（519）米仔兰属 *Aglaia*

■*米仔兰 *Aglaia odorata* Lour.

分布：古坑有栽培。

用途：园林植物。

（520）麻楝属 *Chukrasia*

■麻楝 *Chukrasia tabularis* A. Juss.

标本号：赣南树木园 781397。

分布：九连山。

（521）楝属 *Melia*

■*苦楝 *Melia azedarach* L.

分布：九连山广泛栽培。

用途：用材树种。

■川楝 *Melia toosendan* Sieb. et Zucc.

标本号：T180724013。

分布：大丘田有分布，生于山坡林中。

用途：用材树种。

（522）香椿属 *Toona*

■* 小果香椿（紫椿）*Toona microcarpa* DC.

分布：古坑有人工栽培。

用途：用材树种。

■ 香椿 *Toona sinensis* (A. Juss.) Roem.

分布：古坑、虾公塘有人工栽培。

用途：用材树种。

111 锦葵科 Malvaceae

（523）秋葵属 *Abelmoschus*

■* 秋葵（咖啡黄葵）*Abelmoschus esculentus* (L.) Moench

分布：人工栽培。

用途：果蔬植物。

■ 刚毛黄蜀葵 *Abelmoschus manihot* var. *pungens* (Roxb.) Hochr.

标本号：赵卫平 174。

■* 黄葵 *Abelmoschus moschatus* Medicus

分布：大丘田有分布，栽培或逸野生。

用途：园林植物。

（524）苘麻属 *Abutilon*

■* 磨盘草 *Abutilon indicum* (L.) Sweet

分布：古坑有栽培。

用途：药用植物。

■* 金铃花 *Abutilon striatum*

分布：龙南县城有栽培。

用途：园林植物。

（525）蜀葵属 *Alcea*

■* 蜀葵 *Alcea rosea* **Linnaeus**
分布：龙南县城有栽培。
用途：园林植物。

（526）木棉属 *Bombax*

■* 木棉 *Bombax ceiba* **Linnaeus**
分布：九连山保护区植物园有栽培。

（527）梧桐属 *Firmiana*

■* 梧桐 *Firmiana simplex* （**Linnaeus**）**W. Wight**
分布：大丘田有分布，栽培或逸野生。
用途：园林植物。

（528）田麻属 *Corchoropsis*

■ 田麻 *Corchoropsis tomentosa* （**Thunb.**）**Makino**
标本号：160821627。
分布：九连山有分布，生于路边。

（529）黄麻属 *Corchorus*

■ 甜麻 *Corchorus aestuans* **L.**
标本号：LYL00956。
分布：九连山广布，生于荒地、路边。
用途：药用植物。

（530）棉属 *Gossypium*

■* 棉花 *Gossypium hirsutum* **L.**
分布：古坑有栽培。

用途：纤维用原料植物。

（531）扁担杆属 *Grewia*

■扁担杆 *Grewia biloba* G. Don

标本号：160821618。

分布：九连山有分布，生于沟谷疏林中。

用途：药用植物。

■小花扁担杆 *Grewia biloba* var. *parviflora*（Bunge）Hand. -Mazz.

标本号：KZ2012050159。

分布：九连山。

（532）山芝麻属 *Helicteres*

■山芝麻 *Helicteres angustifolia* L.

标本号：170824241。

分布：九连山。

（533）木槿属 *Hibiscus*

■木芙蓉 *Hibiscus mutabilis* L.

标本号：G18028004。

分布：九连山有分布，生于路边。

用途：园林植物。

■*朱槿 *Hibiscus rosa-sinensis* L.

分布：龙南县城有栽培。

用途：园林植物。

■*玫瑰茄 *Hibiscus sabdariffa* L.

分布：龙南县有栽培。

用途：药用植物。

■*木槿 *Hibiscus syriacus* L.

分布：龙南县城有栽培。

用途：园林植物。

（534）锦葵属 *Malva*

■* 锦葵 *Malva cathayensis* M. G. Gilbert, Y. Tang & Dorr

分布：龙南县城有栽培。

用途：园林植物。

■野葵 *Malva verticillata* L.

标本号：PVHJX018476。

分布：古坑、安基山有分布。

用途：药用植物。

■* 冬葵 *Malva verticillata* var. *crispa* Linnaeus

分布：菜园栽培。

用途：果蔬植物。

（535）马松子属 *Melochia*

■马松子 *Melochia corchorifolia* L.

标本号：LYL00673。

分布：九连山。

用途：药用植物。

（536）梭罗树属 *Reevesia*

■密花梭罗 *Reevesia pycnantha* Ling

标本号：161001866。

分布：虾公塘有分布，生于林缘。

用途：园林植物。

（537）黄花稔属 *Sida*

■白背黄花稔 *Sida rhombifolia* L.

标本号：PVHJX09996。

分布：古坑、黄牛石有分布，生于荒地、路边。
用途：药用植物。

■拔毒散 *Sida szechuensis* **Matsuda**

资料来源：《南岭北坡—赣南地区种子植物多样性编目和野生果树资源》。

分布：九连山。
用途：药用植物。

（538）椴属 *Tilia*

■浆果椴（白毛椴）*Tilia endochrysea* **Hand. –Mazz.**

标本号：160805027。

分布：九连山有分布，生于山坡林中。
用途：药用植物。

（539）刺蒴麻属 *Triumfetta*

■单毛刺蒴麻 *Triumfetta annua* **L.**

标本号：161001943。

分布：九连山有分布，生于田野、路边。

■毛刺蒴麻 *Triumfetta cana* **Bl.**

资料来源：《南岭北坡—赣南地区种子植物多样性编目和野生果树资源》。

分布：九连山。

■长勾刺蒴麻 *Triumfetta pilosa* **Roth**

标本号：LYL00237。

分布：九连山。

■刺蒴麻 *Triumfetta rhomboidea* **Jacq.**

资料来源：《南岭北坡—赣南地区种子植物多样性编目和野生果树资源》。

分布：九连山。

（540）梵天花属 *Urena*

■地桃花 *Urena lobata* L.

标本号：G181007010。

分布：九连山广布，生于田野、路边。

用途：药用植物。

■粗叶地桃花 *Urena lobata* var. *scabriuscula*（DC.）Walp.

资料来源：《南岭北坡—赣南地区种子植物多样性编目和野生果树资源》。

分布：九连山。

■梵天花 *Urena procumbens* L.

标本号：LYL0050。

分布：九连山广布，生于荒地、路边。

用途：药用植物。

112 瑞香科 Thymelaeaceae

（541）瑞香属 *Daphne*

■毛瑞香 *Daphne kiusiana* Miq. var. *atrocaulis*（Rehd.）F. Maeka

标本号：20160828019。

分布：虾公塘、大丘田有分布，生于沟谷中。

用途：园林植物。

■*瑞香（金边瑞香）*Daphne odora* 'Marginata' Makino

分布：龙南县城有栽培。

用途：园林植物。

■白瑞香 *Daphne papyacea* Wall. ex Steud.

资料来源：《南岭北坡—赣南地区种子植物多样性编目和野生果树资源》。

分布：九连山。

（542）结香属 *Eegeworthia*

■* 结香 *Edgeworthia chrysantha* Lindl.

分布：龙南县城有人工栽培。

用途：园林植物。

（543）荛花属 *Wikstroemia*

■了哥王 *Wikstroemia indica* （L.） C. A. Mey.

标本号：G181007026。

分布：九连山广布，生于荒山灌丛中。

用途：药用植物。

■北江荛花 *Wikstroemia monnula* Hance

标本号：LYL02037。

分布：九连山有分布，生于海拔600米以上灌草中。

用途：药用植物。

■白花荛花 *Wikstroemia trichotoma* （Thunb.） Makino

标本号：180723095。

分布：九连山。

用途：药用植物。

113 叠珠树科 Akaniaceae

（544）伯乐树属 *Bretschneidera*

■伯乐树 *Bretschneidera sinensis* Hemsl.

标本号：九连山05。

分布：虾公塘、黄牛石有分布，生于阔叶林中。

用途：园林植物。

114 番木瓜科 Caricaceae

（545） 番木瓜属 *Carica*

■* 番木瓜 *Carica papaya* L.
分布：龙南县城避风向阳处有人工栽培，已结实。
用途：果蔬植物。

115 山柑科 Capparaceae

（546） 山柑属 *Capparis*

■ 独行千里 *Capparis acutifolia* Sweet
资料来源：《南岭北坡—赣南地区种子植物多样性编目和野生果树资源》。
分布：九连山。

116 白花菜科 Cleomaceae

（547） 白花菜属 *Cleome*

■* 白花菜 *Cleome gynandra*（Linnaeus）Briquet
分布：龙南县城各公园栽培。

（548） 醉蝶花属 *Tarenaya*

■ 醉蝶花 *Tarenaya hassleriana*（Chodat）Iltis
分布：龙南县城各公园栽培。

117 十字花科 Brassicaceae

（549） 鼠耳芥属 *Arabidopsis*

■* 拟南芥菜 *Arabidopsis thaliana*（L.）Heynh.
分布：菜园栽培。

用途：果蔬植物。

（550）南芥属 *Arabis*

■匍匐南芥 *Arabis flagellosa* Miq.

资料来源：《南岭北坡—赣南地区种子植物多样性编目和野生果树资源》。

分布：九连山。

（551）芸薹属 *Brassica*

■* 芥蓝（白花甘蓝）*Brassica alboglabra* L. H. Bailey

分布：菜园栽培。

用途：果蔬植物。

■* 油菜 *Brassica chinensis* L. var. *oleifera* Makino

分布：菜园栽培。

用途：果蔬植物。

■* 芥菜 *Brassica juncea*（Linnaeus）Czernajew

分布：菜园栽培。

用途：果蔬植物。

■* 雪里蕻 *Brassica juncea* var. *multicep* Tsen. et Lee

分布：菜园栽培。

用途：果蔬植物。

■* 羽衣甘蓝 *Brassica oleracea* var. *acephala* de Candolle

分布：菜园栽培。

用途：果蔬植物。

■* 花椰菜 *Brassica oleracea* var. *botrytis* Linnaeus

分布：菜园栽培。

用途：果蔬植物。

■* 甘蓝 *Brassica oleracea* var. *capitata* Linnaeus

分布：菜园栽培。

用途：果蔬植物。

■* 菜薹（青菜）Brassica parachinensis L. H. Bailey

分布：菜园栽培。

用途：果蔬植物。

■* 白菜 Brassica rapa var. glabra Regel ［Brassica pekinensis Rupr.］

分布：菜园栽培。

用途：果蔬植物。

■* 芸薹 Brassica rapa var. oleifera de Candolle

分布：菜园栽培。

用途：果蔬植物。

（552）荠属 Capsella

■荠 Capsella bursa-pastoris（L.）Medic.

标本号：20160420091。

分布：九连山广布，生于荒地、路边。

用途：果蔬植物。

（553）碎米荠属 Cardamine

■弯曲碎米荠 Cardamine flexuosa With.

标本号：170405236。

分布：九连山广布，生于荒地、田边、路边。

用途：药用植物。

■弹裂碎米荠 Cardamine impatiens Linnaeus

标本号：170405237。

分布：九连山。

■白花碎米荠 Cardamine leucantha（Tausch）O. E. Schulz

资料来源：《南岭北坡—赣南地区种子植物多样性编目和野生果

■水田碎米荠 *Cardamine lyrata* Bunge

资料来源：《南岭北坡—赣南地区种子植物多样性编目和野生果树资源》。

分布：九连山。

（554）播娘蒿属 *Descurainia*

■播娘蒿 *Descurainia sophia* (L.) Webb ex Prantl

资料来源：《南岭北坡—赣南地区种子植物多样性编目和野生果树资源》。

分布：九连山。

（555）葶苈属 *Draba*

■葶苈 *Draba nemorosa* L.

资料来源：《南岭北坡—赣南地区种子植物多样性编目和野生果树资源》。

分布：九连山。

（556）糖芥属 *Erysimum*

■小花糖芥 *Erysimum cheiranthoides* L.

资料来源：《南岭北坡—赣南地区种子植物多样性编目和野生果树资源》。

分布：九连山。

（557）独行菜属 *Lepidium*

■北美独行菜 *Lepidium virginicum* Linnaeus

标本号：028。

分布：九连山广布，生于荒地、路边。

用途：药用植物。

（558）紫罗兰属 *Matthiola*

■* 紫罗兰 *Matthiola incana* (L.) R. Br.

分布：龙南县城园林栽培。

用途：园林植物。

（559）诸葛菜属 *Orychophragmus*

■* 诸葛菜 *Orychophragmus violaceus* (Linnaeus) O. E. Schulz

分布：龙南县城园林栽培。

用途：园林植物。

（560）萝卜属 *Raphanus*

■* 萝卜 *Raphanus sativus* L.

分布：菜园栽培。

用途：果蔬植物。

（561）蔊菜属 *Rorippa*

■ 广州蔊菜 *Rorippa cantoniensis* (Lour.) Ohwi

资料来源：《南岭北坡—赣南地区种子植物多样性编目和野生果树资源》。

分布：九连山。

用途：药用植物。

■ 无瓣蔊菜 *Rorippa dubia* (Pers.) Hara

资料来源：《南岭北坡—赣南地区种子植物多样性编目和野生果树资源》。

分布：九连山。

用途：药用植物。

■蔊菜 *Rorippa indica* (L.) Hiern.

标本号：LYL00248。

分布：九连山广布，生于荒地、路旁。

用途：药用植物。

118 蛇菰科 Balanophoraceae

(562) 蛇菰属 *Balanophora*

■蛇菰 *Balanophora fungosa* J. R. Forster & G. Forster

资料来源：《南岭北坡—赣南地区种子植物多样性编目和野生果树资源》。

分布：虾公塘、黄牛石有分布，寄生于阔叶树根上。

用途：药用植物。

■筒鞘蛇菰 *Balanophora involucrata* Hook. f.

标本号：LYL00957。

分布：虾公塘有分布，寄生于阔叶树根上。

用途：药用植物。

■杯茎蛇菰 *Balanophora subcupularis* Tam

资料来源：《南岭北坡—赣南地区种子植物多样性编目和野生果树资源》。

分布：九连山。

119 檀香科 Santalaceae

(563) 檀梨属 *Pyrularia*

■华檀梨（檀梨）*Pyrularia sinensis* Wu

标本号：T180722021。

分布：九连山。

120 青皮木科 Schoepfiaceae

（564）青皮木属 *Schoepfia*

■华南青皮木 *Schoepfia chinensis* Gardn. et Champ.

标本号：LYL00469。

分布：九连山有分布，生于沟谷及山坡林中。

用途：药用植物。

■青皮木 *Schoepfia jasmindora* Sieb. et Zucc.

标本号：LYL00567。

分布：九连山有分布，生于沟谷及山坡林中。

用途：药用植物。

121 桑寄生科 Loranthaceae

（565）桑寄生属 *Loranthus*

■毛叶桑寄生 *Loranthus yadoriki* Sieb.

资料来源：《南岭北坡—赣南地区种子植物多样性编目和野生果树资源》。

分布：九连山。

用途：药用植物。

（566）鞘花属 *Macrosolen*

■鞘花 *Macrosolen cochinchinensis* (Lour.) Van Tiegh.

资料来源：《南岭北坡—赣南地区种子植物多样性编目和野生果树资源》。

分布：九连山。

（567）梨果寄生属 *Scurrula*

■**红花寄生 *Scurrula parasitica* L.**

资料来源：《南岭北坡—赣南地区种子植物多样性编目和野生果树资源》。

分布：九连山。

用途：药用植物。

（568）钝果寄生属 *Taxillus*

■**锈毛钝果寄生 *Taxillus levinei*（Merr.）H. S. Kiu**

标本号：180513712。

分布：九连山。

用途：药用植物。

■**木兰寄生 *Taxillus limprichtii*（Gruning）H. S. Kiu**

标本号：LYL02764。

分布：九连山。

用途：药用植物。

■**桑寄生 *Taxillus sutchuenensis*（Lecomte）Danser**

标本号：PVHJX018457。

分布：虾公塘有分布，生于树上。

用途：药用植物。

（569）大苞寄生属 *Tolypanthus*

■**大苞寄生 *Tolypanthus maclurei*（Merr.）Danser**

标本号：LYL02836。

分布：虾公塘有分布，生于树上。

用途：药用植物。

122 蓼科 Polygonaceae

（570）金线草属 *Antenoron*

■金线草 *Antenoron filiforme* (Thunb.) Rob. et Vaut.

标本号：LYL00629。

分布：九连山广布，生于沟谷路边。

用途：药用植物。

■短毛金线草 *Antenoron neofiliforme* (Nakai) Hara

标本号：160806153。

分布：九连山广布，生于沟谷路边。

用途：药用植物。

（571）荞麦属 *Fagopyrum*

■金荞麦 *Fagopyrum dibotrys* (D. Don) Hara

标本号：PVHJX018330。

分布：上围、坪坑、黄牛石有分布。

用途：药用植物。

■荞麦 *Fagopyrum esculentum* Moench

标本号：PVHJX015351。

分布：中迳有分布，生于沟谷、荒地。

用途：药用植物。

■苦荞麦 *Fagopyrum tataricum* (L.) Gaertn.

资料来源：《南岭北坡—赣南地区种子植物多样性编目和野生果树资源》。

分布：九连山。

用途：药用植物。

（572）何首乌属 *Fallopia*

■何首乌 *Fallopia multiflora*（Thunb.）Harald.
标本号：LYL00958。
分布：九连山有分布，生于荒地中。
用途：药用植物。

（573）萹蓄属 *Polygonum*

■萹蓄 *Polygonum aviculare* L.
标本号：X3947。
分布：九连山广布，生于荒地、路边。
用途：药用植物。

■毛蓼 *Polygonum barbatum* L.
标本号：170825275。
分布：九连山。

■拳蓼（拳参）*Polygonum bistorta* L.
标本号：PVHJX024601。
分布：黄牛石有分布，生于高山草丛中。
用途：药用植物。

■头花蓼 *Polygonum capitatum* Buch.–Ham. ex D. Don Prodr
标本号：D2295。
分布：九连山。

■火炭母 *Polygonum chinense* L.
标本号：X180723041。
分布：九连山广布，生于河滩、路边。
用途：药用植物。

■蓼子草 *Polygonum criopolitanum* Hance
标本号：HM-2010-07-14-1004。

分布：九连山。

■稀花蓼 *Polygonum dissitiflorum* Hemsl.

资料来源：《南岭北坡—赣南地区种子植物多样性编目和野生果树资源》。

分布：九连山。

■光箭叶蓼 *Polygonum hastatosagittatum* Makino

标本号：Dengsw1581。

分布：黄牛石有分布，生于路边。

用途：药用植物。

■水蓼 *Polygonum hydropiper* L.

标本号：LYL00043。

分布：九连山广布，生于水边。

用途：药用植物。

■辣蓼 *Polygonum hydropiper* L. var. *flaccidum* (Meisn.) Stew.

资料来源：《南岭北坡—赣南地区种子植物多样性编目和野生果树资源》。

分布：九连山广布，生于荒地、河滩。

用途：药用植物。

■蚕茧蓼（蚕茧草）*Polygonum japonicum* Meisn.

标本号：170421133。

分布：九连山。

■酸模叶蓼 *Polygonum lapathifolium* L.

标本号：170822160。

分布：九连山广布，生于荒地中。

用途：药用植物。

■小蓼花 *Polygonum muricatum* Meisn.

标本号：170826305。

分布：九连山。

■尼泊尔蓼 *Polygonum nepalense* Meisn.

标本号：160630022。

分布：九连山有分布，生于水湿地。

用途：药用植物。

■红蓼 *Polygonum orientale* L.

资料来源：《南岭北坡—赣南地区种子植物多样性编目和野生果树资源》。

分布：九连山。

■掌叶蓼 *Polygonum palmatum* Dunn

标本号：T180724063。

分布：花露有分布，生于沟谷水边。

用途：药用植物。

■湿地蓼 *Polygonum paralimicola* A. J. Li

资料来源：《南岭北坡—赣南地区种子植物多样性编目和野生果树资源》。

分布：九连山。

■杠板归 *Polygonum perfoliatum* L.

标本号：LYL02135。

分布：九连山广布，生于路旁、荒地灌丛中。

用途：药用植物。

■丛枝蓼 *Polygonum posumbu* Buch. –Ham. ex D. Don

标本号：161003075。

分布：九连山广布，生于路边、荒地、水边。

■疏花蓼 *Polygonum praetermissum* Hook. f.

资料来源：《南岭北坡—赣南地区种子植物多样性编目和野生果树资源》。

分布：九连山。

■伏毛蓼 *Polygonum pubescens* Blume

标本号：170421124。

分布：九连山。

■中华赤胫散 *Polygonum runcinatum* Buch. –Ham. ex D. Don var. *sinense* Hemsl.

资料来源：《南岭北坡—赣南地区种子植物多样性编目和野生果树资源》。

分布：九连山。

用途：药用植物。

■刺蓼 *Polygonum senticosum*（Meisn.）Franch. et Sav.

资料来源：《南岭北坡—赣南地区种子植物多样性编目和野生果树资源》。

分布：九连山。

用途：药用植物。

■箭叶蓼（箭头蓼）*Polygonum sieboldii* Meisn.

分布：横坑水、大丘田有分布，生于水边。

用途：药用植物。

■糙毛蓼 *Polygonum strigosum* R. Br.

资料来源：《南岭北坡—赣南地区种子植物多样性编目和野生果树资源》。

分布：九连山。

■支柱蓼 *Polygonum suffultum* Maxim.

资料来源：《南岭北坡—赣南地区种子植物多样性编目和野生果树资源》。

分布：九连山。

■戟叶蓼 *Polygonum thunbergii* Sieb. et Zucc.

标本号：LYL00070。

分布：九连山广布，生于沟谷及荒地。

(574) 虎杖属 *Reynoutria*

■虎杖 *Reynoutria japonica* **Houtt.**

标本号：LYL02338。

分布：九连山广布，生于沟谷、河边。

用途：药用植物。

(575) 酸模属 *Rumex*

■酸模 *Rumex acetosa* **L.**

标本号：LYL02769。

分布：九连山广布，生于水田、荒地。

用途：药用植物。

■皱叶酸模 *Rumex crispus* **L.**

标本号：170825281。

分布：九连山。

■齿果酸模 *Rumex dentatus* **L.**

资料来源：《南岭北坡—赣南地区种子植物多样性编目和野生果树资源》。

分布：九连山。

■羊蹄 *Rumex japonicus* **Houtt.**

资料来源：《南岭北坡—赣南地区种子植物多样性编目和野生果树资源》。

分布：九连山。

■土大黄 *Rumex madaio* **Makino**

资料来源：《南岭北坡—赣南地区种子植物多样性编目和野生果树资源》。

分布：九连山。

■尼泊尔酸模 *Rumex nepalensis* **Spreng.**

资料来源：《南岭北坡—赣南地区种子植物多样性编目和野生果

树资源》。

分布：九连山。

123 茅膏菜科 Droseraceae

(576) 茅膏菜属 Drosera

■锦地罗 *Drosera burmanni* Vahi.

资料来源：《南岭北坡—赣南地区种子植物多样性编目和野生果树资源》。

分布：九连山。

用途：药用植物。

■茅膏菜 *Drosera peltata* var. *lunata* (Buch. -Ham.) Clarke

标本号：170428010。

分布：九连山有分布，生于路边草地中。

用途：药用植物。

■圆叶茅膏菜 *Drosera rotundifolia* L.

资料来源：《南岭北坡—赣南地区种子植物多样性编目和野生果树资源》。

分布：九连山。

124 石竹科 Caryophyllaceae

(577) 无心菜属 Arenaria

■无心菜（鹅不食草）*Arenaria serpyllifolia* Linn

标本号：LYL02833。

分布：九连山广布，生于水田边。

用途：药用植物。

(578) 卷耳属 *Cerastium*

■ **卷耳** *Cerastium arvense* subsp. *strictum* Gaudin

资料来源：《南岭北坡—赣南地区种子植物多样性编目和野生果树资源》。

分布：九连山。

■ **簇生卷耳**（簇生泉卷耳）*Cerastium fontanum* subsp. *vulgare* (Hartman) Greuter & Burdet

分布：九连山广布，生于路边、荒地。

用途：药用植物。

■ **球序卷耳** *Cerastium glomeratum* Thuill.

资料来源：《南岭北坡—赣南地区种子植物多样性编目和野生果树资源》。

分布：九连山。

(579) 石竹属 *Dianthus*

■* **香石竹** *Dianthus caryophyllus* L.

分布：龙南县城园林栽培。

用途：观赏植物。

■ **瞿麦** *Dianthus superbus* L.

资料来源：《南岭北坡—赣南地区种子植物多样性编目和野生果树资源》。

分布：九连山。

(580) 剪秋罗属 *Lychnis*

■* **剪春罗** *Lychnis coronata* Thunb.

分布：龙南县城园林栽培。

用途：观赏植物。

（581）鹅肠菜属 *Myosoton*

■鹅肠菜 *Myosoton aquaticum*（L.）Moench

标本号：170403041。

分布：九连山广布，生于荒地、路边。

用途：药用植物。

（582）白鼓钉属 *Polycarpaes*

■白鼓钉 *Polycarpaea corymbosa*（Linnaeus）Lamarck

标本号：LYL02483。

分布：下湖有分布，生于荒地中。

用途：药用植物。

（583）漆姑草属 *Sagina*

■漆姑草 *Sagina japonica*（Sw.）Ohwi

标本号：170822107。

分布：九连山广布，生于荒地、路边。

用途：药用植物。

（584）蝇子草属 *Silene*

■鹤草 *Silene fortunei* Vis.

资料来源：《南岭北坡—赣南地区种子植物多样性编目和野生果树资源》。

分布：九连山。

（585）拟漆姑属 *Spergularia*

■拟漆姑草 *Spergularia salina* J. et C. Persl.

资料来源：《南岭北坡—赣南地区种子植物多样性编目和野生果树资源》。

分布：九连山。

（586）繁缕属 *Stellaria*

■雀舌草 *Stellaria alsine* Grimm

标本号：161210008。

分布：九连山有分布，生于路边、荒地。

用途：药用植物。

■中国繁缕 *Stellaria chinensis* Regel

标本号：180521783。

分布：九连山。

■繁缕 *Stellaria media* (L.) Villars

标本号：170421128。

分布：九连山广布，生于荒地、路边。

用途：药用植物。

（587）麦蓝菜属 *Vaccaria*

■王不留行（麦蓝菜）*Vaccaria segetalis* (Neck.) Garcke

资料来源：《南岭北坡—赣南地区种子植物多样性编目和野生果树资源》。

分布：九连山。

用途：药用植物。

125 苋科 Amaranthaceae

（588）牛膝属 *Achyranthes*

■土牛膝 *Achyranthes aspera* L.

标本号：089。

分布：九连山有分布，生于荒地、路边。

用途：药用植物。

■牛膝 *Achyranthes bidentata* Blume

标本号：Lhs26065。

分布：九连山广布，生于荒地、路边。

用途：药用植物。

■柳叶牛膝 *Achyranthes longifolia* (Makino) Makino

标本号：LYL02311。

分布：九连山广布，生于荒地、路边。

用途：药用植物。

■红柳叶牛膝 *Achyranthes longifolia* (Makino) Makino f. *rubra* Ho

标本号：LYL02321。

分布：九连山有分布，生于荒地、路边。

用途：药用植物。

（589）莲子草属 *Alternanthera*

■空心莲子草（喜旱莲子草）*Alternanthera philoxeroides* (Mart.) Griseb.

标本号：PVHJX01067。

分布：九连山广布，生于荒地、水边。

■莲子草 *Alternanthera sessilis* (L.) DC.

标本号：LYL02784。

分布：九连山广布，生于荒地、水边。

用途：药用植物。

（590）苋属 *Amaranthus*

■苋（白苋）*Amaranthus albus* L.

标本号：PVHJX012526。

分布：九连山广布，生于路边空地。

用途：果蔬植物。

■ **凹头苋（野苋菜）** *Amaranthus blitum* **Linnaeus**

标本号：LYL02606。

分布：古坑、横坑水有分布，生于荒地、路边。

用途：药用植物。

■ **绿穗苋** *Amaranthus hybridus* **L.**

资料来源：《南岭北坡—赣南地区种子植物多样性编目和野生果树资源》。

分布：九连山。

■ **刺苋** *Amaranthus spinosus* **L.**

标本号：LYL00698。

分布：九连山广布，生于荒地、路边。

用途：药用植物。

（591）甜菜属 *Beta*

■* **甜菜（牛皮菜）** *Beta vulgaris* **L.**

分布：菜园栽培。

用途：果蔬植物。

（592）青葙属 *Celosia*

■ **青葙** *Celosia argentea* **L.**

标本号：LYL00535。

分布：九连山广布，生于荒地、河滩。

用途：观赏植物。

■* **鸡冠花** *Celosia cristata* **L.**

分布：龙南县有栽培。

用途：观赏植物。

■* **凤尾鸡冠花** *Celosia plumose* **Hort.**

分布：龙南县有栽培。

用途：观赏植物。

（593）藜属 Chenopodium

■藜 *Chenopodium album* L.

资料来源：《南岭北坡—赣南地区种子植物多样性编目和野生果树资源》。

分布：九连山。

■小藜 *Chenopodium ficifolium* Smith

资料来源：《南岭北坡—赣南地区种子植物多样性编目和野生果树资源》。

分布：九连山。

（594）刺藜属 Dysphania

■土荆芥 *Dysphania ambrosioides* (Linnaeus) Mosyakin & Clemants [*Chenopodium ambrosioides* L.]

标本号：LYL02492。

分布：九连山广布，生于荒地、路边。

用途：药用植物。

（595）千日红属 Gomphrena

■* 千日红 *Gomphrena globosa* L.

分布：龙南县城园林栽培。

用途：观赏植物。

（596）菠菜属 Spinacia

■* 菠菜 *Spinacia oleracea* L.

分布：菜园栽培。

用途：果蔬植物。

126 商陆科 Phytolaccaceae

(597) 商陆属 *Phytolacca*

■商陆 *Phytolacca acinosa* Roxb.

标本号：T180718010。

分布：九连山有分布，生于路边空地。

用途：药用植物。

■垂序商陆 *Phytolacca americana* L.

标本号：XYF012681。

分布：花露有分布，生于路边空地。

用途：药用植物。

127 紫茉莉科 Nyctaginaceae

(598) 叶子花属 *Bougainvillea*

■* 光叶子花 *Bougainvillea glabra* Choisy

分布：龙南县有栽培。

用途：观赏植物。

■* 叶子花 *Bougainvillea spectabilis* Willd.

分布：龙南县城有栽培。

用途：观赏植物。

(599) 紫茉莉属 *Mirabilis*

■* 紫茉莉 *Mirabilis jalapa* L.

分布：龙南县有栽培。

用途：观赏植物。

128 粟米草科 Molluginaceae

（600）粟米草属 *Mollugo*

粟米草 *Mollugo stricta* L.
标本号：T180724009。
分布：九连山有分布，生于河滩、荒地。
用途：药用植物。

129 落葵科 Basellaceae

（601）落葵属 *Basella*

* 落葵 *Basella alba* L.
分布：龙南县城园林栽培。
用途：观赏植物。

130 土人参科 Talinaceae

（602）土人参属 *Talinum*

土人参 *Talinum paniculatum*（Jacq.）Gaertn.
标本号：LYL02605。
分布：坪坑、小武当有分布，栽培逸野生。
用途：药用植物。

131 马齿苋科 Portulacaceae

（603）马齿苋属 *Portulaca*

大花马齿苋 *Portulaca grandiflora* Hook.
标本号：LYL00960。
分布：古坑四队有分布，生于田边。
用途：观赏植物。

■马齿苋 *Portulaca oleracea* L.
分布：九连山有分布，生于菜园、荒地等。
用途：药用植物。

132 仙人掌科 Cactaceae

(604) 昙花属 *Epiphyllum*

■*昙花 *Epiphyllum oxypetalum* (DC.) Haw.
分布：古坑有栽培。
用途：观赏植物。

(605) 量天尺属 *Hylocereus*

■*量天尺（霸王鞭）*Hylocereus undatus* (Haw.) Britt. et Rose
分布：龙南县城有园林栽培

(606) 仙人掌属 *Opuntia*

■*仙人掌 *Opuntia dillenii* (Ker Gawl.) Haw.
分布：墩头有栽培。
用途：观赏植物。

133 绣球花科 Hydrangeaceae

(607) 常山属 *Dichroa*

■常山 *Dichroa febrifuga* Lour.
标本号：PVHJX014419。
分布：九连山有分布，生于沟谷林缘。
用途：药用植物。

(608) 冠盖藤属 *Pileostegia*

■星毛冠盖藤 *Pileostegia tomentella* Hand.-Mazz.
标本号：161001928。

分布：九连山有分布，生于阔叶林中。

用途：药用植物。

■冠盖藤 *Pileostegia viburnoides* Hook. f. et Thoms.

标本号：F543。

分布：九连山有分布，生于阔叶林中。

用途：药用植物。

（609）绣球属 *Hydrangea*

■中国绣球 *Hydrangea chinensis* Maxim.

标本号：PVHJX05343。

分布：虾公塘有分布，生于林缘灌丛中。

用途：观赏植物。

■广东绣球 *Hydrangea kwangtungensis* Merrill

标本号：赵卫平 819。

分布：黄牛石有分布，生于沟谷灌丛中。

用途：观赏植物。

■狭叶绣球 *Hydrangea lingii* G. Hoo

标本号：PVHJX015410。

分布：九连山。

用途：观赏植物。

■圆锥绣球 *Hydrangea paniculata* Sieb.

标本号：PVHJX016148。

分布：九连山分布，生于沟谷林缘或路旁灌丛中。

用途：观赏植物。

■柳叶绣球 *Hydrangea stenophylla* Merill et Chun

标本号：PVHJX015411。

分布：虾公塘有分布，生于林下。

用途：观赏植物。

■*八仙花 *Hydrangea macrophylla*（Thunb.）Ser.

分布：龙南县园林栽培。

用途：观赏植物。

（610）钻地风属 *Schizophragma*

■钻地风 *Schizophragma integrifolium* Oliv.

标本号：008。

分布：九连山。

用途：药用植物。

134 山茱萸科 Cornaceae

（611）八角枫属 *Alangium*

■八角枫 *Alangium chinense*（Lour.）Harms

标本号：LYL00145。

分布：九连山有分布，生于山坡林中。

用途：观赏植物。

■毛八角枫 *Alangium kurzii* Craib

标本号：LYL02288。

分布：大丘田有分布，生于林缘、路旁。

用途：药用植物。

■瓜木 *Alangium platanifolium*（Sieb. et Zucc.）Harms

标本号：LYL02818。

分布：花露、小武当有分布，生于林缘、路旁。

用途：药用植物。

（612）喜树属 *Camptotheca*

■喜树 *Camptotheca acuminata* Decne.

标本号：X180724001。

分布：润洞、下湖、大丘田有分布，生于路边或河谷。栽培逸野生。

用途：药用植物。

（613）山茱萸属 *Cornus*

■尖叶四照花 *Cornus elliptica* (Pojarkova) Q. Y. Xiang & Boufford

标本号：PVHJX015109。

分布：九连山有分布，生于山坡林中。

■香港四照花 *Cornus hongkongensis* Hemsley

标本号：LYL00961。

分布：九连山有分布，生于山坡林中。

（614）蓝果树属 *Nyssa*

■蓝果树 *Nyssa sinensis* Oliv.

标本号：LYL02180。

分布：九连山有分布，生于阔叶林中。

用途：用材树种。

135 凤仙花科 Balsaminaceae

（615）凤仙花属 *Impatiens*

■大叶凤仙花 *Impatiens apalophylla* Hook. f.

资料来源：《南岭北坡—赣南地区种子植物多样性编目和野生果树资源》。

分布：九连山。

用途：观赏植物。

■* 凤仙花 *Impatiens balsamina* L.

分布：龙南县有栽培。

用途：观赏植物。

■睫毛萼凤仙花 *Impatiens blepharosepala* Pritz. ex E. Pritz. ex Diels

标本号：170822663。

分布：九连山。

用途：观赏植物。

■* 华凤仙 *Impatiens chinensis* L.

标本号：LYL00138。

分布：九连山广泛分布，生于水湿处。

用途：观赏植物。

■绿萼凤仙花 *Impatiens chlorosepala* Hand. −Mazz

标本号：LYL02839。

分布：上湖、大丘田有分布，生于河谷边。

用途：观赏植物。

■鸭跖草状凤仙花 *Impatiens commellinoides* Hand. −Mazz.

标本号：160823750。

分布：九连山有分布，生于水湿处。

用途：观赏植物。

■牯岭凤仙花 *Impatiens davidii* Franch.

标本号：xwd030。

分布：虾公塘有分布，生于林下阴湿处。

用途：观赏植物。

■湖南凤仙花 *Impatiens hunanensis* Y. L. Chen

标本号：1177。

分布：虾公塘、坪坑、黄牛石有分布，生于路旁阴湿处。

用途：观赏植物。

■丰满凤仙花 *Impatiens obesa* Hook. f.

标本号：XWD071924。

分布：电厂、杨村斜坡水有分布，生于沟谷中。

用途：观赏植物。

■多脉凤仙花 *Impatiens polyneura* K. M. Liu

标本号：PVHJX05338。

分布：安基山有分布，生于路边阴湿处。

用途：观赏植物。

■黄金凤 *Impatiens siculifer* Hook. f.

标本号：PVHJX015307。

分布：九连山。

用途：观赏植物。

■管茎凤仙花 *Impatiens tubulosa* Hemsl.

标本号：LYL00962。

分布：新开迳、大丘田有分布，生于河谷边。

用途：观赏植物。

136 五列木科 Pentaphylacaceae

（616）杨桐属 *Adinandra*

■尖叶川杨桐 *Adinandra bockiana* var. *acutifolia*（Hand.-Mazz.）Kobuski

标本号：LYL02115。

分布：花露有分布，生于疏林灌丛中。

用途：药用植物。

■大萼杨桐 *Adinandra glischroloma* Hand.-Mazz. var. *macrosepala*（Metcalf）Kobuski

标本号：LYL00175。

分布：虾公塘有分布，生于沟谷及山顶林中。

用途：观赏植物。

■杨桐（黄瑞木）*Adinandra millettii*（Hook. et Arn.）Benth. et Hook. f. ex Hance

标本号：LYL02262。

分布：九连山广布，生于疏林、荒山灌丛中。

（617）茶梨属 *Anneslea*

■茶梨 *Annesles fragrans* Wall.

标本号：XT180721029。

分布：虾公塘有分布，生于山顶矮林中。
用途：园林植物。

（618）红淡比属 *Cleyera*

■红淡比 *Cleyera japonica* **Thunb.**

标本号：XT180722015。

分布：虾公塘有分布，生于山顶疏林中。

用途：园林植物。

（619）柃属 *Eurya*

■尖萼毛柃 *Eurya acutisepala* **Hu et L. K. Ling**

标本号：LYL00610。

分布：虾公塘、黄牛石有分布，生于沟谷林中。

■短柱柃 *Eurya brevistyla* **Kobuski**

资料来源：《南岭北坡—赣南地区种子植物多样性编目和野生果树资源》。

分布：九连山。

■米碎花 *Eurya chinensis* **R. Br.**

标本号：PVHJX012664。

分布：九连山广布，生于沟谷及荒山灌丛中。

用途：蜜源植物

■二列叶柃 *Eurya distichophylla* **Hemsl.**

标本号：LYL02273。

分布：九连山广布，生于山坡林中。

■微毛柃 *Eurya hebeclados* **Ling**

标本号：160805095。

分布：九连山广布，生于沟谷及荒山灌丛中。

■凹脉柃 *Eurya impressinervis* **Kobuski**

标本号：赵卫平 790。

分布：虾公塘有分布，生于山坡林中。

■**柃木** *Eurya japonica* **Thunb.**

资料来源：《南岭北坡—赣南地区种子植物多样性编目和野生果树资源》。

分布：九连山。

■**细枝柃** *Eurya loquaiana* **Dunn**

标本号：庐植20111。

分布：九连山广布，生于山坡林中。

■**黑柃** *Eurya macartneyi* **Champ.**

标本号：LYL00991。

分布：九连山有分布，生于山坡林下。

■**丛化柃** *Eurya metcalfiana* **Kobuski**

资料来源：《南岭北坡—赣南地区种子植物多样性编目和野生果树资源》。

分布：九连山。

■**格药柃** *Eurya muricata* **Dunn**

标本号：160805095。

分布：九连山有分布，生于山坡林中。

■**毛枝格药柃** *Eurya muricata* var. *huiana*（Kobuski）L. K. Ling

标本号：LYL02486。

分布：虾公塘、坪坑有分布，生于山坡林中。

■**窄基红褐柃** *Eurya rubiginosa* var. *attenuata* **H. T. Chang**

标本号：庐植20100。

分布：虾公塘有分布，生于山坡林下。

■**四角柃** *Eurya tetragonoclada* **Merrill. et Chun**

标本号：PVHJX018417。

分布：九连山广布，生于山坡林下。

（620）厚皮香属 *Ternstroemia*

■厚皮香 *Ternstroemia gymnanthera* (Wight et Arn.) Beddome

标本号：LYL02704。

分布：九连山有分布，生于阔叶林中。

用途：园林植物。

■厚叶厚皮香（华南厚皮香）*Ternstroemia kwangtugensis* Merr.

标本号：LYL02785。

分布：鹅公坑有分布，生于阔叶林下。

用途：园林植物。

■尖萼厚皮香 *Ternstroemia luteoflora* L. K. Ling

标本号：160805095。

分布：九连山广布，生于山坡林中。

用途：园林植物。

■亮叶厚皮香 *Ternstroemia nitida* Merr.

标本号：LYL00963。

分布：虾公塘有分布，生于山坡林中。

用途：园林植物。

137 柿科 Ebenaceae

（621）柿属 *Diospyros*

■粉叶柿（浙江柿、山柿）*Diospyros glaucifolia* Metc.

标本号：PVHJX015290。

分布：虾公塘、坪坑有分布，生于沟谷中。

用途：用材树种。

■柿 *Diospyros kaki* Thunb.

标本号：LYL00456。

分布：九连山有栽培或逸野生。

用途：果蔬植物。

■**野柿** *Diospyros kaki* var. *silvestris* Makino

标本号：XYF008313。

分布：九连山有分布，生于路旁疏林中。

用途：果蔬植物。

■**君迁子** *Diospyros lotus* L.

标本号：Lhs27016。

分布：黄牛石有分布，生于阔叶林中。

用途：果蔬植物。

■**罗浮柿** *Diospyros morrisiana* Hance

标本号：160805060。

分布：九连山广布，生于阔叶林中。

用途：果蔬植物。

■**油柿** *Diospyros oleifera* Cheng

标本号：20160828040。

分布：九连山广布，生于荒山灌丛中。

用途：果蔬植物。

■**延平柿** *Diospyros tsangii* Merr.

标本号：LYL00685。

分布：润洞、黄牛石有分布，生于荒山灌丛中。

用途：果蔬植物。

138 报春花科 Primulaceae

（622）紫金牛属 *Ardisia*

■**细罗伞** *Ardisia affinis* Hemsl.

资料来源：《南岭北坡—赣南地区种子植物多样性编目和野生果树资源》。

分布：九连山。

用途：药用植物。

■少年红 *Ardisia alyxiaefoila* Tsiang ex C. Chen

标本号：赵卫平 827。

分布：虾公塘有分布，生于沟谷林中。

用途：药用植物。

■血党（九管血）*Ardisia brevicaulis* Diels

标本号：LYL02721。

分布：九连山有分布，生于林下。

用途：药用植物。

■小紫金牛 *Ardisia chinensis* Benth.

标本号：160807252。

分布：鹅公坑有分布，生于沟谷林下阴湿处。

用途：药用植物。

■朱砂根 *Ardisia crenata* Sims

标本号：LYL00578。

分布：九连山广布，生于疏林灌丛中。

用途：药用植物。

■百两金 *Ardisia crispa*（Thunb.）A. DC.

标本号：LYL00580。

分布：九连山广布，生于疏林中。

用途：药用植物。

■美丽紫金牛（郎伞木）*Ardisia elegans* Andr.

资料来源：《江西种子植物名录》。

分布：大丘田有分布，生于疏林中。

■江南紫金牛（月月红）*Ardisia faberi* Hemsl.

资料来源：《江西种子植物名录》。

分布：九连山。

■**走马胎** *Ardisia gigantifolia* **Stapf**

资料来源：《江西种子植物名录》。

分布：九连山。

用途：药用植物。

■**大罗伞树** *Ardisia hanceana* **Mez**

标本号：PVHJX01878。

分布：虾公塘有分布，生于山坡林下。

用途：药用植物。

■**紫金牛** *Ardisia japonica*（Thunberg）Blume

标本号：180724026。

分布：大丘田有分布，生于沟谷阴湿处。

用途：药用植物。

■**虎舌红** *Ardisia mamillata* **Hance**

标本号：LYL02625。

分布：花露有分布，生于山坡林下。

用途：药用植物、园林植物。

■**莲座紫金牛** *Ardisia primulifolia* **Gardner & Champion**

标本号：171209374。

分布：九连山有分布。

用途：药用植物。

■**山血丹（沿海紫金牛）** *Ardisia punctata* **Lindl.**

标本号：170826309。

分布：九连山广布，生于疏林中。

用途：药用植物。

■**九节龙** *Ardisia pusilla* **A. DC.**

标本号：LYL02443。

分布：九连山广布，生于沟谷林下。

用途：药用植物。

(623) 酸藤子属 *Embelia*

■酸藤子 *Embelia laeta* (L.) Mez

标本号：LYL02697。

分布：九连山有分布，生于山坡林中。

用途：药用植物。

■长叶酸藤子（平叶酸藤子）*Embelia longifolia* (Benth.) Hemsl.

标本号：LYL02324。

分布：花露有分布，生于山坡林中。

■当归藤 *Embelia parviflora* Wall. ex A. DC.

资料来源：《九连山植物名录》。

分布：大丘田有分布，因生境改变多年未见。

用途：药用植物。

■白花酸藤果 *Embelia ribes* Burm. F.

资料来源：《江西种子植物名录》。

分布：九连山。

用途：药用植物。

■网脉酸藤子（密齿酸藤子）*Embelia rudis* Hand. -Mazz.

标本号：D-2421。

分布：九连山广布，生于沟谷疏林中。

用途：药用植物。

(624) 珍珠菜属 *Lysimachia*

■广西过路黄 *Lysimachia alfredii* Hance

标本号：LYL00473。

分布：九连山广布，生于林下阴湿处。

用途：药用植物。

■泽珍珠菜 *Lysimachia candida* Lindl.

标本号：D-2544。

分布：九连山。

用途：药用植物。

■石山细梗香草 *Lysimachia capillipes* var. *cavaleriei* (Levl.) Hand. -Mazz.

资料来源：《南岭北坡—赣南地区种子植物多样性编目和野生果树资源》。

分布：九连山。

■露珠珍珠菜 *Lysimachia circaeoides* Hemsl.

资料来源：《南岭北坡—赣南地区种子植物多样性编目和野生果树资源》。

分布：九连山。

■延叶珍珠菜 *Lysimachia decurrens* Forst. F.

标本号：LYL00867。

分布：九连山。

■大叶过路黄（大叶排草）*Lysimachia fordiana* Oliv.

标本号：LYL02786。

分布：九连山广布，生于沟谷及田野。

用途：药用植物。

■星宿菜（红根菜）*Lysimachia fortunei* Maxim.

标本号：LYL02817。

分布：九连山广布，生于荒地空旷处。

用途：药用植物。

■黑腺珍珠菜 *Lysimachia heterogenea* Klatt

标本号：KZ2012050033。

分布：古坑有分布，生于沟边。

用途：药用植物。

■落地梅 *Lysimachia paridiformis* Franch.

资料来源：《南岭北坡—赣南地区种子植物多样性编目和野生果

树资源》。

分布：九连山。

■小叶珍珠菜 *Lysimachia parvifolia* Franch. ex Hemsl.

标本号：F670。

分布：九连山广布，生于荒地路边。

用途：药用植物。

■巴东过路黄 *Lysimachia patungensis* Hand. -Mazz.

标本号：20161105078。

分布：九连山。

■疏头过路黄 *Lysimachia pseudohenryi* Pamp.

标本号：T180723098。

分布：九连山。

■腺药珍珠菜 *Lysimachia stenosepala* Hemsl.

资料来源：《南岭北坡——赣南地区种子植物多样性编目和野生果树资源》。

分布：九连山。

（625）杜茎山属 *Maesa*

■杜茎山 *Maesa japonica* (Thunb.) Moritzi. ex Zoll.

标本号：LYL00487。

分布：九连山广布，生于林缘。

用途：药用植物。

■金珠柳 *Maesa montana* A. DC.

标本号：PVHJX05812。

分布：虾公塘有分布，生于林下。

用途：药用植物

■鲫鱼胆 *Maesa perlarius* (Lour.) Merr.

标本号：160808261。

分布：九连山。

（626）铁仔属 *Myrsine*

■密花树 *Myrsine seguinii* H. Léveillé

标本号：LYL00964。

分布：九连山有分布，生于山坡林中。

■针齿铁仔 *Myrsine semiserrata* Wall.

资料来源：《九连山植物名录》。

分布：下湖有分布，生于阔叶林下。

用途：药用植物。

■光叶铁仔 *Myrsine stolonifera*（Koidz.）E. Walker

标本号：170513256。

分布：下湖有分布，生于林中。

用途：药用植物。

（627）假婆婆纳属 *Stimpsonia*

■假婆婆纳 *Stimpsonia chamaedryoides* Wright ex A. Gray

标本号：170513278。

分布：古坑、润洞有分布，生于路旁及河滩。

用途：药用植物。

139 山茶科 Theaceae

（628）山茶属 *Camellia*

■普洱茶 *Camellia assamica* var. *assamica*（Mast.）Chang

标本号：庐植58-108。

分布：九连山。

用途：制作茶叶。

■*浙江红山茶 *Camellia chekiangoleosa* Hu

分布：龙南县城园林栽培。

用途：园林植物。

■心叶毛蕊茶 *Camellia cordifolia* (Metc.) Nakai

标本号：161001999。

分布：大丘田、鹅公坑、中迳有分布，生于沟谷中。

用途：油料作物。

■尖连蕊茶 *Camellia cuspidata* (Kochs) Wright ex Gard.

标本号：170826300。

分布：润洞、虾公塘有分布，生于山坡林中。

用途：油料作物。

■柃叶连蕊茶（细叶连蕊茶）*Camellia euryoides* Lindl.

标本号：180808265。

分布：大丘田有分布，生于山坡林中。

用途：油料作物。

■* 山茶 *Camellia japonica* L.

标本号：G181014005。

分布：龙南县城园林栽培。

用途：园林植物。

■油茶 *Camellia oleifera* Abel.

标本号：180404508。

分布：九连山有广泛栽培或逸野生。

用途：油料作物。

■柳叶毛蕊茶 *Camellia salicifolia* Champ. ex Benth.

标本号：160820530。

分布：九连山亦分布，生于沟谷中。

用途：油料作物。

■* 茶梅 *Camellia sasanqua* Thunb.

分布：龙南县城有栽培。

用途：园林植物。

■* 广宁红花油茶 *Camellia semiserrata* Chi

分布：龙南县城有栽培。

用途：油料植物。

■茶 *Camellia sinensis*（L.）O. Ktze.

标本号：Xwd0717099。

分布：九连山有栽培或野生。

用途：制作茶叶。

■毛萼连蕊茶（阿里山连蕊茶）*Camellia transarisanensis*（Hay.）Coh. St.

资料来源：《南岭北坡—赣南地区种子植物多样性编目和野生果树资源》。

分布：九连山。

■* 单体红山茶 *Camellia uraku*（Mak.）Kitamura

分布：龙南县城园林栽培。

用途：园林植物。

（629）木荷属 *Schima*

■银木荷 *Schima argentea* Pritz. ex Diels

标本号：20161104118。

分布：虾公塘防火线上有分布。

用途：用材树种。

■疏齿木荷 *Schima remotiserrata* Chang

标本号：LYL02895。

分布：虾公塘有分布，生于山脊上。

用途：用材树种。

■木荷 *Schima superba* Gardn. et Champ.

标本号：LYL00891。

分布：九连山广布，生于阔叶林中。

用途：用材树种。

140 山矾科 Symplocaceae

（630）山矾属 *Symplocos*

■华山矾（白檀）*Symplocos chinensis*（Lour.）Druce

标本号：LYL00645。

分布：九连山有分布，生于路旁、荒山中。

用途：药用植物。

■越南山矾 *Symplocos cochinchinensis*（Lour.）S. Moore

标本号：20161003037。

分布：大丘田、花露有分布，生于沟谷中。

用途：药用植物。

■黄牛奶树 *Symplocos cochinchinensis* var. *laurina*（Retzius）Nooteboom

标本号：LYL00613。

分布：九连山广布，生于沟谷及山坡林中。

用途：药用植物。

■微毛越南山矾 *Symplocos cochinchinensis* var. *puberula* Huang et Y. F. Wu

标本号：LYL00965。

分布：九连山广布，生于阔叶林下。

■南岭山矾 *Symplocos confusa* Brand

标本号：160806196。

分布：虾公塘、坪坑有分布，生于阔叶林中。

用途：药用植物。

■密花山矾 *Symplocos congesta* Benth.

标本号：20160401005。

分布：虾公塘有分布，生于沟谷中。

■火灰山矾 *Symplocos dung* Eberh. et Dub.

标本号：160822669。

分布：虾公塘有分布，生于阔叶林下。

用途：药用植物。

■羊舌树 *Symplocos glauca*（Thunb.）Koidz.

资料来源：《南岭北坡—赣南地区种子植物多样性编目和野生果树资源》。

分布：九连山。

■毛山矾 *Symplocos groffii* Merr.

标本号：20161105100。

分布：九连山有分布，生于阔叶林下。

用途：药用植物。

■海桐山矾 *Symplocos heishanensis* Hayata

标本号：LYL02794。

分布：虾公塘有分布，生于山脊中。

用途：药用植物。

■光亮山矾（棱角山矾）*Symplocos lucida*（Thunberg）Siebold & Zuccarini

标本号：L180723003。

分布：虾公塘、武当山有分布，生于阔叶林中。

用途：药用植物。

■光叶山矾（潮州山矾）*Symplocos mollifolia* Dunn

标本号：20160405029。

分布：九连山有分布，生于阔叶林中。

用途：药用植物。

■铁山矾 *Symplocos pseudobarberina* Gontsch.

标本号：WQ13173。

分布：黄牛石有分布，生于山坡林中。

用途：药用植物。

■**老鼠矢** *Symplocos stellaris* **Brand**

标本号：LYL00575。

分布：九连山有零星分布，生于山坡林中。

用途：药用植物。

■**银色山矾（山矾）** *Symplocos subconnata* **Hand. -Mazz.**

资料来源：《南岭北坡—赣南地区种子植物多样性编目和野生果树资源》。

分布：九连山。

■**坛果山矾（山矾）** *Symplocos urceolaris* **Hance**

标本号：160825801。

分布：杨村斜坡水有分布。

用途：药用植物。

■**绿枝山矾** *Symplocos viridissima* **Brand**

标本号：Dengsw1672。

分布：黄牛石有分布，生于山坡林中。

141 安息香科 Styracaceae

（631）赤杨叶属 *Alniphyllum*

■**拟赤杨（赤杨叶）** *Alniphyllum fortunei* **(Hemsl.) Makino**

标本号：PVHJX06153。

分布：九连山广布，生于阔叶林中。

用途：用材树种。

（632）银钟花属 *Halesia*

■**银钟花** *Halesia macgregorii* **Chun**

标本号：161001985。

分布：下湖、虾公塘、坪坑有分布，生于阔叶林中。

用途：园林植物。

（633）山茉莉属 *Huodendron*

■岭南山茉莉（小花山茉莉）*Huodendron biaristatum* var. *parviflorum* (Merr.) Rehd.

标本号：20160405027。

分布：九连山有分布，生于沟谷中。

用途：用材树种。

（634）陀螺果属 *Melliodendron*

■陀螺果 *Melliodendron xylocarpum* Hand. -Mazz.

标本号：PVHJX05109。

分布：安基山有分布，生于路旁。

用途：园林植物。

（635）白辛树属 *Pterostyrax*

■小叶白辛树 *Pterostyrax corymbosus* Sieb. et Zucc.

标本号：20160827053。

分布：润洞、花露有分布，生于沟谷小溪旁。

（636）木瓜红属 *Rehderodendron*

■木瓜红 *Rehderodendron macrocarpum* Hu

资料来源：《南岭北坡—赣南地区种子植物多样性编目和野生果树资源》。

分布：九连山。

用途：用材树种。

（637）安息香属 *Styrax*

■赛山梅 *Styrax confusa* Hemsl.

标本号：180404491。

分布：九连山有分布，生于林缘及灌丛中。

用途：药用植物。

■**垂珠花** *Styrax dasyanthus* Perk.

标本号：F778。

分布：安基山有分布，生于阔叶林中。

用途：药用植物。

■**白花龙** *Styrax faberi* Perk.

标本号：LYL00181。

分布：九连山有分布，生于林缘或山坡林中。

用途：药用植物。

■**栓叶安息香（红皮树）** *Styrax suberifolius* Hook. et Arn.

标本号：LYL00704。

分布：九连山有分布，生于阔叶林中。

用途：用材树种。

142 猕猴桃科 Actinidiaceae

（638）猕猴桃属 *Actinidia*

■**软枣猕猴桃** *Actinidia arguta*（Sieb. et Zucc.）Planch. ex Miq.

资料来源：《南岭北坡—赣南地区种子植物多样性编目和野生果树资源》。

分布：九连山。

■**硬齿猕猴桃** *Actinidia callosa* Lindl.

标本号：X180723055。

分布：九连山。

用途：果蔬植物。

■**异色猕猴桃** *Actinidia callosa* var. *discolor* C. F. Liang

标本号：Q13182。

分布：九连山有分布，攀缘于林缘树上。

用途：果蔬植物。

■**京梨猕猴桃** *Actinidia callosa* **Lindl. var.** *henryi* **Maxim.**

标本号：PVHJX03224。

分布：九连山。

■**金花猕猴桃** *Actinidia chrysantha* **C. F. Liang**

资料来源：《南岭北坡—赣南地区种子植物多样性编目和野生果树资源》。

分布：九连山。

用途：果蔬植物。

■**毛花猕猴桃** *Actinidia eriantha* **Benth.**

标本号：LYL00639。

分布：九连山有分布，生于沟谷中。

用途：果蔬植物。

■**黄毛猕猴桃** *Actinidia fulvicoma* **Hance**

标本号：170821076。

分布：九连山广布，生于沟谷林缘。

用途：果蔬植物。

■**厚叶猕猴桃** *Actinidia fulvicoma* **var.** *pachyphylla*（**Dunn**）**Li**

资料来源：《南岭北坡—赣南地区种子植物多样性编目和野生果树资源》。

分布：九连山。

用途：果蔬植物。

■**阔叶猕猴桃** *Actinidia latifolia*（**Gardn. et Champ.**）**Merr.**

标本号：LYL02123。

分布：九连山有分布，生于沟谷林缘。

用途：果蔬植物。

■**黑蕊猕猴桃** *Actinidia melanandra* **Franch.**

标本号：LHS25008。

分布：九连山。

■美丽猕猴桃 *Actinidia melliana* Hand. -Mazz.

标本号：LYL00614。

分布：九连山有分布，生于沟谷林缘。

用途：果蔬植物。

■对萼猕猴桃 *Actinidia valvata* Dunn

标本号：Lhs25145。

分布：九连山。

143 桤叶树科 Clethraceae

（639）桤叶树属 *Clethra*

■云南桤叶树（江南山柳）*Clethra delavayi* Franch.

标本号：LYL02493。

分布：九连山有分布，生于疏林中。

144 杜鹃花科 Ericaceae

（640）吊钟花属 *Enkianthus*

■灯笼花（灯笼树）*Enkianthus chinensis* Franch.

标本号：LYL02818。

分布：虾公塘有分布，生于山坡林中。

用途：药用植物。

（641）白珠树属 *Gaultheria*

■滇白珠 *Gaultheria leucocarpa* var. *erenulata* (Kurz.) T. Z. Hs

标本号：171211445。

分布：九连山有分布，生于林缘及山坡灌丛中。

用途：药用植物。

(642) 珍珠花属 *Lyonia*

■小果南烛（小果珍珠花）*Lyonia ovalifolia* var. *elliptica*（Sieb. et Zucc.）Hand. -Mazz.

标本号：FW001。

分布：九连山有分布，生于山坡灌丛中。

用途：药用植物。

■狭叶南烛 *Lyonia ovalifolia* var. *lanceolata*（Wall.）H. -M.

分布：九连山有分布，生于山坡灌丛中。

用途：药用植物。

(643) 水晶兰属 *Monotropa*

■大果拟水晶兰 *Monotropa humile*（D. Don）H. Hara

标本号：LYL02786。

分布：虾公塘有分布，生于竹林下。

用途：药用植物。

(644) 杜鹃花属 *Rhododendron*

■腺萼马银花 *Rhododendron bachii* Levl.

标本号：DJ-100030。

分布：润洞有分布，生于路边。

用途：园林植物。

■刺毛杜鹃 *Rhododendron championiae* Hook

标本号：20160830020。

分布：九连山有分布，生于沟谷林中。

用途：园林植物。

■华丽杜鹃（丁香杜鹃）*Rhododendron eudoxum* Balf. F. et Forres

标本号：kjl2012060096。

分布：虾公塘有分布，生于海拔 900 米山脊中。

用途：园林植物。

■大云锦杜鹃 *Rhododendron faithiae* Chun

标本号：752195。

分布：虾公塘山顶矮林中有分布。

用途：园林植物。

■云锦杜鹃 *Rhododendron fortunei* Lindl.

标本号：LYL00606。

分布：黄牛石、虾公塘有分布，生于山脊上。

用途：园林植物。

■秃房杜鹃 *Rhododendron henryi* var. *dunnii*（Wills.）M. Y. He

资料来源：《南岭北坡—赣南地区种子植物多样性编目和野生果树资源》。

分布：九连山。

■井冈山杜鹃 *Rhododendron jingangshanicum* P. C. Tam

资料来源：《南岭北坡—赣南地区种子植物多样性编目和野生果树资源》。

分布：九连山。

用途：园林植物。

■鹿角杜鹃 *Rhododendron latoucheae* Franch.

标本号：T180725010。

分布：九连山有分布，生于林缘。

用途：园林植物。

■岭南杜鹃 *Rhododendron mariae* Hance

标本号：XYF-100025。

分布：九连山有分布，生于沟谷林中。

用途：园林植物。

■满山红 *Rhododendron mariesii* Hemsl. et Wils.

标本号：170405232。

分布：九连山有分布，生于山顶林中。

用途：园林植物。

■白花杜鹃 *Rhododendron mucronatum* (Blume) G. Don

分布：龙南县城园林栽培。

用途：园林植物。

■马银花 *Rhododendron ovatum* (Lindl.) Planch.

标本号：F072。

分布：九连山有分布，生于林缘。

用途：园林植物。

■猴头杜鹃 *Rhododendron simiarum* Hance

标本号：PVHJX015416。

分布：虾公塘有分布，生于山顶矮林中。

■杜鹃（映山红）*Rhododendron simsii* Planch.

标本号：XYF008351。

分布：九连山有广布，生于荒山中。

用途：园林植物。

■丝线吊芙蓉（凯里杜鹃）*Rhododendron westlandii* Hemsley

标本号：L180725016。

分布：九连山有分布，生于阔叶林中。

用途：园林植物。

（645）越橘属 *Vaccinium*

■乌饭树（南烛）*Vaccinium bracteatum* Thunb.

标本号：PVHJX015465。

分布：九连山有分布，生于山坡灌丛中。

■短尾越橘 *Vaccinium carlesii* Dunn

标本号：LYL00790。

分布：虾公塘有分布，生于山脊中。

■黄背越橘 *Vaccinium iteophyllum* Hance

标本号：庐植 953。

分布：虾公塘、横坑水有分布，生于山坡灌丛中。

■扁枝越橘 *Vaccinium japonicum* var. *sinicum* (Nakai) Rehd.

标本号：LYL00967。

分布：虾公塘有分布，生于山脊岩石上。

■长尾越橘（长尾乌饭）*Vaccinium longicaudatum* Chun ex Fang et Z. H. Pan

标本号：赵卫平 778。

分布：虾公塘有分布，生于山脊中。

■江南越橘 *Vaccinium mandarinorum* Diels

标本号：LYL02111。

分布：九连山有分布，生于山坡灌丛中。

■峦大越橘 *Vaccinium randaiense* Hayata

资料来源：《南岭北坡—赣南地区种子植物多样性编目和野生果树资源》。

分布：九连山。

■刺毛越橘 *Vaccinium trichocladum* Merr. et Metc.

标本号：LYL02337。

分布：九连山有分布，生于山坡灌丛中。

■光序刺毛越橘 *Vaccinium trichocladum* var. *glabriracemosum* C. Y. Wu.

资料来源：《南岭北坡—赣南地区种子植物多样性编目和野生果树资源》。

分布：九连山。

145 茶茱萸科 Icacomaceae

（646）定心藤属 *Mappianthus*

■定心藤 *Mappianthus iodoides* Hand. -Mazz.

标本号：170824206。

分布：虾公塘有分布，生于林缘。

用途：药用植物。

146 杜仲科 Eucommiaceae

（647）杜仲属 *Eucommia*

■* 杜仲 *Eucommia ulmoides* Oliver

标本号：PVHJX01347。

分布：九连山有广泛栽培。

用途：药用植物。

147 茜草科 Rubiaceae

（648）水团花属 *Adina*

■水团花 *Adina pilulifera*（Lam.）Franch. ex Drake

标本号：PVHJX09237。

分布：九连山有分布，生于沟谷边。

用途：药用植物。

■细叶水团花 *Adina rubella* Hance

资料来源：《南岭北坡—赣南地区种子植物多样性编目和野生果树资源》。

分布：九连山。

(649) 茜树属 *Aidia*

■香楠 *Aidia canthioides* (Champ. ex Benth.) Masam.

标本号：赣树 79107。

分布：九连山有零星分布。

用途：药用植物。

■茜树 *Aidia cochinchinensis* Lour.

标本号：170821062。

分布：九连山有分布，生于阔叶林中。

用途：药用植物。

(650) 风箱树属 *Cephalanthus*

■风箱树 *Cephalanthus tetrandrus* (Roxb.) Ridsd. et Badh. F.

标本号：LYL02719。

分布：九连山有分布，生于沟边、塘边。

用途：药用植物。

(651) 流苏子属 *Coptosapelta*

■流苏子 *Coptosapelta diffusa* (Champ. ex Benth.) Van Steenis

标本号：D2479。

分布：九连山有分布，生于疏林中。

用途：药用植物。

(652) 虎刺属 *Damnacanthus*

■虎刺 *Damnacanthus indicus* (L.) Gaertn. F.

标本号：Q13163。

分布：大丘田、中迳、黄牛石有分布，生于沟谷林下。

用途：药用植物。

■短刺虎刺 *Damnacanthus giganteus* (Mak.) Nakai
标本号：LYL02442。
分布：黄牛石、虾公塘有分布，生于沟谷林缘。
用途：药用植物。

（653）狗骨柴属 *Diplospora*

■狗骨柴 *Diplospora dubia* (Lindl.) Masam
标本号：F954。
分布：九连山有分布，生于阔叶林中。
用途：药用植物。

■毛狗骨柴 *Diplospora fruticosa* Hemsl.
标本号：20160828021。
分布：大丘田、鹅公坑有分布，生于沟谷林下。

（654）拉拉藤属 *Galium*

■拉拉藤（猪殃殃）*Galium spurium* L. var. *echinospermum* (Wallr.) Cuf.
标本号：LYL02795。
分布：九连山有分布。
用途：药用植物。

（655）栀子属 *Gardenia*

■栀子 *Gardenia jasminoides* Ellis
标本号：LYL00483。
分布：九连山广布，生于林中。
用途：药用植物。

■狭叶栀子 *Gardenia stenophylla* Merr.
资料来源：《南岭北坡—赣南地区种子植物多样性编目和野生果树资源》。

分布：九连山有分布，生于林中。
用途：药用植物。

（656）耳草属 *Hedyotis*

■耳草 *Hedyotis auricularia* L.

标本号：PVHJX05118。

分布：九连山。

用途：药用植物。

■剑叶耳草 *Hedyotis caudatifolia* Merr. et Metcalf

标本号：LYL00741。

分布：九连山有分布，生于林中阴湿处。

用途：药用植物。

■金毛耳草 *Hedyotis chrysotricha*（Palib.）Merr.

标本号：F180722042。

分布：九连山。

■伞房花耳草 *Hedyotis corymbosa*（L.）Lam.

标本号：170825295。

分布：九连山。

■白花蛇舌草 *Hedyotis diffusa* Willd.

标本号：LYL00526。

分布：九连山广布，生于田野、路边。

用途：药用植物。

■疏花耳草 *Hedyotis matthewii* Dunn

资料来源：《江西种子植物名录》。

分布：九连山。

■粗毛耳草（卷毛耳草）*Hedyotis mellii* Tutch.

标本号：PVHJX016214。

分布：九连山广布，生于林缘、山坡草丛中。

用途：药用植物。

■长节耳草 *Hedyotis uncinella* Hook. et Arn.

资料来源：《南岭北坡—赣南地区种子植物多样性编目和野生果树资源》。

分布：九连山。

■纤花耳草 *Hedyotis tenelliflora* Blume

标本号：T180724056。

分布：九连山广布，生于林缘、山坡草丛中。

用途：药用植物。

■粗叶耳草 *Hedyotis verticillata* (L.) Lam.

标本号：LHY1004001。

分布：九连山。

（657）龙船花属 *Ixora*

■龙船花 *Ixora chinensis* Lam.

标本号：PVHJX018420。

分布：虾公塘有分布，龙南县城园林栽培。

用途：园林植物。

（658）粗叶木属 *Lasianthus*

■粗叶木 *Lasianthus chinensis* (Champ.) Benth.

标本号：F248。

分布：九连山。

用途：药用植物。

■西南粗叶木 *Lasianthus henryi* Hutchins.

标本号：170822101。

分布：黄牛石、虾公塘有分布，生于阔叶林中。

用途：药用植物。

■日本粗叶木 *Lasianthus japonicus* Miq.

标本号：LYL00459。

分布：九连山有分布，生于阔叶林中。

用途：药用植物。

■榄绿粗叶木 *Lasianthus japonicus* Miq. var. *lancilimbus*（Merr.）Lo

标本号：LYL02835。

分布：九连山广布，生于阔叶林中。

用途：药用植物。

■云广粗叶木 *Lasianthus japonicus* subsp. *longicaudus*（J. D. Hooker）C. Y. Wu & H. Zhu

标本号：LYL02788。

分布：九连山广布，生于阔叶林中。

用途：药用植物。

（659）巴戟天属 *Morinda*

■鸡眼藤 *Morinda parvifolia* Bartl. et DC.

标本号：20150602。

分布：九连山广布，生于山坡灌丛中。

用途：药用植物。

■羊角藤 *Morinda umbellata* L. subsp. *obovata* Y. Z. Ruan

标本号：170822114。

分布：九连山广布，攀缘于林缘树丛中。

用途：药用植物。

(660) 玉叶金花属 *Mussaenda*

■**大叶白纸扇** *Mussaenda esquirolii* Lévl.

标本号：F282。

分布：九连山广布，生于路边及疏林灌丛中。

用途：药用植物。

■**玉叶金花** *Mussaenda pubescens* W. T. Aiton

标本号：LYL00480。

分布：九连山广布，生于路边及疏林灌丛中。

用途：药用植物。

(661) 腺萼木属 *Mycetia*

■**腺萼木** *Mycetia glandulosa* Craib

资料来源：《南岭北坡—赣南地区种子植物多样性编目和野生果树资源》。

分布：九连山。

用途：药用植物。

■**华腺萼木** *Mycetia sinensis* (Hemsl.) Craib

标本号：Dengsw1681。

分布：黄牛石有分布，生于路边林下。

用途：药用植物。

(662) 新耳草属 *Neanotis*

■**广东新耳草** *Neanotis kwangtungensis* (Merr. et Metcalf) Lewis

标本号：Dengsw1638。

分布：坪坑有分布，生于林下阴湿处。

用途：药用植物。

■**薄叶新耳草** *Neanotis hirsuta* (L. f.) Lewis

标本号：JLS-6110。

分布：花露有分布，生于路边林下。

（663）团花属 *Neolamarckia*

■团花 *Neolamarckia cadamba* (Roxb.) Bosser

资料来源：《南岭北坡—赣南地区种子植物多样性编目和野生果树资源》。

分布：九连山。

用途：药用植物。

（664）薄柱草属 *Nertera*

■薄柱草 *Nertera sinensis* Hemsl.

标本号：SP003。

分布：九连山。

用途：药用植物。

（665）蛇根草属 *Ophiorrhiza*

■广州蛇根草 *Ophiorrhiza cantoniensis* Hance

资料来源：《南岭北坡—赣南地区种子植物多样性编目和野生果树资源》。

分布：九连山。

用途：药用植物。

■中华蛇根草 *Ophiorrhiza chinensis* Lo

标本号：170820044。

分布：九连山。

■日本蛇根草 *Ophiorrhiza japonica* Bl.

标本号：170403082。

分布：九连山广布，生于沟谷林下。

用途：药用植物。

（666）鸡矢藤属 *Paederia*

■鸡矢藤 *Paederia scandens*（Lour.）Merr.

标本号：LYL00194。

分布：九连山广布，生于路边灌丛中。

用途：药用植物。

■毛鸡矢藤 *Paederia scandens* var. *tomentosa*（Bl.）Hand.-Mazz.

标本号：xud071904。

分布：九连山广布，生于路边灌丛中。

用途：药用植物。

（667）九节属 *Psychotria*

■蔓九节 *Psychotria serpens* L.

资料来源：《南岭北坡——赣南地区种子植物多样性编目和野生果树资源》。

分布：九连山。

用途：药用植物。

（668）茜草属 *Rubia*

■茜草 *Rubia cordifolia* L.

标本号：LYL00632。

分布：九连山广布，生于沟谷丛林中。

用途：药用植物。

（669）白马骨属 *Serissa*

■六月雪 *Serissa japonica*（Thunb.）Thunb. Nov. Gen.

标本号：F1178。

分布：润洞有分布，生于路边菜地。

用途：药用植物。

■白马骨 *Serissa serissoides*（DC.）Druce

标本号：LHY1002001。

分布：大丘田有分布，生于路边菜地。

用途：药用植物。

（670）鸡仔木属 *Sinoadina*

■鸡仔木 *Sinoadina racemosa*（Sieb. et Zucc.）Ridsd.

标本号：20170820020。

分布：九连山。

用途：药用植物。

（671）乌口树属 *Tarenna*

■尖萼乌口树 *Tarenna acutisepala* How ex W. C. Chen

标本号：LHY007。

分布：九连山。

用途：药用植物。

■白花苦灯笼 *Tarenna mollissima*（Hook. et Arn.）Robins.

标本号：LYL00593。

分布：九连山广布，生于阔叶林中。

用途：药用植物。

■广西乌口树 *Tarenna lanceolata* Chun et How ex W. C. Chen

资料来源：《南岭北坡—赣南地区种子植物多样性编目和野生果树资源》。

分布：九连山。

用途：药用植物。

（672）钩藤属 *Uncaria*

■钩藤 *Uncaria rhynchophylla*（Miq.）Miq. ex Havil.

标本号：LYL02431。

分布：九连山广布，生于林缘及疏林灌丛中。

用途：药用植物。

148 龙胆科 Gentianaceae

（673）蔓龙胆属 *Crawfurdia*

■福建蔓龙胆 *Crawfurdia pricei* (Marq.) H. Smith

资料来源：《南岭北坡—赣南地区种子植物多样性编目和野生果树资源》。

分布：九连山。

用途：药用植物。

（674）灰莉属 *Fagraea*

■*灰莉 *Fagraea ceilanica* Thunb.

分布：龙南县城园林栽培。

用途：观赏植物。

（675）龙胆属 *Gentiana*

■五岭龙胆 *Gentiana davidii* Franch.

标本号：038。

分布：九连山广布，生于山坡草丛中。

用途：药用植物。

■华南龙胆 *Gentiana loureirii* (G. Don) Griseb.

标本号：PVHJX015464。

分布：九连山广布，生于山坡草丛中。

用途：药用植物。

■条叶龙胆 *Gentiana manshurica* Kitag.

标本号：PVHJX024652。

分布：横坑水、坪坑有分布，生于路旁田地。

用途：药用植物。

■龙胆 *Gentiana scabra* Bunge

标本号：庐植2271。

分布：黄牛石有分布，生于山脊中。

用途：药用植物。

（676）獐牙菜属 *Swertia*

■美丽獐牙菜 *Swertia angustifolia* var. *pulchella*（D. Don）Burk.

标本号：LYL02768。

分布：九连山有分布，生于山坡草丛中。

用途：药用植物。

（677）双蝴蝶属 *Tripterospermum*

■双蝴蝶（中华双蝴蝶）*Tripterospermum chinense*（Migo）H. Smith

标本号：LYL00157。

分布：九连山有分布，生于林缘及灌丛中。

用途：药用植物。

149 马钱科 Loganiaceae

（678）蓬莱葛属 *Gardneria*

■披针叶蓬莱葛 *Gardneria lancelata* Rehd. et Wilson

资料来源：《南岭北坡—赣南地区种子植物多样性编目和野生果树资源》。

分布：九连山。

用途：药用植物。

■蓬莱葛 *Gardneria multiflora* Makino

标本号：D2249。

分布：九连山。

用途：药用植物。

150 胡蔓藤科 Gelsemiaceae

（679）钩吻属 *Gelsemium*

■钩吻 *Gelsemium elegans* (Gardn. et Champ.) Benth.

资料来源：《南岭北坡—赣南地区种子植物多样性编目和野生果树资源》。

分布：九连山。

用途：药用植物。

151 夹竹桃科 Apocynaceae

（680）链珠藤属 *Alyxia*

■串珠子 *Alyxia odorata* Wallich ex G. Don ［*Alyxia vulgaris* Tsiang］

资料来源：《南岭北坡—赣南地区种子植物多样性编目和野生果树资源》。

分布：九连山。

■链珠藤 *Alyxia sinensis* Champ. ex Benth.

标本号：161210016。

分布：九连山有分布，生于沟谷及山坡林中。

用途：药用植物。

（681）鳝藤属 *Anodendron*

■鳝藤 *Anodendron affine* (Hook. et Arn.) Druce

标本号：180405531。

分布：九连山。

(682) 长春花属 *Catharanthus*

■* 长春花 *Catharanthus roseus* (L.) G. Don
分布：龙南县园林栽培。
用途：观赏植物。

(683) 鹅绒藤属 *Cynanchum*

■ 牛皮消 *Cynanchum auriculatum* Royle ex Wight
标本号：LYL02491。
分布：黄牛石有分布，生于沟谷林下。
■ 山白前 *Cynanchum fordii* Hemsl.
标本号：LYL02289。
分布：横坑水有分布，生于沟谷林下。

(684) 黑鳗藤属 *Jasminanthes*

■ 假木藤 *Jasminanthes chunii* (Tsiang) W. D. Stevens & P. T. Li
标本号：LYL02814。
分布：横坑水有分布，生于沟谷林下。

(685) 夹竹桃属 *Nerium*

■* 夹竹桃 *Nerium indicum* Mill.
分布：龙南县园林栽培。
用途：园林植物。

(686) 帘子藤属 *Pottsis*

■ 帘子藤 *Pottsia laxiflora* (Bl.) Kuntze
标本号：160825825。
分布：坪坑有分布，生于山坡灌丛中。
用途：药用植物。

(687) 羊角拗属 Strophanthus

■羊角拗 *Strophanthus divavicatus*（Lour.）Hook. et Arn.

资料来源：《南岭北坡—赣南地区种子植物多样性编目和野生果树资源》。

分布：九连山。

用途：药用植物。

(688) 黄花夹竹桃属 *Thevetia*

■*黄花夹竹桃 *Thevetia peruviana*（Pers.）K. Schum.

分布：原江西共产主义劳动大学九连山分校有栽培。

用途：园林植物。

(689) 络石属 *Trachelospermum*

■细梗络石（亚洲络石）*Trachelospermum asiaticum*（Siebold et Zucc.）Nakai

标本号：PVHJX018427。

分布：虾公塘有分布，攀缘岩石上。

用途：药用植物。

■乳儿绳（贵州络石）*Trachelospermum cathayanum* Schneid.

资料来源：《南岭北坡—赣南地区种子植物多样性编目和野生果树资源》。

分布：九连山。

■络石（石血）*Trachelospermum jasminoides*（Lindl.）Lem.

标本号：LYL02610。

分布：九连山广布，生于林下阴湿处。

用途：药用植物。

（690）娃儿藤属 *Tylophora*

■七层楼 *Tylophora floribunda* Miquel

标本号：LYL02845。

分布：九连山有分布，生于林缘。

152 紫草科 Boraginaceae

（691）琉璃草属 *Cynoglossum*

■小花琉璃草 *Cynoglossum lanceolatum* Forsk.

标本号：160821638。

分布：九连山。

用途：药用植物。

■琉璃草 *Cynoglossum zeylanicum*（Vahl.）Thunb. ex Lehm.

标本号：张海道 5308。

分布：九连山。

用途：药用植物。

（692）厚壳树属 *Ehretia*

■粗糠树 *Ehretia dicksonii* Hance

资料来源：《南岭北坡—赣南地区种子植物多样性编目和野生果树资源》。

分布：九连山 。

用途：药用植物。

■长花厚壳树 *Ehretia longiflora* Champ. ex Benth.

标本号：20160830005。

分布：九连山分布，生于阔叶林中。

用途：园林植物。

■厚壳树 *Ehretia thyrsiflora* (Sieb. et Zucc.) Nakai.

标本号：LYL02205。

分布：九连山保护区植物园有分布。

(693) 附地菜属 *Trigonotis*

■硬毛附地菜 *Trigonotis laxa* Johnst. var. *hirsuta* W. T. Wang ex C. J. Wang.

资料来源：《南岭北坡—赣南地区种子植物多样性编目和野生果树资源》。

分布：九连山。

■附地菜 *Trigonotis peduncularis* (Trev.) Benth. ex Baker et Moore

标本号：LYL02811。

分布：横坑水、坪坑有分布，生于路边、荒地。

用途：药用植物。

153 旋花科 Convolvulaceae

(694) 菟丝子属 *Cuscuta*

■金灯藤 *Cuscuta japonica* Choisy

标本号：LBG20212883。

分布：九连山广布，生于路旁灌丛中。

(695) 飞蛾藤属 *Dinetus*

■飞蛾藤 *Dinetus racemosus* (Roxb.) Buch.-Ham. ex Sweet

标本号：LYL00674。

分布：九连山有分布，生于路边灌丛中。

用途：观赏植物。

（696）番薯属 *Ipomoea*

■* 蕹菜 *Ipomoea aquatica* Forsskal

分布：菜园栽培。

用途：果蔬植物。

■* 番薯 *Ipomoea batatas*（L.）Lamarck

分布：九连山有广泛栽培。

用途：粮食植物。

■* 牵牛花（牵牛）*Ipomoea nil*（Linnaeus）Roth

分布：古坑有分布，园林栽培。

用途：园林植物。

■* 圆叶牵牛花 *Ipomoea purpurea* Lam.

分布：古坑有分布，园林栽培。

用途：园林植物。

■三裂叶薯 *Ipomoea triloba* L.

标本号：LYL00531。

分布：墩头、黄牛石有分布，生于路边，原产美洲。

用途：园林植物。

（697）鱼黄草属 *Merremia*

■北鱼黄草 *Merremia sibirica*（L.）Hall. F.

资料来源：《江西种子植物名录》。

分布：九连山。

154 茄科 Solanaceae

（698）辣椒属 *Capsicum*

■* 辣椒（簇生椒、菜椒）*Capsicum annuum* var. *grossum*（Linn.）**Sendt.**

分布：菜园栽培。

用途：果蔬植物。

■* **朝天椒** *Capsicum annuum* L. var. *conoides*（Mill.）Irish

分布：菜园栽培。

用途：果蔬植物。

（699）夜香树属 *Cestrum*

■* **夜香树**（夜来香）*Cestrum nocturnum* L.

分布：九连山有人工种植。

（700）曼陀罗属 *Datura*

■* **洋金花** *Datura metel* L.

分布：栽培逸野生，生于路旁、荒地。

（701）红丝线属 *Lycianthes*

■**红丝线** *Lycianthes biflora*（Loureiro）Bitter

标本号：160821648。

分布：虾公塘有分布，生于路边。

用途：园林植物。

■**缺齿红丝线** *Lycianthes laevis*（Dunal）Bitter

标本号：Dengsw1696。

分布：虾公塘有分布，生于路边。

用途：园林植物。

■**中华红丝线** *Lycianthes lysimachioides* var. *sinensis* Bitter

标本号：张海道4925。

分布：九连山。

用途：园林植物。

(702) 枸杞属 Lycium

■枸杞 *Lycium chinense* Miller
标本号：LYL02980。
分布：九连山有分布，栽培或野生。
用途：园林植物。

(703) 番茄属 Lycopersicon

■* 番茄 *Lycopersicon esculentum* Miller
分布：九连山广泛栽培，菜园种植。
用途：果蔬植物。

(704) 假酸浆属 Nicandra

■* 假酸浆 *Nicandra physalodes* (L.) Gaertner
分布：龙南县城有种植，园林栽培。
用途：观赏植物。

(705) 烟草属 Nicotiana

■* 烟草 *Nicotiana tabacum* L.
分布：九连山广泛栽培。

(706) 碧冬茄属 Petunia

■* 碧冬茄 *Petunia* × *atkinsiana* (Sweet) D. Don ex W. H. Baxter
分布：龙南县城各公园有种植，园林栽培。
用途：园林植物。

(707) 散血丹属 Physaliastrum

■广西地海椒 *Physaliastrum chamaesarachoides* (Makino) Makino
标本号：83042。

分布：九连山。

■江南散血丹 *Physaliastrum heterophyllum* (Hemsley) Migo

资料来源：《南岭北坡—赣南地区种子植物多样性编目和野生果树资源》。

分布：九连山。

（708）酸浆属 *Alkekengi*

■酸浆 *Alkekengi officinarum* Moench ［*Physalis alkekengi* L.］

资料来源：《江西种子植物名录》。

分布：九连山。

■苦蘵 *Physalis angulata* L.

标本号：LYL00976。

分布：九连山有分布，生于路旁、荒地。

（709）茄属 *Solanum*

■少花龙葵 *Solanum americanum* Miller

标本号：T180718009。

分布：九连山广布，生于路边、荒地。

■牛茄子 *Solanum capsicoides* Allioni

标本号：PVHJX018464。

用途：药用植物。

分布：栽培逸野生。

■白英 *Solanum lyratum* Thunberg

标本号：LYL00701。

分布：九连山有分布，生于沟谷灌丛中。

用途：药用植物。

■*茄 *Solanum melongena* L.

分布：九连山广泛栽培，菜园种植。

用途：果蔬植物。

■龙葵 *Solanum nigrum* L.

标本号：20161105004。

分布：九连山广布，生于路边、荒地。

用途：药用植物。

■珊瑚樱 *Solanum pseudocapsicum* L.

标本号：LYL00994。

分布：润洞有分布，生于荒地中。

用途：园林植物。

■珊瑚豆 *Solanum pseudocapsicum* var. *diflorum*（Vellozo）Bitter

标本号：LYL00968。

分布：润洞有分布，生房前屋后荒地中。

用途：园林植物。

■*马铃薯（阳芋）*Solanum tuberosum* L.

分布：九连山有广泛栽培，菜园种植。

用途：果蔬植物。

（710）龙珠属 *Tubocapsicum*

■龙珠 *Tubocapsicum anomalum*（Franchet et Savatier）Makino

标本号：LYL00658。

分布：九连山有分布，生于河滩、路边。

用途：药用植物。

155 木犀科 Oleaceae

（711）梣属 *Fraxinus*

■白蜡树 *Fraxinus chinensis* Roxb.

标本号：庐植1183。

分布：虾公塘、大丘田、小武当山有分布，生于沟谷林中。

用途：园林植物。

■光蜡树 *Fraxinus griffithii* C. B. Clarke

资料来源：《南岭北坡—赣南地区种子植物多样性编目和野生果树资源》。

分布：九连山。

■苦枥木 *Fraxinus insularis* Hemsl.

标本号：20160607077。

分布：夹湖双罗有分布，生于林缘。

用途：园林植物。

（712）素馨属 *Jasminum*

■清香藤 *Jasminum lanceolaria* Roxburgh［*Jasminum lanceolarium* Roxb.］

标本号：160805097。

分布：九连山有分布，生于沟谷林中。

用途：园林植物。

■*云南黄素馨（野迎春）*Jasminum mesnyi* Hance

分布：九连山广泛栽培，园林种植。

用途：园林植物。

■*迎春花 *Jasminum nudiflorum* Lindl.

分布：龙南县城各公园种植。

用途：园林植物。

■华清香藤（华素馨）*Jasminum sinense* Hemsl.

标本号：160822690。

分布：九连山有分布，攀缘沟谷林中。

用途：园林植物。

(713) 女贞属 *Ligustrum*

■女贞 *Ligustrum lucidum* Ait.

标本号：XYF008534。

分布：九连山广泛种植或野生。

用途：园林植物。

■小叶女贞 *Ligustrum quihoui* Carr.

标本号：PVHJX015430。

分布：九连山广泛种植或野生，生于沟谷中。

■小蜡 *Ligustrum sinense* Lour.

标本号：LYL00896。

分布：九连山广泛栽培

(714) 木犀榄属 *Olea*

■*油橄榄（木犀榄）*Olea europaea* L.

分布：大丘田有人工栽培。

用途：粮油植物。

(715) 木犀属 *Osmanthus*

■宁波木犀 *Osmanthus cooperi* Hemslyey

标本号：LYL02787。

分布：润洞有分布，生于阔叶林中。

用途：园林植物。

■桂花（木犀）*Osmanthus fragrans*（Thunb.）Loureiro

标本号：LYL00688。

分布：九连山有分布或人工栽培。

用途：园林植物。

■厚边木犀 *Osmanthus marginatus*（Champ. ex Benth.）Hemsl.

标本号：171209343。

分布：新开迳有分布，生于沟谷林中。

■**牛矢果** *Osmanthus matsumuranus* **Hayata**

资料来源：《南岭北坡—赣南地区种子植物多样性编目和野生果树资源》。

分布：九连山。

156 苦苣苔科 Gesneriaceae

（716） 唇柱苣苔属 *Chirita*

■**光萼唇柱苣苔** *Chirita anachoreta* **Hance**

标本号：LYL00230。

分布：黄牛石有分布，生于岩石上。

用途：园林植物。

（717） 长蒴苣苔属 *Didymocarpus*

■**东南长蒴苣苔** *Didymocarpus hancei* **Hemsl.**

标本号：170420050。

分布：横坑水有分布，生于沟谷岩石上。

用途：园林植物。

（718） 半蒴苣苔属 *Hemiboea*

■**贵州半蒴苣苔** *Hemiboea cavaleriei* **Lévl.**

标本号：庐植 1604。

分布：大丘田、鹅公坑有分布，生于沟谷阴湿处。

用途：园林植物。

（719） 吊石苣苔属 *Lysionotus*

■**吊石苣苔** *Lysionotus pauciflorus* **Maxim.**

标本号：20160423235。

分布：虾公塘有分布，生于沟谷岩石上。
用途：园林植物。

（720）后蕊苣苔属 Opithandra

■龙南后蕊苣苔 *Opithandra burttii* W. T. Wang

标本号：Lau. S. K. 4622。

分布：大丘田、中迳有分布，生于沟谷岩石上。

用途：园林植物。

（721）马铃苣苔属 Oreocharis

■长瓣马铃苣苔 *Oreocharis auricula*（S. Moore）Clarke

标本号：170718120。

分布：九连山广布，生于沟谷岩石上。

用途：园林植物。

（722）报春苣苔 Primulina

■温氏报春苣苔 *Primulina wenii* Jian Li & L. J. Yan

标本号：LYL00001。

分布：大丘田、润洞有分布，生于路边岩石上。

157 车前科 Plantaginaceae

（723）毛麝香属 Adenosma

■毛麝香 *Adenosma glutinosum*（L.）Druce

标本号：JLS-6113。

分布：花露有分布，生于路边灌丛中。

用途：药用植物。

（724）石龙尾属 *Limnophila*

石龙尾 *Limnophila sessiliflora* (Vahl) Blume

标本号：LYL02981。

分布：九连山有分布，生于水沟池塘中。

用途：园林植物。

（725）车前属 *Plantago*

车前 *Plantago asiatia* L.

标本号：WGS-001。

分布：九连山广布，生于路边空地中。

用途：药用植物。

大车前 *Plantago major* L.

标本号：LYL02982。

分布：九连山广布，生于路边空地中。

用途：药用植物。

平车前 *Plantago depressa* Willd.

标本号：20170403094。

分布：九连山。

（726）婆婆纳属 *Veronica*

婆婆纳 *Veronica polita* Fries ［*Veronica didyma* Tenore］

标本号：D-2020。

分布：横坑水、坪坑有分布，生于沟边、荒地中。

用途：药用植物。

波斯婆婆纳 *Veronica persica* Poir.

标本号：PVHJX03282。

分布：九连山有分布，生于沟边、荒地中。

158 玄参科 Scrophulariaceae

（727）醉鱼草属 *Buddleja*

■白背枫（驳骨丹醉鱼草）*Buddleja asiatica* Lour.

标本号：LYL00969。

分布：九连山有分布，生于路旁荒地。

用途：药用植物。

■大叶醉鱼草 *Buddleja davidii* Fr.

标本号：LYL00970。

分布：九连山有分布，生于沟边水湿处。

用途：园林植物。

■醉鱼草 *Buddleja lindleyana* Fort.

标本号：X3772。

分布：九连山有分布，生于路旁或山坡灌丛中。

用途：园林植物。

159 母草科 Linderniaceae

（728）母草属 *Lindernia*

■长蒴母草 *Lindernia anagallis*（Burm. f.）Pennell

标本号：JPS20180717012。

分布：九连山有分布，生于荒地、草丛中。

用途：药用植物。

■泥花草 *Lindernia antipoda*（L.）Alston

标本号：LYL02820。

分布：古坑有分布，生于荒地、田野水沟边。

用途：药用植物。

■母草 *Lindernia crustacea*（L.）F. Muell

标本号：20160829013。

分布：九连山有分布，生于荒地、路边。

用途：药用植物。

■狭叶母草 *Lindernia micrantha* D. Don

标本号：PVHJX018462。

分布：九连山有分布，生于荒田河滩。

用途：药用植物。

■红骨草（红骨母草）*Lindernia montana*（Bl.）Koord

资料来源：《南岭北坡—赣南地区种子植物多样性编目和野生果树资源》。

分布：九连山。

■旱田草 *Limnophila ruellioides*（Colsm.）Pennell

标本号：LYL00193。

分布：九连山有分布，生于路边。

用途：药用植物。

■刺毛母草 *Lindernia setulosa*（Maxim.）Tuyama ex Hara

标本号：LYL01003。

分布：虾公塘有分布，生于路边。

用途：药用植物。

（729）蝴蝶草属 *Torenia*

■光叶蝴蝶草（长叶蝴蝶草）*Torenia asiatica* L. ［*Torenia glabra* Osbeck.］

标本号：FT17116。

分布：古坑、墩头有分布，生于山坡草丛中。

用途：药用植物。

■单色蝴蝶草 *Torenia concolor* Lindl.

标本号：LYL00633。

分布：墩头有分布，生于河边。

用途：药用植物。

■**紫斑蝴蝶草** *Torenia fordii* Hook. f.

资料来源：《南岭北坡—赣南地区种子植物多样性编目和野生果树资源》。

分布：九连山。

■**紫萼蝴蝶草** *Torenia violacea*（Azaola）Pennell

标本号：LYL00732。

分布：横坑水有分布，生于路边。

用途：药用植物。

160 胡麻科 Pedaliaceae

(730) 胡麻属 *Sesamum*

■* **芝麻** *Sesamum indicum* L.

分布：九连山有广泛栽培。

用途：粮油植物。

161 爵床科 Acanthaceae

(731) 十万错属 *Asystasia*

■**白接骨** *Asystasia neesiana*（Wall.）Nees

标本号：170820534。

分布：九连山广布，生于路边、沟谷中。

用途：药用植物。

(732) 水蓑衣属 *Hygrophila*

■**水蓑衣** *Hygrophila salicifolia*（Vahl.）Nees

标本号：LYL00560。

分布：九连山有分布，生于水田、沟边。

用途：药用植物。

(733) 叉序草属 *Isoglossa*

■叉序草 *Isoglossa collina* (T. Anders.) B. Hansen
标本号：160821610。
分布：虾公塘有分布，生于路边或林缘。
用途：药用植物。

(734) 爵床属 *Justicia*

■华南爵床 *Justicia austrosinensis* H. S. Lo
标本号：Dengsw1701。
分布：虾公塘广布，生于路边、荒地。
用途：药用植物。

■爵床 *Justicia procumbens* Linnaeus
标本号：LYL00196。
分布：九连山广布，生于路边、荒地。
用途：药用植物。

(735) 观音草属 *Peristrophe*

■九头狮子草 *Peristrophe japonica* (Thunb.) Bremek.
标本号：170820029。
分布：九连山广布，生于路边荒地及水边。
用途：药用植物。

(736) 芦莉草属 *Ruellia*

■*蓝花草 *Ruellia simplex* C. Wright
分布：龙南县城各公园有种植。
用途：园林植物。

（737）孩儿草属 *Rungia*

■**中华孩儿草 *Rungia chinensis* Benth.**

标本号：PVHJX018421。

分布：横坑水有分布，生于沟谷林下。

用途：药用植物。

（738）马蓝属 *Strobilanthes*

■**马蓝（板蓝）*Strobilanthes cusia*（Nees）O. Kuntze**

资料来源：《南岭北坡—赣南地区种子植物多样性编目和野生果树资源》。

分布：九连山。

用途：药用植物。

■**球花马蓝 *Strobilanthes dimorphotricha* Hance**

标本号：4803。

分布：九连山。

■**疏花马兰（疏花叉花草）*Strobilanthes divaricata*（Nees）Bremek.**

标本号：LYL02899。

分布：横坑水有分布，生于沟谷林缘。

用途：药用植物。

162 紫葳科 Bignoniaceae

（739）凌霄属 *Campsis*

■**凌霄 *Campsis grandiflora*（Thunb.）Schum.**

标本号：PVHJX09243。

分布：九连山有分布，攀缘于树上。

用途：园林植物。

(740) 菜豆树属 *Radermachera*

■* 菜豆树 *Radermachera sinica* (Hance) Hemsl.

分布：虾公塘有人工栽培。

用途：园林植物。

163 狸藻科 Lentibulariaceae

(741) 狸藻属 *Utricularia*

■ 黄花狸藻 *Utricularia aurea* Lour.

资料来源：《南岭北坡—赣南地区种子植物多样性编目和野生果树资源》。

分布：九连山。

■ 挖耳草 *Utricularia bifida* L.

标本号：XYF008274。

分布：九连山有分布，生于水田中。

用途：药用植物。

■ 短梗挖耳草 *Utricularia caerulea* L.

标本号：170825279。

分布：九连山。

■ 条纹挖耳草（圆叶挖耳草）*Utricularia striatula* J. Smith

标本号：JLS-6107。

分布：上湖有分布，生于水湿处。

用途：药用植物。

164 马鞭草科 Verbenaceae

(742) 假连翘属 *Duranta*

■* 假连翘 *Duranta erecta* Linnaeus

分布：龙南县广泛栽培。

用途：园林植物。

（743）马缨丹属 *Lantana*

■* 马缨丹 *Lantana camara* L.

标本号：G181014024。

分布：龙南县广泛栽培。

用途：园林植物。

（744）过江藤属 *Phyla*

■* 过江藤 *Phyla nodiflora*（L.）E. L. Greene

分布：龙南县城有栽培。

用途：园林植物。

（745）马鞭草属 *Verbena*

■ 马鞭草 *Verbena officinalis* L.

标本号：LYL00897。

分布：九连山广布，生于荒地路边。

用途：药用植物。

165 唇形科 Lamiaceae

（746）藿香属 *Agastache*

■ 藿香 *Agastache rugosa*（Fisch. et Mey.）O. Ktze.

标本号：L180719045。

分布：古坑有分布，生于菜园旁。

用途：药用植物。

（747）筋骨草属 *Ajuga*

■ 金疮小草 *Ajuga decumbens* Thunb.

标本号：160825834。

分布：九连山有分布，生于路边荒地。
用途：药用植物。

■**紫背金盘** *Ajuga nipponensis* Makino

标本号：LYL00993。
分布：坪坑有分布，生于路边荒地。
用途：药用植物。

（748）广防风属 *Anisomeles*

■**广防风** *Anisomeles indica* (Linnaeus) Kuntze

标本号：180404526。
分布：九连山有分布，生于沟谷及路边荒地。
用途：药用植物。

（749）紫珠属 *Callicarpa*

■**短柄紫珠** *Callicarpa brevipes* (Benth.) Hance

标本号：赵卫平673。
分布：虾公塘、黄牛石有分布，生于林缘及灌丛中。
用途：药用植物。

■**杜虹花** *Callicarpa formosana* Rolfe

标本号：170626080。
分布：九连山有分布，生于林缘、灌丛及疏林中。
用途：药用植物。

■**毛叶老鸦糊** *Callicarpa giraldii* var. *subcanescens* Rehder

标本号：PVHJX015803。
分布：中迳有分布，生于沟谷中。
用途：药用植物。

■**全缘叶紫珠** *Callicarpa integerrima* Champ.

标本号：161001888。

分布：大丘田、古坑有分布，生于林缘及灌丛中。

用途：药用植物。

■**长叶紫珠** *Callicarpa longifolia* **Lamk.**

资料来源：《南岭北坡—赣南地区种子植物多样性编目和野生果树资源》。

分布：九连山。

■**日本紫珠** *Callicarpa japonica* **Thunb.**

资料来源：《南岭北坡—赣南地区种子植物多样性编目和野生果树资源》。

分布：九连山。

■**长柄紫珠** *Callicarpa longipes* **Dunn**

标本号：XYF008304。

分布：新开迳有分布，生于疏林中。

■**尖尾枫** *Callicarpa longissima*（Hemsl.）**Merr.**

标本号：160806206。

分布：九连山。

■**窄叶紫珠** *Callicarpa membranacea* **Chang**

资料来源：《南岭北坡—赣南地区种子植物多样性编目和野生果树资源》。

分布：九连山。

■**红紫珠** *Callicarpa rubella* **Lindl.**

标本号：F481。

分布：九连山有分布，生于沟谷路边。

■**钝齿红紫珠** *Callicarpa rubella* f. *crenata* **C. Pei**

标本号：LYL00189。

分布：黄牛石有分布，生于林缘。

■**秃红紫珠** *Callicarpa rubella* var. *subglabra*（P´ei）**H. T. Chang**

资料来源：《南岭北坡—赣南地区种子植物多样性编目和野生果

树资源》。

分布：九连山。

（750）莸属 *Caryopteris*

■兰香草 *Caryopteris incana* (Thunb. ex Hout.) Miq.

资料来源：《江西种子植物名录》。

分布：九连山。

（751）大青属 *Clerodendrum*

■臭牡丹 *Clerodendrum bungei* Steud.

标本号：ZQ20110135。

分布：九连山广布，生于荒地路边。

用途：药用植物。

■灰毛大青 *Clerodendrum canescens* Wall. ex Walp.

标本号：庐植1661。

分布：花露有分布。

用途：园林植物。

■重瓣臭茉莉（大髻婆）*Clerodendrum chinense* (Osbeck) Mabberley

标本号：庐植823。

分布：坪坑有分布，生于荒地。

■大青 *Clerodendrum cyrtophyllum* Turcz.

标本号：LYL00603。

分布：九连山有分布，生于林缘路边。

用途：药用植物。

■白花灯笼（鬼灯笼）*Clerodendrum fortunatum* L.

标本号：160809327。

分布：九连山。

■赪桐 *Clerodendrum japonicum* (Thunb.) Sweet

标本号：PVHJX09329。

分布：黄牛石有分布，生于林缘路边。
用途：园林植物。

■**江西大青** *Clerodendrum kiangsiense* Merr. ex H. L. Li
标本号：170821057。
分布：九连山。

■**广东大青** *Clerodendrum kwangtungense* Hand. -Mazz.
标本号：X3819。
分布：虾公塘有分布。
用途：药用植物。

■**海通** *Clerodendrum mandarinorum* Diels
标本号：LYL02487。
分布：古坑、坪坑有分布，生于路旁、田边。
用途：药用植物。

（752）风轮菜属 *Clinopodium*

■**风轮菜** *Clinopodium chinense*（Benth.）O. Ktze.
标本号：LYL02846。
分布：九连山有分布，生于路旁草丛、田边荒地。

■**细风轮菜** *Clinopodium gracile*（Benth.）Matsum.
标本号：PVHJX018545。
分布：九连山有分布，生于路旁草丛、田边荒地。

（753）绵穗苏属 *Comanthosphace*

■**天人草** *Comanthosphace japonica*（Miq.）S. Moore
资料来源：《南岭北坡—赣南地区种子植物多样性编目和野生果树资源》。
分布：九连山。

(754) 香薷属 *Elsholtzia*

■**紫花香薷** *Elsholtzia argyi* Lévl.

标本号：X180721075。

分布：九连山。

■**海州香薷** *Elsholtzia splendens* Nakai ex F. Maekawa

标本号：LYL01003。

分布：九连山有分布，生于路旁草丛、田边荒地。

用途：药用植物。

(755) 活血丹属 *Glechoma*

■**活血丹** *Glechoma longituba* (Nakai) Kupr.

标本号：170421140。

分布：坪坑有分布，生于林缘荒地。

用途：药用植物。

(756) 锥花属 *Gomphostemma*

■**中华锥花** *Gomphostemma chinense* Oliv.

标本号：F180722017。

分布：九连山有分布，生于林下。

用途：药用植物。

(757) 四轮香属 *Hanceola*

■**出蕊四轮香** *Hanceola exserta* Sun

资料来源：《南岭北坡—赣南地区种子植物多样性编目和野生果树资源》。

分布：九连山。

(758) 香茶菜属 *Isodon*

■香茶菜 *Isodon amethystoides*（Bentham）H. Hara

标本号：LYL00705。

分布：古坑、坪坑有分布，生于荒地。

用途：药用植物。

■短距香茶菜 *Isodon brevicalcaratus*（C. Y. Wu & H. W. Li）H. Hara

标本号：Dengsw1671。

分布：黄牛石有分布，生于路边、林缘。

用途：药用植物。

■内折香茶菜 *Isodon inflexus*（Thunberg）Kudo

标本号：LYL02818。

分布：九连山有分布，生于路边、林缘。

用途：药用植物。

■线纹香茶菜 *Isodon lophanthoides*（Buchanan-Hamilton ex D. Don）H. Hara

标本号：161003078。

分布：九连山有分布，生于路边林缘、河滩等。

用途：药用植物。

■小花线纹香茶菜 *Isodon lophanthoides* var. *micranthus*（C. Y. Wu）H. W. Li

标本号：LYL02986。

分布：古坑、上围、横坑水有分布，生于沟谷、山坡草丛中。

用途：药用植物。

(759) 香简草属 *Keiskea*

■香薷状香简草 *Keiskea elsholtzioides* Merr.

标本号：PVHJX05564。

分布：下湖有分布，生于路边。
用途：药用植物。

（760）益母草属 *Leonurus*

■益母草 *Leonurus artemisia* (Lour.) S. Y. Hu

标本号：LYL00108。

分布：九连山广布，生于路边荒地。

用途：药用植物。

（761）龙头草属 *Meehania*

■走茎龙头草 *Meehania fargesii* (Lévl.) G. Y. Wu var. *radicans* (Vant.) C. Y. Wu

资料来源：《南岭北坡—赣南地区种子植物多样性编目和野生果树资源》。

分布：九连山。

用途：药用植物。

（762）薄荷属 *Mentha*

■薄荷 *Mentha haplocalyx* Briq.

标本号：LHY1002009。

分布：古坑、墩头有分布，生于水沟边。

用途：药用植物。

■*留兰香 *Mentha spicata* L.

分布：菜园栽培，坪坑、墩头有种植。

用途：药用植物。

（763）姜味草属 *Micromeria*

■小香薷 *Micromeria barosma* (W. W. Smith) Hand. -Mazz.

资料来源：《南岭北坡—赣南地区种子植物多样性编目和野生果

树资源》。

分布：九连山。

（764）石荠苎属 *Mosla*

■石香薷 *Mosla chinensis* Maxim.

标本号：张海道5346。

分布：九连山。

■小鱼仙草 *Mosla dianthera*（Buch.-Ham. ex Roxburgh）Maxim.

标本号：LYL00048。

分布：九连山有分布，生于田野、荒地、河滩。

用途：药用植物。

■石荠苎 *Mosla scabra*（Thunb.）C. Y. Wu et H. W. Li

标本号：LYL00648。

分布：九连山有分布，生于田野、河滩。

用途：药用植物。

（765）罗勒属 *Ocimum*

■*罗勒 *Ocimum basilicum* L.

分布：菜园种植，坪坑、墩头有分布。

用途：药用植物。

（766）假糙苏属 *Paraphlomis*

■曲茎假糙苏 *Paraphlomis foliata*（Dunn）C. Y. Wu et H. W. Li

标本号：LYL02706。

分布：虾公塘有分布，生于林缘。

用途：药用植物。

■狭叶假糙苏 *Paraphlomis javanica* var. *angustifolia*（C. Y. Wu）C. Y. Wu & H. W. Li

标本号：xwd004。

分布：墩头有分布，生于林下。
用途：药用植物。

■**长叶假糙苏** *Paraphlomis lanceolata* Hand.-Mazz.

标本号：170626012。

分布：九连山。

用途：药用植物。

（767）紫苏属 *Perilla*

■**紫苏** *Perilla frutescens*（L.）Britt.

标本号：LYL00511。

分布：九连山有分布，生于路边荒地。

用途：药用植物。

■**回回苏** *Perilla frutescens* var. *crispa*（Thunb.）Hand.-Mazz.

标本号：LYL00997。

分布：栽培或野生，大丘田、墩头有分布。

用途：药用植物。

■**野生紫苏** *Perilla frutescens* var. *purpurascens*（Hayata）H. W. Li

标本号：L180721026。

分布：九连山分布，生于路边荒地。

用途：药用植物。

（768）刺蕊草属 *Pogostemon*

■**水珍珠菜** *Pogostemon auricularius*（L.）Hassk.

标本号：LYL002987。

分布：古坑有分布，生于河边田边水沟处。

用途：药用植物。

■**广藿香** *Pogostemon cablin*（Blanco）Benth.

标本号：LYL02842。

分布：黄牛石有分布，生于林中。
用途：药用植物。

（769）豆腐柴属 *Premna*

■黄药 *Premna cavaleriei* Levl.

标本号：ZQ20110081。
分布：九连山。
用途：药用植物。

■豆腐柴 *Premna microphylla* Turcz.

标本号：LYL02265。
分布：九连山有分布，生于荒山灌丛中。
用途：药用植物。

（770）夏枯草属 *Prunella*

■夏枯草 *Prunella vulgaris* L.

标本号：PVHJX05358。
分布：九连山有分布，生于路边荒地。
用途：药用植物。

（771）迷迭香属 *Rosmarinus*

■*迷迭香 *Rosmarinus officinalis* L.

分布：虔心小镇有栽培。
用途：药用植物。

（772）鼠尾草属 *Salvia*

■血盆草 *Salvia cavaleriei* Lévl. var. *simplicifolia* Stib.

资料来源：《南岭北坡—赣南地区种子植物多样性编目和野生果树资源》。

分布：九连山。

■华鼠尾草 *Salvia chinensis* Benth.

标本号：170423251。

分布：九连山有分布，生于林缘、路旁、河滩。

用途：药用植物。

■鼠尾草 *Salvia japonica* Thunb.

标本号：LYL00598。

分布：九连山有分布，生于林缘、路旁、河滩。

用途：药用植物。

（773）四棱草属 *Schnabelia*

■四棱草 *Schnabelia oligophylla* Hand. -Mazz.

资料来源：《南岭北坡—赣南地区种子植物多样性编目和野生果树资源》。

分布：九连山。

（774）黄芩属 *Scutellaria*

■半枝莲 *Scutellaria barbata* D. Don

标本号：LYL00971。

分布：古坑有分布，生于田野、路旁。

用途：药用植物。

■韩信草 *Scutellaria indica* L.

标本号：LYL02843。

分布：九连山广布，生于林旁、路边。

■假活血草 *Scutellaria tuberifera* C. Y. Wu et C. Chen

标本号：LYL02788。

分布：坪坑有分布，生于林旁、路边。

用途：药用植物。

(775) 筒冠花属 *Siphocranion*

■光柄筒冠花 *Siphocranion nudipes* (Hemsl.) Kudo

资料来源:《南岭北坡—赣南地区种子植物多样性编目和野生果树资源》。

分布:九连山。

(776) 水苏属 *Stachys*

■水苏 *Stachys japonica* Miq.

标本号:ZQ20120064。

分布:九连山有分布,生于路边、荒地。

用途:药用植物。

■细柄针筒菜 *Stachys oblongifolia* var. *leptopoda* (Hayata) C. Y. Wu

资料来源:《南岭北坡—赣南地区种子植物多样性编目和野生果树资源》。

分布:九连山。

■甘露子 *Stachys sieboldii* Miquel

标本号:LYL02848。

分布:九连山有分布,生于路边、沟谷。

用途:药用植物。

(777) 香科科属 *Teucrium*

■铁轴草 *Teucrium quadrifarium* Buch. -Ham. ex D. Don

标本号:Q0329。

分布:虾公塘有分布,生于山坡灌丛及路边。

用途:药用植物。

（778）牡荆属 *Vitex*

■黄荆 *Vitex negundo* L.

标本号：G181028015。

分布：九连山有分布，生于山路旁、山坡灌丛中。

用途：药用植物。

■牡荆 *Vitex negundo* L. var. *cannabifolia* (Sieb. et Zucc.) Hand.-Mazz.

标本号：T180722006。

分布：九连山有分布，生于山路旁、山坡灌丛中。

用途：药用植物。

■山牡荆 *Vitex quinata* (Lour.) Will.

标本号：160808294。

分布：大丘田、武当山有分布，生于路旁。

用途：药用植物。

166 泡桐科 Paulowniaceae

（779）泡桐属 *Paulownia*

■*白花泡桐 *Paulownia fortunei* (Seem.) Hemsl.

分布：九连山有分布，栽培或野生。

用途：用材树种。

■*台湾泡桐 *Paulownia kawakamii* Ito

分布：九连山有分布，栽培或野生。

用途：用材树种。

167 列当科 Orobanchaceae

（780）野菰属 *Aeginetia*

■中国野菰 *Aeginetia sinensis* G. Beck

标本号：LYL00573。

分布：九连山零星分布，生于山坡草地及林缘。

用途：药用植物。

（781）来江藤属 *Brandisia*

■岭南来江藤 *Brandisia swinglei* Merr.

资料来源：《南岭北坡—赣南地区种子植物多样性编目和野生果树资源》。

分布：九连山。

（782）黑草属 *Buchnera*

■黑草 *Buchnera cruciata* Buch. Mutis ex. L. f. Hamilt.

资料来源：《南岭北坡—赣南地区种子植物多样性编目和野生果树资源》。

分布：九连山。

（783）胡麻草属 *Centranthera*

■胡麻草 *Centranthera cochinchinensis*（Lour.）Merr.

资料来源：《南岭北坡—赣南地区种子植物多样性编目和野生果树资源》。

分布：九连山。

（784）山罗花属 *Melampyrum*

■山罗花 *Melampyrum roseum* Maxim.

标本号：160730009。

分布：黄牛石有分布，生于高山草甸中。
用途：药用植物。

（785）马先蒿属 *Pedicularis*

■亨氏马先蒿（江南马先蒿）*Pedicularis henryi* Maxim.
标本号：170423220。
分布：九连山。
用途：药用植物。

（786）松蒿属 *Phtheirospermum*

■松蒿 *Phtheirospermum japonicum*（Thunb.）Kanitz
标本号：PVHJX018465。
分布：横坑水有分布，生于路边草丛中。
用途：药用植物。

（787）阴行草属 *Siphonostegia*

■阴行草 *Siphonostegia chinensis* Benth.
标本号：PVHJX08470。
分布：九连山有分布，生于山坡草丛中。
用途：药用植物。

■腺毛阴行草 *Siphonostegia laeta* S. Moore
标本号：170824236。
分布：九连山有分布，生于路边岩石上。
用途：药用植物。

（788）独脚金属 *Striga*

■独脚金 *Striga asiatica*（L.）O. Kuntze.
标本号：LYL01010。
分布：黄牛石有分布，生于路边草丛中。

用途：药用植物。

168 冬青科 Aquifoliaceae

（789）冬青属 *Ilex*

■满树星 *Ilex aculeolata* Nakai

标本号：170424281。

分布：九连山有分布，生于荒山灌丛中。

用途：药用植物。

■秤星树 *Ilex asprella*（Hook. et Arn.）Champ. ex Benth.

标本号：170421120。

分布：黄牛石、鹅公坑有分布，生于路边灌丛中。

用途：药用植物。

■黄杨冬青 *Ilex buxoides* S. Y. Hu

标本号：161001995。

分布：虾公塘有分布，生于山坡林中。

用途：园林植物。

■凹叶冬青 *Ilex championii* Loes.

标本号：T180723134。

分布：虾公塘有分布，生于阔叶林中。

用途：园林植物。

■冬青 *Ilex chinensis* Sims.

标本号：LYL02341。

分布：九连山有分布，生于阔叶林中。

用途：园林植物。

■枸骨 *Ilex cornuta* Lindl. et Paxt.

标本号：G181014049。

分布：九连山有零星分布，生于沟谷边。

用途：园林植物。

■* '无刺枸骨' *Ilex cornuta* 'National'

分布：龙南县广泛栽培。

用途：园林植物。

■* 龟甲冬青 *Ilex crenata* var. *convexa* Makino

分布：园林植物，龙南县城各公园有栽培。

用途：园林植物。

■黄毛冬青 *Ilex dasyphylla* Merr.

标本号：LYL02223。

分布：横坑水、大丘田有分布，生于山坡林中。

用途：药用植物。

■显脉冬青 *Ilex editicostata* Hu et Tang

标本号：170719164。

分布：虾公塘有分布，生于阔叶林中。

用途：药用植物。

■厚叶冬青 *Ilex elmerrilliana* S. Y. Hu

标本号：160805051。

分布：花露有分布，生于阔叶林中。

用途：药用植物。

■硬叶冬青 *Ilex ficifolia* C. J. Tseng ex S. K. Chen et Y. X. Feng

标本号：Q13139。

分布：九连山。

■皱柄冬青（盘柱冬青）*Ilex kengii* S. Y. Hu

标本号：160805022。

分布：虾公塘有分布，生于阔叶林中。

用途：药用植物。

■江西满树星 *Ilex kiangsiensis* (S. Y. Hu) C. J. Tseng et B. W. Liu

标本号：Dengsw1677。

分布：黄牛石有分布，生于阔叶林中。

用途：药用植物。

■**广东冬青** *Ilex kwangtungensis* Merr.

标本号：T180725008。

分布：九连山有零星分布，生于阔叶林中。

用途：药用植物。

■**木姜冬青** *Ilex litseifolia* Hu & T. Tang

标本号：20160405036。

分布：虾公塘有分布，生于山顶矮林中。

用途：药用植物。

■**矮冬青** *Ilex lohfauensis* Merr.

标本号：LYL02251。

分布：九连山有分布，生于林缘。

用途：园林植物。

■**小果冬青** *Ilex micrococca* Maxim.

标本号：20160401006。

分布：下湖、花露、斜坡水有分布，生于山坡林中。

用途：园林植物。

■**具柄冬青** *Ilex pedunculosa* Miq.

标本号：Lhs25147。

分布：下湖有分布，生于阔叶林中。

用途：药用植物。

■**毛冬青** *Ilex pubescens* Hook. et Arn.

标本号：LYL02276。

分布：九连山广布，生于林缘灌丛中。

用途：药用植物。

■**铁冬青** *Ilex rotunda* Thunb.

标本号：LYL00787。

分布：九连山广布，生于河边。

用途：园林植物。

■**拟榕叶冬青** *Ilex subficoidea* **S. Y. Hu**

标本号：20161104096。

分布：九连山。

■**四川冬青** *llex szechwanensis* **Loes**

标本号：T180720020。

分布：九连山有分布，生于阔叶林中。

用途：园林植物。

■**三花冬青（茶果冬青）** *Ilex theicarpa* **Hand. -Mazz.**

标本号：LYL00637。

分布：九连山广布，生于阔叶林中。

用途：园林植物。

■**紫果冬青** *Ilex tsoii* **Merr. et Chun**

标本号：160823725。

分布：九连山有零星分布，生于阔叶林中。

■**罗浮冬青（南岭冬青）** *Ilex tutcheri* **Merr.**

资料来源：《南岭北坡—赣南地区种子植物多样性编目和野生果树资源》。

分布：九连山。

169 桔梗科 Campanulaceae

（790）党参属 *Codonopsis*

■**羊乳** *Codonopsis lanceolata*（Sieb. et Zucc.）**Trautv.**

标本号：LYL02330。

分布：九连山有分布，生于路旁灌丛中。

用途：药用植物。

（791）轮钟花属 *Cyclocodon*

■长叶轮钟草（轮钟花）*Cyclocodon lancifolius* (Roxburgh) Kurz

标本号：ZQ20110089。

分布：花露有分布，生于路边。

用途：药用植物。

（792）金钱豹属 *Campanumoea*

■金钱豹（大花金钱豹）*Campanumoea javanica* Bl.

标本号：LYL02699。

分布：九连山有分布，生于林缘灌丛中。

用途：药用植物。

（793）半边莲属 *Lobelia*

■半边莲 *Lobelia chinensis* Lour.

标本号：LYL00973。

分布：九连山广布，生于路边、田野、菜园。

用途：药用植物。

■线萼山梗菜 *Lobelia melliana* E. Wimm.

标本号：LYL00589。

分布：九连山有分布，生于林缘。

用途：药用植物。

（794）桔梗属 *Platycodon*

■桔梗 *Platycodon grandiflorus* (Jacq.) A. DC.

资料来源：《江西种子植物名录》。

分布：九连山。

用途：药用植物。

（795）蓝花参属 *Wahlenbergia*

■蓝花参 *Wahlenbergia marginata* (Thunb.) A. DC.

标本号：PVHJX05657。

分布：古坑、坪坑有分布，生于田野河边。

用途：药用植物。

170 菊科 Asteraceae

帚菊木亚科 Mutisioideae　帚菊木族 Mutisieae
（796）和尚菜属 *Adenocaulon*

■和尚菜 *Adenocaulon himalaicum* Edgew.

资料来源：《江西种子植物名录》。

分布：九连山。

用途：药用植物。

菜蓟亚科 Carduoideae　菜蓟族 Cardueae
（797）蓟属 *Cirsium*

■蓟 *Cirsium japonicum* Fisch. ex DC.

标本号：XYF008348。

分布：九连山广布，生于沟谷河边水湿处。

用途：药用植物。

■线叶蓟（湖北蓟）*Cirsium hupehense* Pamp.

资料来源：《江西种子植物名录》。

分布：九连山。

■刺儿菜 *Cirsium arvense* var. *integrifolium* C. Wimm. et Grabowski

标本号：PVHJX03632。

分布：古坑、墩头有分布，生于荒地。

用途：药用植物。

(798) 泥胡菜属 Hemisteptia

■泥胡菜 Hemisteptia lyrata (Bunge) Bunge
标本号：LYL00868。
分布：九连山广布，生于菜地菜园。
用途：药用植物。

(799) 须弥菊属 Himalaiella

■三角叶须弥菊（三角叶凤毛菊）Himalaiella deltoidea (DC.) Raab-Straube
标本号：20160827014。
分布：九连山。

(800) 漏芦属 Rhaponticum

■华漏芦（华麻花头）Rhaponticum chinense (S. Moore) L. Martins & Hidalgo [Serratula chinensis S. Moore]
标本号：LYL00974。
分布：九连山广布，生于沟谷、路边。
用途：药用植物。

(801) 风毛菊属 Saussurea

■草地风毛菊 Saussurea glomerata Poir.
标本号：LYL02851。
分布：横坑水、黄牛石有分布，生于路边草丛中。
用途：药用植物。

(802) 水飞蓟属 Silybum

■*水飞蓟（老鼠筋、小飞蓟）Silybum marianum (L.) Gaertn.
分布：横坑水引种栽培。
用途：药用植物。

寻菊亚科 Pertyoideae　寻菊族 Pertyeae
（803）兔儿风属 *Ainsliaea*

■**杏香兔儿风 *Ainsliaea fragrans* Champ.**

标本号：LYL00541。

分布：九连山广布，生于路边草丛中。

用途：药用植物。

■**长穗兔儿风 *Ainsliaea henryi* Diels**

标本号：170720176。

分布：九连山。

用途：药用植物。

■**铁灯兔儿风（阿里山兔儿风）*Ainsliaea macroclinidioides* Hayata**

标本号：LYL00151。

分布：黄牛石有分布，生于路边。

用途：药用植物。

■**华南兔儿风 *Ainsliaea walkeri* Hook. f.**

资料来源：《南岭北坡—赣南地区种子植物多样性编目和野生果树资源》。

分布：九连山。

用途：药用植物。

菊苣亚科 Cichorioideae　菊苣族 Cichorieae
（804）假还阳参属 *Crepidiastrum*

■**黄瓜假还阳参 *Crepidiastrum denticulatum*（Houttuyn）Pak & Kawano**

标本号：PVHJX012628。

分布：中迳有分布，生于路边。

用途：药用植物。

（805） 苦荬菜属 *Ixeris*

■山苦荬（中华苦荬菜）*Ixeris chinensis* (Thunb.) Nakai

标本号：LYL00124。

分布：九连山有分布，生长于荒田中。

用途：果蔬植物。

■剪刀股 *Ixeris japonica* (Burm. F.) Nakai

标本号：PVHJX018469。

分布：九连山广布，生于村旁、路边。

用途：药用植物。

■苦荬菜（多头苦荬菜）*Ixeris polycephala* Cass.

标本号：LYL00131。

分布：九连山有分布，生于路边、菜地。

用途：果蔬植物。

（806） 莴苣属 *Lactuca*

■*莴苣 *Lactuca sativa* L.

分布：菜园广泛种植。

用途：果蔬植物。

■*生菜 *Lactuca sativa* var. *ramosa* Hort.

分布：菜园广泛种植。

用途：果蔬植物。

■山莴苣 *Lactuca sibirica* (L.) Benth. ex Maxim.

标本号：LYL02794。

分布：九连山广布，生于沟谷林缘及疏林中。

用途：果蔬植物。

(807) 稻槎菜属 *Lapsanastrum*

■稻槎菜 *Lapsanastrum apogonoides* (Maximowicz) Pak & K. Bremer

标本号：LYL02855。

分布：九连山广布，生于稻田中。

用途：药用植物。

(808) 假福王草属 *Paraprenanthes*

■假福王草（堆莴苣）*Paraprenanthes sororia* (Miq.) Shih

标本号：PVHJX016171。

分布：中迳有分布，生于林下灌丛中。

用途：药用植物。

(809) 黄鹌菜属 *Youngia*

■黄鹌菜 *Youngia japonica* (L.) DC.

标本号：XYF008234。

分布：九连山广布，生于路边、荒地中。

用途：药用植物。

斑鸠菊族 Vernonieae
(810) 地胆草属 *Elephantopus*

■地胆草 *Elephantopus scaber* L.

标本号：G181028014。

分布：九连山有零星分布，生于田野、路边。

用途：药用植物。

(811) 铁鸠菊属 *Vernonia*

■夜香牛 *Vernonia cinerea* (L.) Less.

标本号：LYL00550。

分布：古坑、横坑水有分布，生于路边及荒地中。
用途：药用植物。

紫菀亚科 Asteroideae　千里光族 Senecioneae
（812）野茼蒿属 Crassocephalum

■野茼蒿 *Crassocephalum crepidioides*（Benth.）S. Moore

标本号：LYL00055。

分布：九连山广布，生于荒地中。

用途：果蔬植物。

（813）一点红属 *Emilia*

■小一点红 *Emilia prenanthoidea* DC.

标本号：LYL02987。

分布：九连山有分布，生于荒地中。

用途：药用植物。

■一点红 *Emilia sonchifolia*（L.）DC.

标本号：G180916010。

分布：九连山广布，生于路边及荒地中。

用途：药用植物。

（814）菊芹属 *Erechtites*

■*饥荒草（梁子菜）*Erechtites hieraciifolius*（L.）Raf. ex DC.

分布：菜园栽培。

用途：果蔬植物。

（815）千里光属 *Senecio*

■千里光 *Senecio scandens* Buch. -Ham. ex D. Don

标本号：PVHJX012764。

分布：九连山广布，生于林缘及路边。

用途：药用植物。

金盏花族 Calenduleae
（816） 金盏花属 *Calendula*

■* 金盏菊（金盏花）*Calendula officinalis* L.
分布：园林栽培。
用途：观赏植物。

鼠麴草族 Gnaphalieae
（817） 鼠麴草属 *Gnaphalium*

■ 宽叶鼠麴草（宽叶拟鼠麴草）*Gnaphalium adnatum*（Wall. ex DC.）Kitam.
标本号：庐植 1648。
分布：九连山广布，生于荒山草丛及路边林缘。
用途：药用植物。

■ 鼠麴草（拟鼠麴草）*Gnaphalium affine* D. Don
标本号：160810359。
分布：九连山广布，生于路边及荒地中。
用途：药用植物。

■ 秋拟鼠麴草 *Gnaphalium hypoleucum* DC.
标本号：LYL02850。
分布：九连山广布，生于山坡草丛中。
用途：药用植物。

■ 细叶鼠麴草 *Gnaphalium japonicum* Thunb.
标本号：LYL02766。
分布：古坑、坪坑有分布，生于田野及路边水湿地。
用途：药用植物。

■ 多茎鼠麴草 *Gnaphalium polycaulon* Pers.
标本号：LYL02887。

分布：古坑、坪坑有分布，生于路边、菜地。

紫菀族 Astereae
（818）紫菀属 *Aster*

■三脉紫菀 *Aster ageratoides* Turcz.

标本号：PVHJX012706。

分布：九连山广布，生于路边、荒地及沟谷中。

用途：药用植物。

■毛枝三脉紫菀 *Aster ageratoides* var. *lasiocladus*（Hayata）Hand. -Mazz.

资料来源：《南岭北坡—赣南地区种子植物多样性编目和野生果树资源》。

分布：九连山。

■宽伞三脉紫菀 *Aster ageratoides* var. *laticorymbus*（Vant.）Hand. -Mazz.

资料来源：《南岭北坡—赣南地区种子植物多样性编目和野生果树资源》。

分布：九连山。

■微糙三脉紫菀 *Aster ageratoides* var. *scaberulus*（Miq.）Ling.

标本号：张海道 5227。

分布：九连山。

■琴叶紫菀 *Aster panduratus* Nees ex Walper.

资料来源：《南岭北坡—赣南地区种子植物多样性编目和野生果树资源》。

分布：九连山。

（819）鱼眼草属 *Dichrocephala*

■鱼眼草 *Dichrocephala integrifolia*（Linnaeus f.）Kuntze

标本号：LYL00642。

分布：九连山分布，生于路边、荒地及河边。
用途：药用植物。

(820) 飞蓬属 *Erigeron*

■千层塔（一年蓬）*Erigeron annuus* (L.) Pers.

标本号：LYL02128。
分布：九连山有分布，生于路边、荒地及河边。
用途：药用植物。

■香丝草（小白酒草）*Erigeron bonariensis* L. ［*Conyza bonariensis* (L.) Cronq.］

标本号：160807240。
分布：九连山广布，生于路边、河滩。
用途：药用植物。

(821) 白酒草属 *Eschenbachia*

■白酒草 *Eschenbachia japonica* (Thunb.) J. Kost. ［*Conyza japonica* (Thunb.) Less.］

标本号：LYL00097。
分布：九连山有分布，生于路边荒地。
用途：药用植物。

(822) 一枝黄花属 *Solidago*

■一枝黄花 *Solidago decurrens* Lour.

标本号：LYL00152。
分布：龙南县有分布，生于公路边，为入侵植物

春黄菊族 Anthemideae
(823) 蒿属 *Artemisia*

■奇蒿（六月霜）*Artemisia anomala* S. Moore

标本号：LYL00702。

分布：九连山广布，生于荒地、林缘。

用途：药用植物。

■艾（艾蒿）*Artemisia argyi* Lévl. et Van.

标本号：LYL00044。

分布：九连山广布，生于荒地、路边。

用途：药用植物。

■茵陈蒿 *Artemisia capillaris* Thunb.

标本号：170824229。

分布：古坑有分布，生于田野河滩。

用途：药用植物。

■牡蒿 *Artemisia japonica* Thunb.

标本号：160820569。

分布：九连山广布，生于河滩、路边。

用途：药用植物。

■白苞蒿 *Artemisia lactiflora* Wall. ex DC.

标本号：161003038。

分布：九连山广布，生于荒地、路边。

用途：药用植物。

■野艾蒿 *Artemisia lavandulaefolia* DC.

资料来源：《南岭北坡—赣南地区种子植物多样性编目和野生果树资源》。

分布：九连山。

用途：药用植物。

■魁蒿 *Artemisia princeps* Pamp.

标本号：LYL02789。

分布：九连山广布，生于荒地。

用途：药用植物。

■阴地蒿 *Artemisia sylvatica* Maxim

资料来源：《南岭北坡—赣南地区种子植物多样性编目和野生果

树资源》。

分布：九连山。

（824）菊属 Chrysanthemum

*野菊 Chrysanthemum indicum Linnaeus

标本号：LYL00528。

分布：龙南县城有栽培，园林种植。

用途：园林植物。

甘野菊（甘菊）Chrysanthemum lavandulifolium var. seticuspe (Maxim.) Shih

标本号：LYL02854。

分布：九连山广布，生于田野荒地路边。

用途：园林植物。

*菊花 Chrysanthemum × morifolium Ramat.

分布：龙南县广泛栽培。

用途：园林植物。

（825）茼蒿属 Glebionis

*茼蒿 Glebionis coronaria (Linnaeus) Cassini ex Spach

分布：菜园广泛栽培。

用途：果蔬植物。

旋覆花族 Inuleae
（826）艾纳香属 Blumea

七里明 Blumea clarkei Hook. f.

标本号：LYL02849。

分布：古坑有分布，生于山坡草丛中。

用途：药用植物。

■台北艾纳香 *Blumea formosana* Kitam.

标本号：PVHJX018423。

分布：虾公塘有分布，生于路边。

用途：药用植物。

■毛毡草 *Blumea hieracifolia*（D. Don）DC.

资料来源：《南岭北坡—赣南地区种子植物多样性编目和野生果树资源》。

分布：九连山。

■东风草 *Blumea megacephala*（Randeria）Chang et Tseng

标本号：LYL00570。

分布：九连山有分布，生于林缘。

用途：药用植物。

■长圆叶艾纳香 *Blumea oblongifolia* Kitam.

标本号：161001875。

分布：古坑、墩头有分布，生于路边及山坡灌丛中。

用途：药用植物。

（827）天名精属 *Carpesium*

■天名精 *Carpesium abrotanoides* L.

标本号：LYL00571。

分布：古坑有分布，栽培或野生。

用途：药用植物。

■烟管头草 *Carpesium cernuum* L.

标本号：XYF008265。

分布：九连山。

■金挖耳 *Carpesium divaricatum* Sieb. et Zucc.

标本号：庐植 1582。

分布：虾公塘有分布，生于林下。

用途：药用植物。

（828）羊耳菊属 *Duhaldea*

■羊耳菊 *Duhaldea cappa* (Buchanan-Hamilton ex D. Don) Pruski & Anderberg

标本号：160820578。

分布：九连山广布，生于山坡灌丛中。

用途：药用植物。

（829）鹅不食草属 *Epaltes*

■鹅不食草 *Epaltes australis* Less.

标本号：LYL02893。

分布：九连山广布，生于水田埂上。

用途：药用植物。

（830）六棱菊属 *Laggera*

■六棱菊 *Laggera alata* (D. Don) Sch. -Bip. ex Oliv.

标本号：LYL00998。

分布：古坑有分布，生于荒山灌丛中。

用途：药用植物。

金鸡菊族 Coreopsideae
（831）鬼针草属 *Bidens*

■婆婆针 *Bidens bipinnata* L.

标本号：张海道 5317。

分布：九连山，生于荒地。

用途：药用植物。

■金盏银盘 *Bidens biternata* (Lour.) Merr. et Sherff

标本号：T180724008。

分布：古坑、上围有分布，生于荒地。
用途：药用植物。

■ **鬼针草** *Bidens pilosa* **L.**

标本号：LYL00041。
分布：九连山广布，生于路边荒地。
用途：药用植物。

■ **狼杷草** *Bidens tripartita* **L.**

标本号：HM-45。
分布：虾公塘、下湖有分布，生于荒地、村边。
用途：药用植物。

（832）金鸡菊属 *Coreopsis*

■* **大花波斯菊** *Coreopsis grandiflora* **Hogg.**

分布：龙南县城有栽培。
用途：观赏植物。

（833）大丽花属 *Dahlia*

■* **大丽花** *Dahlia pinnata* **Cav.**

标本号：XYF010103。
分布：上围有栽培。
用途：观赏植物。

万寿菊族 Tageteae
（834）万寿菊属 *Tagetes*

■* **万寿菊** *Tagetes erecta* **L.**

分布：龙南县城有栽培。
用途：园林植物。

向日葵族 Helianthes
(835) 鳢肠属 *Eclipta*

■鳢肠 *Eclipta prostrata* (L.) L.

标本号：W70825292。

分布：九连山广布，生于荒地中。

用途：药用植物。

(836) 向日葵属 *Helianthus*

■*向日葵 *Helianthus annuus* L.

分布：龙南县有栽培。

用途：园林植物。

■*菊芋 *Helianthus tuberosus* L.

分布：龙南县广泛栽培。

用途：果蔬植物。

(837) 孪花菊属 *Wollastonia*

■山蟛蜞菊 *Wollastonia montana* (Blume) Candolle [*Wedelia wallichii* Less.]

标本号：LYL02890。

分布：九连山广布。

用途：药用植物。

(838) 苍耳属 *Xanthium*

■苍耳 *Xanthium strumarium* L. [*Xanthium sibiricum* Patrin ex Widder]

标本号：T180718008。

分布：九连山广布，生于荒地中。

用途：药用植物。

（839）百日菊属 *Zinnia*

■* 百日菊 *Zinnia elegans* Jacq.

分布：上围有栽培。

用途：园林植物。

米勒菊族 Millerieae
（840）牛膝菊属 *Galinsoga*

■牛膝菊 *Galinsoga parviflora* Cav.

标本号：LYL00878。

分布：九连山广布，生于荒地、路边，外来杂草。

（841）豨莶属 *Sigesbeckia*

■豨莶 *Sigesbeckia orientalis* Linnaeus

标本号：161001945。

分布：九连山有分布，生于沟谷、荒地。

用途：药用植物。

泽兰族 Eupatorieae
（842）下田菊属 *Adenostemma*

■下田菊 *Adenostemma lavenia* (L.) O. Kuntze.

标本号：170421164。

分布：九连山广布，生于水边。

用途：药用植物。

（843）紫茎泽兰属 *Ageratina*

■破坏草 *Ageratina adenophora* (Sprengel) R. M. King & H. Robinson

标本号：LYL02765。

分布：沿公路分布，为入侵物种。

（844）藿香蓟属 *Ageratum*

■**藿香蓟** *Ageratum conyzoides* L.
标本号：L180719045。
分布：九连山广布，生于路边荒地。
用途：药用植物。

（845）泽兰属 *Eupatorium*

■**华泽兰** *Eupatorium chinense* L.
标本号：LYL02853。
分布：九连山有分布，生于路边荒地。
用途：药用植物。

（846）假臭草属 *Praxelis*

■**假臭草** *Praxelis clematidea* Cassini
标本号：LYL00975。
分布：黄牛石有分布，农田杂草。

未定位置 Unplaced
（847）石胡荽属 *Centipeda*

■**石胡荽** *Centipeda minima*（L.）A. Br. et Aschers.
标本号：LYL00983。
分布：九连山广布，生于路边荒地。
用途：药用植物。

171 五福花科 Adoxaceae

（848）接骨木属 *Sambucus*

■**接骨草** *Sambucus javanica* Blume
标本号：LYL00699。

分布：九连山广布，生于田野路边、沟谷。

用途：药用植物。

■接骨木 *Sambucus williamsii* Hance

资料来源：《南岭北坡—赣南地区种子植物多样性编目和野生果树资源》。

分布：九连山。

用途：药用植物。

（849）荚蒾属 *Viburnum*

■金腺荚蒾（毛枝金腺荚蒾）*Viburnum chunii* var. *piliferum* Hsu

资料来源：《南岭北坡—赣南地区种子植物多样性编目和野生果树资源》。

分布：九连山。

■樟叶荚蒾 *Viburnum cinnamomifolium* Rehd.

资料来源：《南岭北坡—赣南地区种子植物多样性编目和野生果树资源》。

分布：九连山。

■水红木 *Viburnum cylindricum* Buch. -Ham. ex D. Don

资料来源：《南岭北坡—赣南地区种子植物多样性编目和野生果树资源》。

分布：九连山。

■粤赣荚蒾 *Viburnum dalzielii* W. W. Smith

标本号：20160828026。

分布：九连山。

■荚蒾 *Viburnum dilatatum* Thunb.

标本号：LYL00889。

分布：九连山广布，生于路边灌丛中。

用途：园林植物。

■蚀齿荚蒾（宜昌荚蒾）*Viburnum erosum* Thunb.

标本号：PVHJX015468。

分布：虾公塘有分布，生于路边、林缘。

用途：园林植物。

■直角荚蒾 *Viburnum foetidum* var. *rectangulatum*（Graebn.）Rehd.

资料来源：《南岭北坡—赣南地区种子植物多样性编目和野生果树资源》。

分布：九连山。

■南方荚蒾 *Viburnum fordiae* Hance

标本号：LYL00103。

分布：九连山广布，生于路边及山坡灌丛中。

用途：园林植物。

■蝶花荚蒾 *Viburnum hanceanum* Maxim.

标本号：XYF008426。

分布：九连山有分布，生于路边及山坡灌丛中。

用途：园林植物。

■吕宋荚蒾 *Viburnum luzonicum* Rolfe

标本号：PVHJX014375。

分布：古坑、墩头有分布，生于路边及山坡灌丛中。

用途：园林植物。

■绣球荚蒾 *Viburnum macrocephalum* Fort.

资料来源：《南岭北坡—赣南地区种子植物多样性编目和野生果树资源》。

分布：九连山。

■珊瑚树（早禾树）*Viburnum odoratissimum* Ker-Gawl.

标本号：20160607097。

分布：九连山有零星分布，生于疏林中。

用途：园林植物。

■蝴蝶戏珠花 *Viburnum plicatum* var. *tomentosum*（Thunb.）Miq.

标本号：PVHJX015324。

分布：虾公塘有分布，生于林缘。

用途：园林植物。

■球核荚蒾 *Viburnum propinquum* Hemsl.

标本号：庐植 904。

分布：九连山，生于山谷灌丛中。

用途：药用植物。

■常绿荚蒾 *Viburnum sempervirens* K. Koch

标本号：171209344。

分布：古坑、坪坑有分布，生于林缘。

用途：园林植物。

■合轴荚蒾 *Viburnum sympodiale* Graebn.

标本号：XYF012805。

分布：虾公塘有分布，生于山脊中。

用途：园林植物。

■台湾荚蒾 *Viburnum taiwanianum* Hayata

标本号：LYL02489。

分布：虾公塘有分布，生于山脊灌丛中。

用途：园林植物。

172 忍冬科 Caprifoliaceae

（850）糯米条属 *Abelia*

■糯米条 *Abelia chinensis* R. Br.

标本号：xwd0717023。

分布：九连山。

（851）川续断属 *Dipsacus*

■川续断 *Dipsacus asperoides* C. Y. Cheng et T. M. Ai.

资料来源：《江西种子植物名录》。

分布：九连山。

用途：药用植物。

（852）忍冬属 *Lonicera*

■华南忍冬 *Lonicera confusa*（Sweet）DC.

资料来源：《南岭北坡—赣南地区种子植物多样性编目和野生果树资源》。

分布：九连山。

■红腺忍冬（菰腺忍冬）*Lonicera hypoglauca* Miq.

标本号：160805077。

分布：虾公塘有分布，生于路边、林缘。

用途：园林植物。

■金银花（忍冬）*Lonicera japonica* Thunb.

标本号：D2247。

分布：九连山广布，生于路旁林缘。

用途：药用植物。

■灰毡毛忍冬（大花忍冬）*Lonicera macranthoides* Hand. -Mazz.

标本号：170421125。

分布：九连山。

■皱叶忍冬 *Lonicera reticulata* Champion ex Bentham

标本号：PVHJX012700。

分布：九连山有分布，生于林缘灌丛中。

用途：药用植物。

(853) 败酱属 *Patrinia*

■窄叶败酱（墓头回）*Patrinia heterophylla* Bunge

标本号：PVHJX018467。

分布：九连山有分布，生于路边及山坡草丛中。

用途：药用植物。

■少蕊败酱（大叶败酱）*Patrinia monandra* C. B. Clarke ［*Patrinia punctiflora* var. *robusta* Hsu et H. J. Wang］

资料来源：《南岭北坡—赣南地区种子植物多样性编目和野生果树资源》。

分布：九连山。

■败酱 *Patrinia scabiosifolia* Link

标本号：LYL02793。

分布：九连山广布，生于路边、山坡草丛中。

用途：药用植物。

■攀倒甑（白花败酱）*Patrinia villosa*（Thunb.）Juss.

标本号：LYL00532。

分布：九连山广布，生于路边及山坡草丛中。

用途：药用植物。

(854) 缬草属 *Valeriana*

■长序缬草 *Valeriana hardwickii* Wall.

资料来源：《江西种子植物名录》。

分布：九连山。

用途：药用植物。

■缬草 *Valeriana officinalis* L.

资料来源：《江西种子植物名录》。

分布：九连山。

（855）六道木属 *Zabelia*

■* 六道木 *Zabelia biflora*（Turcz.）Makino

分布：龙南县城各公园有栽培。

用途：园林植物。

■南方六道木 *Zabelia dielsii*（Graebn.）Makino ［*Abelia dielsii* （Graebn.）Rehd. ］

标本号：hxy17103。

分布：九连山。

173 海桐科 Pittosporaceae

（856）海桐属 *Pittosporum*

■光叶海桐 *Pittosporum glabratum* Lindl.

标本号：171209351。

分布：九连山有分布，生于阔叶林中。

用途：园林植物。

■狭叶海桐 *Pittosporum glabratum* var. *neriifolium* Rehd. et Wils.

标本号：L-022。

分布：九连山。

■海金子 *Pittosporum illicioides* Mak.

标本号：LYL00202。

分布：大丘田、横坑水有分布，生于沟谷林中。

用途：园林植物。

■少花海桐 *Pittosporum pauciflorum* Hook. et Arn.

标本号：XYF012971。

分布：九连山。

用途：园林植物。

■* **海桐** *Pittosporum tobira* (Thunb.) Ait.

分布：龙南县广泛栽培。

用途：园林植物。

174 五加科 Araliaceae

（857）楤木属 *Aralia*

■**头序楤木** *Aralia dasyphylla* Miq.

资料来源：《南岭北坡—赣南地区种子植物多样性编目和野生果树资源》。

分布：九连山。

■**台湾毛楤木（黄毛楤木）** *Aralia decaisneana* Hance

标本号：LYL00664。

分布：九连山广布，生于林缘或山坡灌丛中。

用途：药用植物。

■**棘茎楤木** *Aralia echinocaulis* Hand.-Mazz.

标本号：XYF012880。

分布：九连山有分布，生于林缘或山坡灌丛中。

用途：药用植物。

■**楤木** *Aralia elata* (Miq.) Seem.

标本号：L180721003。

分布：九连山。

用途：药用植物。

■**虎刺楤木** *Aralia finlaysoniana* (Wallich ex G. Don) Seemann

标本号：LYL00217。

分布：九连山。

用途：药用植物。

■**长刺楤木** *Aralia spinifolia* Merr.

标本号：张海道 5123。

分布：九连山，生于疏林中。
用途：药用植物。

■**波缘楤木** *Aralia undulata* Hand. -Mazz.

标本号：XYF011738。
分布：九连山。

（858）树参属 *Dendropanax*

■**树参** *Dendropanax dentiger* (Harms) Merr.

标本号：LYL02006。
分布：九连山广布，生于阔叶林中。
用途：药用植物。

■**变叶树参** *Dendropanax proteus* (Champ.) Benth.

标本号：LYL00102。
分布：虾公塘、坪坑有分布，生于阔叶林中。
用途：药用植物。

（859）五加属 *Eleutherococcus*

■**五加** *Eleutherococcus nodiflorus* (Dunn) S. Y. Hu [*Acanthopanax gracilistylus* W. W. Smith]

标本号：D-2497。
分布：中迳有分布，生长于菜园边。
用途：药用植物。

■**白簕** *Eleutherococcus trifoliatus* (Linnaeus) S. Y. Hu

标本号：D2501。
分布：九连山有分布，生于沟谷及山坡灌丛中。
用途：药用植物。

(860) 八角金盘属 *Fatsia*

■* 八角金盘 *Fatsia japonica*(Thunb.)Decne. et Planch.

标本号:160122008。

分布:龙南县城各公园栽培。

用途:园林植物。

(861) 萸叶五加属 *Gamblea*

■吴茱萸五加 *Gamblea ciliata* var. *evodiifolia*(Franchet)C. B. Shang et al.

标本号:Q13132。

分布:虾公塘有分布,生于海拔1000米山脊中。

用途:药用植物。

(862) 常春藤属 *Hedera*

■常春藤 *Hedera nepalensis* var. *sinensis*(Tobl.)Rehd.

标本号:LYL02289。

分布:九连山有分布,生于岩石或树上。

用途:园林植物。

(863) 幌伞枫属 *Heteropanax*

■短梗幌伞枫 *Heteropanax brevipedicellatus* Li

标本号:PVHJX012637。

分布:九连山有零星分布,生于阔叶林中。

用途:园林植物。

(864) 天胡荽属 *Hydrocotyle*

■红马蹄草 *Hydrocotyle nepalensis* Hook.

标本号:LYL00641。

分布：九连山有分布，生于田野草丛中。
用途：药用植物。

■天胡荽 *Hydrocotyle sibthorpioides* Lam.

标本号：LYL02897。
分布：九连山有广布，生于田野、路边溪边。
用途：药用植物。

■肾叶天胡荽 *Hydrocotyle wilfordii* Maximowicz

标本号：LYL02858。
分布：古坑、上围有分布，生于沟谷河滩。
用途：药用植物。

（865）刺楸属 *Kalopanax*

■*刺楸 *Kalopanax septemlobus*（Thunb.）Koidz.

分布：虾公塘有人工栽培。
用途：园林植物。

（866）梁王茶属 *Metapanax*

■异叶梁王茶 *Metapanax davidii*（Franchet）J. Wen & Frodin

标本号：F560。
分布：九连山。

（867）鹅掌柴属 *Schefflera*

■*鹅掌藤 *Schefflera arboricola* Hay

分布：庭院广泛栽培。
用途：园林植物。

■穗序鹅掌柴 *Schefflera delavayi*（Franch.）Harms ex Diels

标本号：PVHJX08794。
分布：九连山有分布，生于沟谷中。
用途：药用植物。

■* **鹅掌柴** *Schefflera heptaphylla* (Linnaeus) Frodin
分布：园林广泛栽培。
用途：观赏植物。

■**星毛鹅掌柴**（星毛鸭脚木）*Schefflera minutistellata* Merr. ex Li
标本号：PVHJX01535。
分布：九连山有分布，生于沟谷林中。
用途：园林植物。

175 伞形科 Apiaceae

（868）当归属 *Angelica*

■**紫花前胡** *Angelica decursiva* (Miquel) Franchet & Savatier
标本号：LYL00235。
分布：九连山广布，生于路边山坡灌丛中。
用途：药用植物。

（869）芹属 *Apium*

■**旱芹**（*芹菜）*Apium graveolens* L.
分布：九连山广泛栽培。
用途：果蔬植物。

（870）柴胡属 *Bupleurum*

■**竹叶柴胡** *Bupleurum marginatum* Wall. ex DC.
标本号：PVHJX018424。
分布：龙南安基山有分布，生于路边草丛中。
用途：药用植物。

（871）积雪草属 *Centella*

■**积雪草** *Centella asiatica* (L.) Urban.
标本号：20160827056。

分布：九连山广布，生于路边、田野、沟谷。
用途：药用植物。

(872) 芫荽属 Coriandrum

■* 芫荽 *Coriandrum sativum* L.
分布：菜园广泛栽培。
用途：果蔬植物。

(873) 鸭儿芹属 Cryptotaenia

■鸭儿芹 *Cryptotaenia japonica* Hassk.
标本号：LYL00883。
分布：九连山有分布，生于荒地及林下阴湿处。
用途：药用植物。

(874) 胡萝卜属 Daucus

■* 胡萝卜 *Daucus carota* var. *sativa* Hoffm
分布：九连山广泛栽培。
用途：果蔬植物。

(875) 茴香属 Foeniculum

■* 小茴香（茴香）*Foeniculum vulgare* Mill.
分布：菜园栽培。
用途：果蔬植物。

(876) 独活属 Heracleum

■短毛独活 *Heracleum moellendorffii* Hance
标本号：LYL02860。
分布：黄牛石有分布，生于山顶草丛中。
用途：药用植物。

（877）白苞芹属 *Nothosmyrnium*

■白苞芹 *Nothosmyrnium japonicum* Miq.

标本号：张海道 3561。

分布：九连山，生于山坡林下阴湿处。

（878）水芹属 *Oenanthe*

■中华水芹（线叶水芹）*Oenanthe sinensis* Dunn

标本号：20161105007。

分布：九连山。

（879）香根芹属 *Osmorhiza*

■香根芹 *Osmorhiza aristata*（Thunb.）Makino et Yabe

资料来源：《南岭北坡—赣南地区种子植物多样性编目和野生果树资源》。

分布：九连山。

（880）山芹属 *Ostericum*

■隔山香 *Ostericum citriodorum*（Hance）Yuan et Shan

标本号：LYL02790。

分布：古坑、墩头有分布，生于山坡草丛中。

用途：药用植物。

■大齿山芹 *Ostericum grosseserratum*（Maxim.）Kitagawa［*Angelica grosseserrata* Maxim.］

标本号：LYL02898。

分布：虾公塘门口有分布，生于林缘灌丛中。

用途：药用植物。

（881）前胡属 *Peucedanum*

■白花前胡（前胡）*Peucedanum praeruptorum* Dunn

标本号：LYL00091。

分布：虾公塘、中迳有分布，生于路边。

用途：药用植物。

（882）茴芹属 *Pimpinella*

■异叶茴芹 *Pimpinella diversifolia* DC.

标本号：PVHJX018327。

分布：下湖有分布，生于沟谷水边。

用途：药用植物。

（883）窃衣属 *Torilis*

■窃衣 *Torilis scabra*（Thunb.）DC.

标本号：LYL00885。

分布：九连山有分布，生于沟边水湿处。

用途：药用植物。

参考文献

吉庆森，谢庆红，1991. 九连山植物名录 [M]. 赣州：江西省九连山自然保护区.

《江西植物志》编辑委员会，2004. 江西植物志（第2卷）[M]. 北京：中国科学技术出版社.

孔令杰，等，2010. 九连山自然保护区兰科植物资源分布及其特点 [J]. 武汉植物学研究，28（05）：554-560.

李德珠，2020. 中国维管植物科属志 [M]. 北京：科学出版社.

廖海红，等，2020. 江西省苦苣苔科一新记录种——温氏报春苣苔 [J]. 南方林业科学，48（03）.

刘环，等，2020. 江西兰科植物新资料 [J]. 南昌大学学报（理科版），44（02）.

刘仁林，杨文侠，李坊贞，等，2014. 南岭北坡—赣南地区种子植物多样性编目和野生果树资源 [M]. 北京：中国科学技术出版社.

刘仁林，张志翔，廖为明，2010. 江西种子植物名录 [M]. 北京：中国林业出版社.

钱萍，等，2010. 江西樱属一新纪录种 [J]. 江西科学，28（03）.

王程旺，等，2018. 江西省兰科植物新记录 [J]. 福建林学院学报，03：367-371.

徐国良，2014. 江西省及九连山地区维管植物新记录 [J]. 亚热带植物科学，43（02）：127-132.

徐国良，2021. 江西省6种植物新记录 [J]. 热带作物学报，42（03）：698-702.

徐国良，赖辉莲，曾晓辉，2019. 江西九连山保护区9种种子植物新记录 [J]. 山东林业科技，49（06）：57-60.

徐国良，李子林，2020. 九连山自然保护区10种维管植物新记录 [J]. 生物灾害科学，43（03）：298-302.

杨柏云，金志芳，梁跃龙，2021. 中国九连山兰科植物研究 [M]. 北京：中国林业出版社.

赵卫平，1989. 全南、龙南木本植物区系的研究 [J]. 江西林业科技（05）：11-16.

中国科学院中国植物志编辑委员会，1958—2004. 中国植物志（1—80卷）[M]. 北京：科学出版社.

附录 I　九连山产模式标本植物及江西新记录植物模式标本

一、模式标本植物

1. 龙南后蕊苣苔 *Opithandra burttii* W. T. Wang

刘心启 1923 年采于林屋乌枝山，标本号 6244，模式标本保存于中科院华南植物研究所标本室（SCBI）。

2. 湖南凤仙花 *Impatiens hunanensis* Y. L. Chen

1958 年采于龙南九连山横坑水，采集人不详，采集标本号 1177，模式标本保存于庐山植物园标本室（LBG）。

二、江西新记录植物

1. 厚瓣鹰爪花 *Artabotrys pachypetalus* B. Xue & Junhao Chen
2. 黄果厚壳桂 *Cryptocarya concinna* Hance
3. 粗壮润楠 *Machilus robusta* W. W. Smith
4. 宽翅水玉簪 *Burmannia nepalensis*（Miers）Hook. f.
5. 亭立 *Burmannia wallichii*（Miers）Hook. f.
6. 多枝霉草 *Sciaphila ramosa* Fukuyma et Suzuki
7. 血红肉果兰 *Cyrtosia septentrionalis*（Rchb. F.）Garay
8. 全唇盂兰 *Lecanorchis nigricans* Honda
9. 云南叉柱兰 *Cheirostylis yunnanensis* Rolfe
10. 小小斑叶兰 *Goodyera yangmeishanensis* T. P. Lin
11. 绿花斑叶兰 *Goodyera viridiflora*（Bl.）Bl.
12. 白肋翻唇兰 *Hetaeria cristata* Bl.
13. 白肋菱兰 *Rhomboda tokioi*（Fukuy）Ormerod
14. 黄唇线柱兰 *Zeuxine sakagutii* Tuyama
15. 单唇无叶兰 *Aphyllorchis simplex* T. Tang et F. T. Wang

16. 北插天天麻 *Gastrodia peichatieniana* S. S. Ying
17. 广布芋兰 *Nervilia aragoana* Gaud.
18. 毛叶芋兰 *Nervilia plicata* (Andr.) Schltr.
19. 瘤唇卷瓣兰 *Bulbophyllum japonicum* (Makino) Makino
20. 美花石斛 *Dendrobium loddigesii* Rolfe
21. 始兴石斛 *Dendrobium shixingense* Z. L. Chen
22. 罗河石斛 *Dendrobium lohohense* Tang et Wang
23. 密花石斛 *Dendrobium densiflorum* Lindl. ex Wall.
24. 单葶草石斛 *Dendrobium porphyrochilum* Lindl.
25. 泽泻虾脊兰 *Calanthe alismatifolia* Lindley
26. 长距虾脊兰 *Calanthe sylvatica* (Thou.) Lindl.
27. 银带虾脊兰 *Calanthe argenteostriata* C. Z. Tang & S. J. Cheng
28. 台湾吻兰 *Collabium formosanum* Hayata
29. 大根兰 *Cymbidium macrorhizon* Lindl.
30. 广东异型兰 *Chiloschista guangdongensis* Z. H. Tsi
31. 黄松盆距兰 *Gastrochilus japonicus* (Makirno) Schltr.
32. 广东山龙眼 *Helicia kwangtungensis* W. T. Wang
33. 钝叶水丝梨 *Distyliopsis tutcheri* (Hemsley) P. K. Endress
34. 华南皂荚 *Gleditsia fera* (Lour.) Merr.
35. 黑叶木蓝 *Indigofera nigrescens* Kurz ex King et Prain
36. 厚果崖豆藤 *Millettia pachycarpa* Benth.
37. 宽序鸡血藤 *Callerya eurybotrya* (Drake) Schot
38. 饶平石楠 *Photinia raupingensis* Kuan
39. 钟花樱桃 *Cerasus campanulata* (Maxim.) Yü et Li
40. 尖叶桂樱 *Prunus undulata* (D. Don) Roem.
41. 密球苎麻 *Boehmeria densiglomerata* W. T. Wang
42. 雾水葛 *Pouzolzia zeylanica* (L.) Benn.
43. 小叶冷水花 *Pilea microphylla* (L.) Liebm.
44. 仿栗 *Sloanea hemsleyana* (Ito) Rehd. et Wils.

45. 广东绣球 *Hydrangea kwangtungensis* Merrill
46. 柳叶绣球 *Hydrangea stenophylla* Merill et Chun
47. 多脉凤仙花 *Impatiens polyneura* K. M. Liu
48. 凹脉柃 *Eurya impressinervis* Kobuski
49. 少年红 *Ardisia alyxiifolia* Tsiang ex C. Chen
50. 短柄山桂花 *Bennettiodendron leprosipes*（Clos）Merr.
51. 刚毛黄蜀葵 *Abelmoschus manihot* var. *pungens*（Roxb.）Hochr.
52. 麻楝 *Chukrasia tabularis* A. Juss.
53. 长尾乌饭 *Vaccinium longicaudatum* Chun ex Fang et Z. H. Pan
54. 薄叶新耳草 *Neanotis hirsuta*（L. f.）Lewis
55. 光萼唇柱苣苔 *Chirita anachoreta* Hance
56. 贵州半蒴苣苔 *Hemiboea cavaleriei* Lévl.
57. 温氏报春苣苔 *Primulina wenii* Jian Li & L. J. Ya
58. 毛麝香 *Adenosma glutinosum*（L.）Druce
59. 圆叶挖耳草 *Utricularia striatula* J. Smith
60. 短柄紫珠 *Callicarpa brevipes*（Benth.）Hance
61. 大髻婆 *Clerodendrum chinense*（Osbeck）Mabberley

附录 II 中文名称索引①

A

阿里山兔儿风　**331**
矮慈姑　29
矮冬青　326
艾　338
艾蒿　**338**
艾麻属　162
艾纳香属　339
安息香科　266
安息香属　267
桉　**201**
桉属　201
暗色菝葜　35
凹萼木鳖　176
凹脉柃　252
凹头苋　242
凹叶冬青　324

B

八角　7
八角枫　248
八角枫属　248
八角金盘　354
八角金盘属　354
八角莲　94
八角属　6
八仙花　247
巴东过路黄　260
巴东栎　170

巴豆属　190
巴戟天属　280
芭蕉　62
芭蕉科　62
芭蕉属　62
拔毒散　220
菝葜科　35
菝葜属　35
霸王鞭　**246**
白花野木瓜　91
白苞蒿　**338**
白苞芹　358
白苞芹属　358
白背枫　302
白背黄花稔　219
白背牛尾菜　36
白背叶　191
白顶早熟禾　77
白粉藤属　114
白鼓钉　239
白鼓钉属　239
白果　**1**
白花败酱　**350**
白花菜　223
白花菜科　223
白花菜属　223
白花灯笼　311
白花杜鹃　273
白花甘蓝　**224**

白花苦灯笼　284
白花柳叶箬　83
白花龙　268
白花泡桐　321
白花前胡　359
白花荛花　222
白花蛇舌草　278
白花酸藤果　258
白花碎米荠　225
白花悬钩子　148
白及　43
白及属　43
白接骨　304
白接骨属　304
白酒草属　337
白蜡树　296
白兰　11
白兰花　**11**
白簕　353
白肋翻唇兰　40
白肋菱兰　41
白薇　113
白马骨　284
白马骨属　283
白毛椴　**220**
白毛乌蔹莓　114
白茅　85
白茅属　85
白木乌桕属　193

白楠　24
白千层属　201
白楸　192
白瑞香　221
白檀　264
白苋　**241**
白辛树属　267
白药谷精草　65
白叶莓　147
白英　295
白珠树属　270
百齿卫矛　180
百合　36
百合科　36
百合属　36
百两金　256
百日菊　344
百日菊属　344
柏科　3
柏拉木　203
柏拉木属　203
败酱　350
败酱属　350
稗　81
稗荩　83
稗荩属　83
稗属　81
斑唇卷瓣兰　45
斑鸠菊族　333

---

① 在索引中，页码为黑体的是植物异名。

附 录

斑苦竹 74	荸荠属 69	伯乐树属 222	叉柱兰属 40
斑茅 87	笔罗子 102	驳骨丹醉鱼草 302	茶 263
斑叶杜鹃兰 43	闭鞘姜 63	博落回 89	茶果冬青 327
斑叶堇菜 187	闭鞘姜科 63	博落回属 89	茶梨 251
斑叶兰属 40	闭鞘姜属 63	簸箕柳 189	茶梨属 251
板蓝 306	蓖麻 193	布袋兰族 42	茶梅 262
板栗 164	蓖麻属 193		茶茱萸科 275
半边莲 328	碧冬茄 294	**C**	檫木 24
半边莲属 328	碧冬茄属 294	菜豆 130	檫木属 24
半枫荷 106	篦齿苏铁 1	菜豆属 130	柴胡属 356
半蒴苣苔属 299	臂形草属 80	菜豆树 307	菖蒲科 25
半夏属 27	萹蓄 232	菜豆树属 307	菖蒲属 25
半枝莲 319	萹蓄属 232	菜豆族 128	长瓣马铃苣苔 300
苞舌兰 48	蝙蝠葛 92	菜瓜 173	长苞羊耳蒜 44
苞舌兰属 48	蝙蝠葛属 92	菜蓟亚科 329	长柄山蚂蝗属 133
薄荷 315	扁担杆 218	菜薹 225	长柄紫珠 310
薄荷属 315	扁担杆属 218	参薯 32	长春花 288
薄叶润楠 20	扁担藤 115	蚕豆 136	长春花属 288
薄叶鼠李 152	扁豆 129	蚕茧草 233	长唇羊耳蒜 44
薄叶新耳草 281	扁豆属 129	蚕茧蓼	长刺楤木 352
薄柱草 282	扁莎属 71	苍白秤钩风 92	长萼堇菜 186
薄柱草属 282	扁穗莎草 68	苍耳属 343	长萼野海棠 203
宝铎草 35	扁枝越橘 274	糙毛蓼 235	长梗黄精 57
报春花科 255	变叶木 190	糙叶树 154	长梗柳 189
报春苣苔 300	变叶木属 190	糙叶树属 154	长勾刺蒴麻 220
豹皮樟 19	变叶榕 158	草地风毛菊 330	长花厚壳树 290
杯茎蛇菰 228	变叶树参 353	草地早熟禾 78	长花枝杜若 61
北插天天麻 42	滨海薹草 66	草莓 139	长节耳草 279
北江荛花 222	波斯婆婆纳 301	草莓属 139	长距虾脊兰 47
北美独行菜 226	波缘楤木 353	草珊瑚 25	长囊薹草 67
北鱼黄草 292	波缘冷水花 163	草珊瑚属 25	长脐红豆 121
北越紫堇 88	菠菜 243	侧柏 5	长蒴苣苔属 299
北枳椇 152	菠菜属 243	侧柏属 5	长蒴母草 302
贝母兰属 43	播娘蒿 226	梣属 296	长穗柄薹草 67
贝母兰族 43	播娘蒿属 226	叉序草 305	长穗桑 159
荸荠 69	伯乐树 222	叉序草属 305	长穗兔儿风 331

江西九连山种子植物名录

长序缬草 350	秤钩风 92	垂序商陆 244	葱叶兰 39
长序苎麻 **160**	秤钩风属 92	垂枝泡花树 102	葱叶兰属 39
长叶赤飑 176	秤星树 324	垂珠花 268	椴木 352
长叶冻绿 152	池杉 5	春黄菊族 337	椴木属 352
长叶胡颓子 151	齿瓣石豆兰 45	春兰 49	丛化柃 253
长叶假糙苏 317	齿果草 137	椿叶花椒 213	丛茎耳秤草 **84**
长叶轮钟草 328	齿果草属 137	唇形科 308	丛枝蓼 234
长叶酸藤子 258	齿果酸模 236	唇柱苣苔属 299	粗齿铁线莲 97
长叶锈毛莓 149	齿叶冷水花 163	慈姑属 28	粗喙秋海棠 178
长叶竹柏 3	赤桉 201	刺柏 4	粗糠柴 192
长叶紫珠 310	赤飑属 176	刺柏属 4	粗糠树 290
长圆叶艾纳香 340	赤车 162	刺儿菜 329	粗毛耳草 278
长柱头薹草 **68**	赤车属 162	刺槐 135	粗毛鸭嘴草 86
长籽柳叶菜 200	赤豆 131	刺槐属 135	粗毛地桃花 221
常春藤 354	赤楠 202	刺槐族 135	粗叶耳草 279
常春藤属 354	赤小豆 131	刺葵属 59	粗叶木 279
常绿荚蒾 348	赤杨叶 **266**	刺藜属 243	粗叶木属 279
常山 246	赤杨叶属 266	刺蓼 235	粗叶榕 157
常山属 246	赤竹 75	刺芒野古草 84	粗叶悬钩子 145
朝天罐 **204**	赤竹属 75	刺毛杜鹃 271	翠雀属 99
朝天椒 293	翅荚木 **118**	刺毛母草 303	
朝天委陵菜 142	翅茎灯心草 65	刺毛越橘 274	**D**
朝鲜淫羊藿 **94**	臭常山 213	刺葡萄 115	打破碗花花 96
潮州山矾 **265**	臭常山属 213	刺楸 355	大苞寄生 230
车前 301	臭椿 214	刺楸属 355	大苞寄生属 230
车前科 300	臭椿属 214	刺蕊草属 317	大苞鸭跖草 60
车前属 301	臭牡丹 311	刺蒴麻 220	大车前 301
车轴草族 136	出蕊四轮香 313	刺蒴麻属 220	大豆 129
扯根菜 111	樗叶花椒 **213**	刺藤子 153	大豆属 129
扯根菜科 111	楮 **156**	刺桐属 129	大狗尾草 82
扯根菜属 111	川楝 215	刺苋 242	大果马蹄荷 108
沉水樟 16	川续断 349	刺叶桂樱 143	大果拟水晶兰 271
赪桐 311	川续断属 349	刺子莞 71	大果卫矛 180
橙 **211**	川竹 75	刺子莞属 71	大果俞藤 116
橙黄玉凤花 38	垂柳 188	葱 53	大花斑叶兰 40
橙桑属 159	垂盆草 111	葱属 53	大花波斯菊 342

大花金钱豹 **328**	大叶榕 157	灯台莲 **26**	东南梣 165
大花马齿苋 245	大叶石斑木 144	灯心草 66	东南葡萄 115
大花枇杷 138	大叶唐松草 101	灯心草科 65	东南悬钩子 149
大花忍冬 **349**	大叶仙茅 51	灯心草属 65	东南野桐 192
大戟科 189	大叶新木姜子 23	滴水珠 27	东南长蒴苣苔 299
大戟属 191	大叶楮 **166**	地胆草 333	东亚舌唇兰 39
大髻婆 **311**	大叶苎麻 160	地胆草属 333	冬瓜 173
大理薹草 68	大叶醉鱼草 302	地耳草 184	冬瓜属 173
大丽花 342	大云锦杜鹃 272	地锦草 191	冬葵 219
大丽花属 342	带唇兰 48	地锦属 114	冬青 324
大罗伞树 257	带唇兰属 48	地苏 204	冬青科 324
大落新妇 **109**	带叶兰 50	地桃花 221	冬青属 324
大麻科 154	带叶兰属 50	地涌金莲 62	冬青卫矛 180
大藻 28	单唇无叶兰 41	地涌金莲属 62	冻绿 153
大藻属 28	单毛刺蒴麻 220	地榆 149	豆腐柴 318
大青 311	单色蝴蝶草 303	地榆属 149	豆腐柴属 318
大青属 311	单穗升麻 96	滇白珠 270	豆科 117
大托叶猪屎豆 123	单体红山茶 263	吊兰 55	豆梨 144
大乌泡 148	单葶草石斛 46	吊兰属 55	豆薯 130
大序隔距兰 50	单叶厚唇兰 47	吊皮锥 **166**	豆薯属 130
大序薹草 **68**	单叶铁线莲 98	吊石苣苔 299	独行菜属 226
大血藤 90	淡竹叶 80	吊石苣苔属 299	独行千里 223
大血藤属 90	淡竹叶属 80	吊钟花属 270	独花兰 42
大芽南蛇藤 **179**	弹裂碎米荠 225	叠珠树科 222	独花兰属 42
大野芋 27	当归属 356	蝶花荚蒾 347	独活属 357
大叶桉 201	当归藤 258	蝶形花亚科 121	独脚金 323
大叶白纸扇 281	党参属 327	丁香杜鹃 **271**	独脚金属 323
大叶臭花椒 214	刀豆 128	丁香蓼 200	独蒜兰属 44
大叶凤仙花 249	刀豆属 128	丁香蓼属 200	独尾草科 52
大叶桂樱 143	倒卵叶石楠 140	定心藤 275	杜衡 9
大叶过路黄 259	稻 72	定心藤属 275	杜虹花 309
大叶胡枝子 134	稻槎菜属 333	东方古柯 183	杜茎山 260
大叶苦柯 170	稻属 72	东方香蒲 65	杜茎山属 260
大叶冷水花 163	稻亚科 72	东方野扇花 105	杜鹃 273
大叶排草 **259**	灯笼花 270	东风草 340	杜鹃花科 270
大叶千斤拔 129	灯笼树 **270**	东南景天 110	杜鹃花属 271

杜鹃兰 43	对叶景天 110	鄂西南星 **26**	飞龙掌血 213
杜鹃兰属 43	对叶楼梯草 161	耳草 278	飞龙掌血属 213
杜梨 143	钝齿红紫珠 310	耳草属 278	飞蓬属 337
杜若 61	钝果寄生属 230	耳稃草属 84	飞扬草 191
杜若属 61	钝叶泡花树 102	耳叶悬钩子 147	肥肉草 **204**
杜英 182	多花勾儿茶 151	二列叶柃 252	肥皂荚 119
杜英科 182	多花黄精 57	二球悬铃木 103	肥皂荚属 119
杜英属 182	多花兰 48	二色桉 201	粉背菝葜 35
杜仲 275	多花蔷薇 145		粉防己 93
杜仲科 275	多花山竹子 184	**F**	粉葛 130
杜仲属 275	多花水苋 197	法国梧桐 **103**	粉条儿菜 31
短柄粉条儿菜 31	多花紫藤 127	法氏早熟禾 77	粉条儿菜属 31
短柄枹栎 170	多茎鼠麹草 335	番荔枝科 14	粉团蔷薇 145
短柄紫珠 309	多脉凤仙花 250	番木瓜 223	粉叶轮环藤 92
短刺虎刺 277	多脉青冈 168	番木瓜科 223	粉叶蛇葡萄 113
短萼黄连 99	多穗金粟兰 24	番木瓜属 223	粉叶柿 254
短梗幌伞枫 354	多头苦荬菜 **332**	番茄 294	粉叶羊蹄甲 117
短梗南蛇藤 179	多叶斑叶兰 40	番茄属 294	粪箕笃 93
短梗挖耳草 307	多枝霉草 33	番石榴 202	丰满凤仙花 250
短尖薹草 67		番石榴属 202	风车子属 197
短茎萼脊兰 50	**E**	番薯 292	风龙 93
短毛独活 357	峨眉春蕙 49	番薯属 292	风龙属 93
短毛金线草 231	鹅不食草 **237**，341	翻白草 141	风轮菜 312
短蕊万寿竹 34	鹅不食草属 341	翻唇兰属 40	风轮菜属 312
短尾铁线莲 97	鹅肠菜 239	繁缕 240	风毛菊属 330
短尾越橘 273	鹅肠菜属 239	繁缕属 240	风藤 9
短序润楠 20	鹅耳枥属 173	梵天花 221	风箱树 276
短叶赤车 162	鹅观草 **76**	梵天花属 221	风箱树属 276
短叶胡枝子 135	鹅毛玉凤花 38	方竹 73	枫属 208
短叶黍 82	鹅绒藤属 288	方竹属 73	枫香树 106
短叶水蜈蚣 71	鹅掌柴 356	防己 **93**	枫香树属 105
短柱枔 252	鹅掌柴属 355	防己科 91	枫杨 172
短柱铁线莲 97	鹅掌楸 10	仿栗 183	枫杨属 172
椴属 220	鹅掌楸属 10	飞蛾槭 208	蜂斗草属 205
堆莴苣 **333**	鹅掌藤 355	飞蛾藤 291	凤凰木 119
对萼猕猴桃 270	饿蚂蝗 132	飞蛾藤属 291	凤凰木属 119

凤凰润楠 21	刚毛黄蜀葵 216	狗牙根 79	光头稗 81
凤尾鸡冠花 242	刚竹属 73	狗牙根属 79	光叶海桐 351
凤尾竹 75	岗松 201	枸骨 324	光叶红豆 122
凤仙花 249	岗松属 201	枸杞 294	光叶绞股蓝 174
凤仙花科 249	杠板归 234	枸杞属 294	光叶山矾 265
凤仙花属 249	高秆珍珠茅 72	构属 156	光叶山黄麻 155
凤眼蓝属 61	高良姜 63	构树 156	光叶石楠 140
凤眼莲 61	高粱 87	菰 72	光叶水青冈 **168**
佛肚竹 76	高粱泡 147	菰属 72	光叶铁仔 261
佛甲草 111	高粱属 87	菰腺忍冬 **349**	光叶子花 244
佛手瓜 176	高粱族 84	古柯科 183	光叶紫玉盘 14
佛手瓜属 176	高山露珠草 199	古柯属 183	广布芋兰 42
伏毛蓼 235	哥兰叶 179	谷精草 65	广东大青 312
伏毛苎麻 160	革叶槭 208	谷精草科 65	广东冬青 326
扶芳藤 180	革叶清风藤 103	谷精草属 65	广东隔距兰 50
浮萍 27	苍葙 **53**	牯岭凤仙花 250	广东胡枝子 134
浮萍属 27	格药柃 253	瓜馥木 14	广东蔷薇 145
福建柏 4	隔距兰属 50	瓜馥木属 14	广东琼楠 15
福建柏属 4	隔山香 358	瓜木 248	广东山胡椒 18
福建假卫矛 181	葛 130	瓜子黄杨 105	广东山龙眼 104
福建堇菜 **186**	葛麻姆 130	瓜子金 137	广东蛇葡萄 112
福建蔓龙胆 285	葛属 130	拐枣 **152**	广东石豆兰 45
福建细辛 10	勾儿茶属 151	观光木 13	广东丝瓜 175
附地菜 291	钩刺雀梅藤 153	观音草属 305	广东万年青 25
附地菜属 291	钩距虾脊兰 47	观音竹 76	广东万年青属 25
复序飘拂草 70	钩栲 166	管茎凤仙花 251	广东西番莲 187
复羽叶栾树 209	钩藤 284	贯叶连翘 184	广东新耳草 281
	钩藤属 284	冠盖藤 247	广东绣球 247
G	钩吻 287	冠盖藤属 246	广东异形兰 49
甘蓝 224	钩吻属 287	光柄筒冠花 320	广防风 309
甘露子 320	钩状石斛 45	光萼斑叶兰 40	广防风属 309
甘蔗 87	狗骨柴 277	光萼唇柱苣苔 299	广藿香 317
甘蔗属 87	狗骨柴属 277	光果悬钩子 146	广宁红花油茶 263
柑橘属 210	狗贴耳 **8**	光箭叶蓼 233	广西地海椒 294
赣皖乌头 95	狗尾草 83	光蜡树 297	广西过路黄 258
刚毛荸荠 69	狗尾草属 82	光皮桦 165	广西乌口树 284

江西九连山种子植物名录

广西新木姜子　23
广州蓴菜　227
广州蛇根草　282
龟甲冬青　325
鬼灯笼　**311**
鬼臼属　94
鬼针草　342
鬼针草属　341
贵州半蒴苣苔　299
贵州络石　**289**
贵州石楠　**140**
桂花　298
桂南木莲　11
桂竹　73
过江藤　308
过江藤属　308
过路惊　**203**
过山枫　179

H

还亮草　99
孩儿草属　306
海菜花属　30
海刀豆　**128**
海岛苎麻　160
海金子　351
海通　312
海桐　352
海桐科　351
海桐山矾　265
海桐属　351
海芋　25
海芋属　25
海州香薷　313
含笑花　12
含笑属　11

含羞草　120
含羞草决明　118
含羞草属　120
含羞草亚科　120
韩信草　319
寒兰　49
寒莓　146
蕨菜　228
蕨菜属　227
汉城细辛　**10**
旱柳　189
旱芹　356
旱田草　303
杭州榆　154
蒿属　337
豪猪刺　94
禾本科　72
合欢　120
合欢属　120
合萌　124
合萌属　124
合萌族　124
合轴荚蒾　348
何首乌　232
何首乌属　232
和尚菜　329
和尚菜属　329
河北木蓝　**125**
荷包山桂　**136**
荷花玉兰　11
核桃　171
褐苞薯蓣　33
褐毛杜英　182
鹤草　239
鹤顶兰　48
黑草　322

黑草属　322
黑果菝葜　35
黑荆　120
黑壳楠　18
黑老虎　7
黑枔　253
黑麦草　77
黑麦草属　77
黑鳗藤属　288
黑面神　195
黑面神属　195
黑蕊猕猴桃　269
黑莎草　71
黑莎草属　71
黑松　2
黑腺珍珠菜　259
黑药花科　33
黑叶木蓝　125
黑藻　29
黑藻属　29
亨氏马先蒿　323
红背山麻杆　190
红柴枝　102
红刺玫　**145**
红淡比　252
红淡比属　252
红豆杉科　5
红豆属　121
红豆树　122
红根菜　**259**
红骨草　303
红骨母草　**303**
红果黄肉楠　15
红果罗浮槭　208
红果榆　154

红花荷　108
红花荷属　108
红花寄生　230
红花檵木　108
红花羊蹄甲　117
红花酢浆草　182
红蓼　234
红鳞扁莎　71
红柳叶牛膝　241
红马蹄草　354
红门兰亚科　38
红楠　22
红皮树　**268**
红千层　202
红丝线　293
红丝线属　293
红腺忍冬　349
红腺悬钩子　149
红紫珠　310
猴耳环　121
猴耳环属　121
猴欢喜　183
猴欢喜属　183
猴头杜鹃　273
篌竹　74
后蕊苣苔属　300
厚瓣鹰爪花　14
厚边木犀　298
厚唇兰属　47
厚果崖豆藤　127
厚壳桂　17
厚壳桂属　17
厚壳树　291
厚壳树属　290
厚皮香　254
厚皮香属　254

厚朴属　10	虎刺　276	华南桂樱　142	黄檗属　213
厚叶冬青　325	虎刺楤木　352	华南厚皮香　**254**	黄唇线柱兰　41
厚叶厚皮香　254	虎刺属　276	华南胡椒　8	黄丹木姜子　19
厚叶猕猴桃　269	虎耳草　110	华南爵床　305	黄独　32
厚叶木莲　11	虎耳草科　109	华南龙胆　285	黄瓜　174
厚叶琼楠　15	虎耳草属　110	华南落新妇　109	黄瓜属　173
厚叶铁线莲　98	虎皮楠　109	华南蒲桃　202	黄果厚壳桂　17
忽地笑　53	虎皮楠属　109	华南青冈　167	黄花菜　52
狐尾藻　**112**	虎舌红　257	华南青皮木　229	黄花倒水莲　137
狐尾藻属　112	虎舌兰　42	华南忍冬　349	黄花鹤顶兰　47
胡椒科　8	虎舌兰属　42	华南十大功劳　95	黄花夹竹桃　289
胡椒属　8	虎尾草　79	华南石栎　169	黄花夹竹桃属　289
胡萝卜　357	虎尾草属　79	华南苏铁　**1**	黄花狸藻　307
胡萝卜属　357	虎尾草亚科　78	华南兔儿风　331	黄花美人蕉　62
胡麻草　322	虎尾草族　79	华南悬钩子　147	黄花稔属　219
胡麻草属　322	虎杖　236	华南远志　**136**	黄花小二仙草　112
胡麻科　304	虎杖属　236	华南皂荚　119	黄花远志　136
胡麻属　304	瓠　175	华清香藤　297	黄金凤　251
胡蔓藤科　287	花点草属　162	华山矾　264	黄金茅属　85
胡桃科　171	花椒簕　214	华山姜　63	黄堇　88
胡桃属　171	花椒属　213	华鼠尾草　319	黄荆　321
胡颓子科　151	花榈木　122	华素馨　**297**	黄精属　57
胡颓子属　151	花魔芋　**26**	华檀梨　228	黄葵　216
胡枝子　134	花楸属　150	华腺萼木　281	黄蜡果　90
胡枝子属　134	花葶薹草　68	华泽兰　345	黄兰　12
葫芦科　173	花椰菜　224	华重楼　34	黄连　99
葫芦属　175	花叶冷水花　163	画眉草　78	黄连木　207
湖北海棠　139	花叶山姜　63	画眉草属　78	黄连木属　207
湖北蓟　**329**	花叶尾花细辛　9	桦木科　172	黄连属　99
湖北算盘子　195	花竹　75	桦木属　172	黄麻属　217
湖南凤仙花　250	华东唐松草　101	槐　122	黄毛楤木　**352**
蝴蝶草属　303	华东小檗　94	槐属　122	黄毛冬青　325
蝴蝶花　52	华凤仙　250	黄鹌菜　333	黄毛猕猴桃　269
蝴蝶兰　50	华丽杜鹃　271	黄鹌菜属　333	黄皮　212
蝴蝶兰属　50	华南谷精草　65	黄背越橘　274	黄皮属　212
蝴蝶戏珠花　348	华南桂　16	黄檗　213	黄杞　**171**

附　录

371

江西九连山种子植物名录

黄杞属 171	藿香蓟 345	檵木 108	尖尾枫 310
黄芩属 319	藿香蓟属 345	檵木属 108	尖叶桂樱 143
黄绒润楠 20	藿香属 308	加拿大杨 188	尖叶清风藤 103
黄肉楠属 15	**J**	加杨 **188**	尖叶四照花 249
黄松盆距兰 50	饥荒草 **334**	夹竹桃 288	尖叶唐松草 101
黄檀 124	鸡柏紫藤 151	夹竹桃科 287	尖嘴林檎 **139**
黄檀属 124	鸡骨香 190	夹竹桃属 288	间型沿阶草 57
黄檀族 124	鸡冠刺桐 129	荚蒾 346	菅 87
黄天麻 42	鸡冠花 242	荚蒾属 346	菅属 87
黄杨 **105**	鸡桑 159	假糙苏属 316	剪春罗 238
黄杨冬青 324	鸡矢藤 283	假臭草 345	剪刀股 332
黄杨科 **105**	鸡矢藤属 283	假臭草属 345	剪股颖属 76
黄杨属 **105**	鸡头薯 **128**	假稻属 72	剪秋罗属 238
黄药 318	鸡头薯属 128	假灯心草 66	见血青 44
黄樟 16	鸡血藤属 125	假地豆 132	建兰 48
黄珠子草 196	鸡眼草 133	假地枫皮 6	剑麻 54
幌伞枫属 354	鸡眼草属 133	假福王草 333	剑叶耳草 278
灰背清风藤 103	鸡眼藤 280	假福王草属 333	箭头蓼 **235**
灰莉 285	鸡仔木 284	假还阳参属 331	箭叶蓼 235
灰莉属 285	鸡仔木属 284	假活血草 319	江边刺葵 59
灰毛大青 311	积雪草 356	假俭草 85	江南荸荠 70
灰毛泡 147	积雪草属 356	假连翘 307	江南花楸 150
灰毡毛忍冬 349	基脉润楠 20	假连翘属 307	江南马先蒿 **323**
回回苏 317	及己 24	假柳叶菜 **200**	江南桤木 172
茴芹属 359	吉祥草 58	假木藤 288	江南散血丹 295
茴香 **357**	吉祥草属 58	假婆婆纳 261	江南山柳 **270**
茴香属 **357**	棘茎楤木 352	假婆婆纳属 261	江南油杉 2
活血丹 313	蕺菜 **8**	假酸浆 294	江南越橘 274
活血丹属 313	蕺菜属 8	假酸浆属 294	江南紫金牛 256
火灰山矾 265	戟叶蓼 235	假卫矛属 181	江西大青 312
火棘 143	寄树兰 50	假蚊母树属 107	江西堇菜 186
火棘属 143	寄树兰属 50	尖萼厚皮香 254	江西栲楼 177
火力楠 12	蓟 329	尖萼毛柃 252	江西满树星 325
火炭母 232	蓟属 329	尖萼乌口树 284	江西悬钩子 146
霍山石斛 46	鲫鱼胆 260	尖距紫堇 88	姜 64
藿香 308		尖连蕊茶 262	姜科 63

姜属 64	金花猕猴桃 269	金盏菊 335	菊属 339
姜味草属 315	金鸡菊属 342	金盏银盘 341	菊芋 343
豇豆 131	金鸡菊族 341	金珠柳 260	矩叶卫矛 181
豇豆属 131	金甲豆 130	筋骨草属 308	蒟蒻薯属 33
浆果楝 220	金锦香 204	堇菜 187	具柄冬青 326
浆果薹草 66	金锦香属 204	堇菜科 185	聚花草 60
交让木 109	金橘属 211	堇菜属 185	聚花草属 60
交让木科 109	金铃花 216	锦地罗 237	卷丹 36
蕉芋 62	金缕梅科 106	锦葵 219	卷耳 238
绞股蓝 174	金毛耳草 278	锦葵科 216	卷耳属 238
绞股蓝属 174	金毛柯 169	锦葵属 219	卷毛耳草 **278**
接骨草 345	金钱豹 328	锦香草 205	卷柱头薹草 66
接骨木 346	金钱豹属 328	锦香草属 205	决明 118
接骨木属 345	金钱蒲 25	苣草 84	决明属 118
节节菜 198	金荞麦 231	苣草属 84	决明族 118
节节菜属 198	金色狗尾草 83	京梨猕猴桃 269	爵床 305
节节草 60	金丝草 87	旌节花 206	爵床科 304
结缕草族 79	金丝梅 184	旌节花科 206	爵床属 305
结香 222	金丝桃 184	旌节花属 206	君迁子 255
结香属 222	金丝桃科 184	井冈山杜鹃 272	
睫毛萼凤仙花 249	金丝桃属 184	景天科 110	**K**
截叶铁扫帚 134	金粟兰 25	景天属 110	咖啡黄葵 **216**
芥菜 224	金粟兰科 24	九管血 **256**	开唇兰属 39
芥蓝 224	金粟兰属 24	九节龙 257	开口箭属 55
金边瑞香 **221**	金挖耳 340	九节属 283	凯里杜鹃 **273**
金不换 136	金线草 231	九里香 212	看麦娘 77
金疮小草 308	金线草属 231	九里香属 212	看麦娘属 77
金弹 211	金线莲 39	九龙盘 55	柯孟披碱草 76
金灯藤 291	金腺荚蒾 346	九头狮子草 305	柯石栎 169
金豆 212	金腰属 110	桔梗 328	柯属 169
金发草属 87	金叶含笑 12	桔梗科 327	空心泡 149
金瓜 174	金银花 349	桔梗属 328	苦瓜 175
金瓜属 174	金樱子 145	菊花 339	苦瓜属 175
金龟草 96	金盏花 **335**	菊苣亚科 331	苦苣苔科 299
金合欢属 120	金盏花属 335	菊科 329	苦郎藤 114
金合欢族 120	金盏花族 335	菊芹属 334	苦枥木 297

江西九连山种子植物名录

苦楝 215	辣汁树 17	类叶升麻属 96	梁王茶属 355
苦荬菜 332	来江藤属 322	棱果花 203	梁子菜 **334**
苦荬菜属 332	兰科 37	棱果花属 203	两广铁线莲 98
苦木 215	兰属 48	冷水花属 163	两面针 214
苦木科 214	兰香草 311	狸藻科 307	两歧飘拂草 70
苦木属 215	兰族 48	狸藻属 307	两型豆 128
苦荞麦 231	蓝耳草 60	梨果寄生 230	两型豆属 128
苦树 **215**	蓝耳草属 60	梨属 143	亮叶猴耳环 121
苦蘵 295	蓝果树 249	梨叶悬钩子 148	亮叶厚皮香 254
苦槠 166	蓝果树属 249	藜 243	亮叶鸡血藤 126
苦竹属 74	蓝花参 329	藜芦属 34	亮叶水青冈 168
宽翅水玉簪 31	蓝花参属 329	藜属 243	亮叶崖豆藤 **126**
宽序鸡血藤 126	蓝花草 305	李 143	量天尺 246
宽序崖豆藤 **126**	榄绿粗叶木 280	李氏禾 72	量天尺属 246
宽叶金粟兰 24	榄叶柯 170	李属 142	蓼科 231
宽叶薹草 68	郎伞木 **256**	鳢肠 343	蓼子草 232
魁蒿 338	狼杷草 342	鳢肠属 343	列当科 322
栝楼 177	狼尾草 82	利川慈姑 28	裂瓣玉凤花 38
栝楼属 177	狼尾草属 82	荔枝 210	裂果薯 33
阔裂叶羊蹄甲 117	椰榆 154	荔枝属 210	裂叶铁线莲 99
阔蕊兰属 38	老鹳草属 197	栎属 170	淋漓锥 166
阔叶猕猴桃 269	老虎刺 119	栗 **164**	柃木 253
阔叶箬竹 73	老虎刺属 119	栗属 164	柃属 252
阔叶山麦冬 56	老鼠筋 **330**	帘子藤 288	柃叶连蕊茶 262
阔叶十大功劳 95	老鼠矢 266	帘子藤属 288	凌霄 306
阔叶土麦冬 56	乐昌含笑 12	莲 103	凌霄属 306
	乐东拟单性木兰 13	莲科 103	菱 199
L	箣竹 75	莲属 103	菱兰属 41
拉拉藤属 277	箣竹属 75	莲子草 241	菱属 199
蜡瓣花 106	箣竹族 75	莲子草属 241	菱叶鹿藿 131
蜡瓣花属 106	了哥王 222	莲座紫金牛 257	岭南杜鹃 272
蜡梅 15	雷公鹅耳枥 173	镰翅羊耳蒜 44	岭南花椒 214
蜡梅科 15	雷公藤 181	链珠藤 287	岭南来江藤 322
蜡梅属 15	雷公藤属 181	链珠藤属 287	岭南槭 209
辣椒属 292	薤 215	楝科 215	岭南青冈 166
辣蓼 233	薤头 53	楝属 215	留行草 **203**

附　录

留兰香　315
流苏贝母兰　43
流苏蜘蛛抱蛋　55
流苏子　276
流苏子属　276
琉璃草　290
琉璃草属　290
瘤唇卷瓣兰　45
柳杉　3
柳杉属　3
柳属　188
柳叶菜　200
柳叶菜科　199
柳叶菜属　200
柳叶丁香蓼　200
柳叶毛蕊茶　262
柳叶牛膝　241
柳叶润楠　22
柳叶箬　83
柳叶箬属　83
柳叶箬族　83
柳叶绣球　247
六道木　351
六道木属　351
六棱菊　341
六棱菊属　341
六月霜　**337**
六月雪　283
龙船花　279
龙船花属　279
龙胆　286
龙胆科　285
龙胆属　285
龙葵　296
龙南后蕊苣苔　200
龙舌草　**30**

龙舌兰　54
龙舌兰属　54
龙师草　70
龙头草属　315
龙须藤　117
龙牙草　138
龙牙草属　138
龙眼　209
龙眼润楠　21
龙眼属　209
龙爪槐　122
龙珠　296
龙珠属　296
隆脉冷水花　163
隆缘桉　201
楼梯草　161
楼梯草属　161
漏芦属　330
芦荟　52
芦荟属　52
芦莉草属　305
芦苇　78
芦苇属　78
芦竹亚科　78
庐山楼梯草　161
鹿藿　131
鹿藿属　131
鹿角杜鹃　272
鹿角栲　166
露珠草属　199
露珠珍珠菜　259
峦大越橘　274
李花菊属　343
栾属　209
栾树　210
卵叶丁香蓼　200

乱草　78
轮环藤　92
轮环藤属　91
轮叶赤楠　202
轮叶狐尾藻　112
轮叶节节菜　199
轮叶蒲桃　202
轮钟花　**328**
轮钟花属　328
罗浮冬青　327
罗浮栲　165
罗浮槭　208
罗浮柿　255
罗浮锥　**165**
罗汉果属　176
罗汉松　3
罗汉松科　3
罗汉松属　3
罗河石斛　46
罗勒　316
罗勒属　316
萝卜　227
萝卜属　227
椤木石楠　140
裸花水竹叶　60
络石　289
络石属　289
落地梅　259
落萼叶下珠　196
落花生　124
落花生属　124
落葵　245
落葵科　245
落葵属　245
落新妇　110
落新妇属　109

落羽杉　5
落羽杉属　5
吕宋莢蒾　347
绿豆　131
绿萼凤仙花　250
绿花斑叶兰　40
绿篱竹　**75**
绿穗苋　242
绿叶地锦　114
绿叶胡枝子　134
绿叶五味子　7
绿枝山矾　266
葎草　155
葎草属　155

M

麻栎　170
麻楝　215
麻楝属　215
麻叶绣线菊　150
马鞭草　308
马鞭草科　307
马鞭草属　308
马瓟瓜　178
马瓟儿属　178
马齿苋　246
马齿苋科　245
马齿苋属　245
马兜铃　9
马兜铃科　9
马兜铃属　9
马棘　125
马甲菝葜　**35**
马甲子　152
马甲子属　152
马蓝　306

江西九连山种子植物名录

马蓝属 306	毛背桂樱 143	毛叶老鸦糊 309	猕猴桃科 268
马蔺 52	毛臂形草 80	毛叶轮环藤 91	猕猴桃属 268
马铃苣苔属 300	毛柄肥肉草 204	毛叶桑寄生 229	米勒菊族 344
马铃薯 296	毛赤车 162	毛叶芋兰 42	米碎花 252
马钱科 286	毛刺蒴麻 220	毛毡草 340	米仔兰 215
马松子 219	毛冬青 326	毛枝格药柃 253	米仔兰属 215
马松子属 219	毛萼山珊瑚 37	毛枝金腺荚蒾 346	米槠 165
马唐属 81	毛秆野古草 83	毛枝蛇葡萄 114	密苞山姜 64
马蹄荷属 108	毛茛 100	毛轴莎草 69	密齿酸藤子 258
马铜铃 175	毛茛科 95	毛竹 73	密花鸡血藤 126
马尾松 2	毛茛属 100	毛柱铁线莲 99	密花山矾 264
马先蒿属 323	毛狗骨柴 277	毛锥 165	密花石斛 46
马银花 273	毛果巴豆 190	茅膏菜 237	密花树 261
马缨丹 308	毛果堇菜 186	茅膏菜科 237	密花梭罗 219
马缨丹属 308	毛果算盘子 195	茅膏菜属 237	密花崖豆藤 126
买麻藤科 1	毛黑壳楠 18	茅栗 165	密球苎麻 160
买麻藤属 1	毛花点草 162	茅莓 148	密叶薹草 68
麦冬 57	毛花猕猴桃 269	玫瑰茄 218	蜜甘草 196
麦蓝菜 240	毛黄肉楠 15	莓叶委陵菜 142	蜜腺白叶莓 147
麦蓝菜属 240	毛鸡矢藤 283	霉草科 33	蜜腺小连翘 185
满山红 272	毛金竹 74	美登木 181	蜜茱萸属 212
满树星 324	毛蓼 232	美登木属 181	绵毛金腰 110
曼陀罗属 293	毛鳞省藤 58	美冠兰属 49	绵穗苏属 312
蔓草虫豆 128	毛马唐 81	美国梧桐 104	棉豆 130
蔓赤车 162	毛脉槭 209	美花石斛 46	棉花 217
蔓胡颓子 151	毛葡萄 116	美丽胡枝子 135	棉属 217
蔓茎堇菜 185	毛漆树 207	美丽猕猴桃 270	闽楠 23
蔓九节 283	毛蕊铁线莲 98	美丽秋海棠 178	闽粤石楠 140
蔓龙胆属 285	毛瑞香 221	美丽獐牙菜 286	闽粤蚊母树 107
芒 86	毛山矾 265	美丽紫金牛 256	磨盘草 216
芒属 86	毛山蒟 9	美脉花楸 150	魔芋 26
牻牛儿苗 197	毛麝香 300	美人蕉 62	魔芋属 26
牻牛儿苗科 197	毛麝香属 300	美人蕉科 62	墨兰 49
牻牛儿苗属 197	毛桃木莲 11	美人蕉属 62	母草 302
莐草 6	毛葶玉凤花 38	迷迭香 318	母草科 302
毛八角枫 248	毛杨梅 171	迷迭香属 318	母草属 302

附　录

牡蒿　338
牡荆属　321
木鳖子　176
木豆　128
木豆属　128
木防己属　91
木芙蓉　218
木瓜　138
木瓜红　267
木瓜红属　267
木瓜属　138
木荷　263
木荷属　263
木荚红豆　122
木姜冬青　326
木姜润楠　21
木姜叶柯　169
木姜叶青冈　168
木姜子　19
木姜子属　19
木槿　218
木槿属　218
木蜡树　207
木兰寄生　230
木兰科　10
木兰属　11
木蓝属　125
木蓝族　125
木莲　11
木莲属　11
木麻黄　172
木麻黄科　172
木麻黄属　172
木莓　149
木棉　217
木棉属　217

木薯　193
木薯属　193
木通　89
木通科　89
木通属　89
木犀　298
木犀科　296
木犀榄　298
木犀榄属　298
木犀属　298
木油桐　194
木竹子　184
苜蓿属　136
墓头回　350

N

纳槁润楠　21
纳茜菜科　31
娜塔栎　170
南赤飑　177
南方荚蒾　347
南方露珠草　199
南瓜　174
南瓜属　174
南芥属　224
南岭冬青　327
南岭黄檀　124
南岭栲　165
南岭槭　208
南岭山矾　264
南岭舌唇兰　39
南岭小檗　94
南岭柞木　189
南平野桐　192
南蛇藤属　179
南酸枣　206

南酸枣属　206
南天竹　95
南天竹属　95
南五味属　7
南五味子　7
南亚新木姜子　23
南洋杉　2
南洋杉科　2
南洋杉属　2
南洋楹　121
南洋楹属　121
南烛　273
南紫薇　198
楠属　23
内折香茶菜　314
尼泊尔蓼　234
尼泊尔鼠李　153
尼泊尔酸模　236
坭竹　75
泥胡菜　330
泥胡菜属　330
泥花草　302
泥柯　169
拟赤杨　266
拟单性木兰　13
拟南芥菜　223
拟漆姑草　239
拟漆姑属　239
拟榕叶冬青　327
拟鼠麹草　335
宁波木犀　298
柠檬　211
牛鞭草　85
牛鞭草属　85
牛耳枫　109
牛筋草　79

牛姆瓜　91
牛皮菜　**242**
牛皮消　288
牛茄子　295
牛虱草　79
牛矢果　299
牛藤果　90
牛尾菜　36
牛膝　241
牛膝菊　344
牛膝菊属　344
牛膝属　240
钮子瓜　178
糯稻　72
糯米条　348
糯米条属　348
糯米团　161
糯米团属　161
女萎　97
女贞　298
女贞属　298

O

欧菱　**199**

P

攀倒甑　350
盘柱冬青　**325**
刨花润楠　21
泡花树　101
泡花树属　101
泡桐科　321
泡桐属　321
盆距兰属　50
蓬莱葛　286
蓬莱葛属　286
披碱草属　76

江西九连山种子植物名录

披针叶蓬莱葛　286
霹雳薹草　68
枇杷　139
枇杷属　138
飘拂草属　70
平车前　301
平伐含笑　12
平叶酸藤子　**258**
苹果属　139
萍蓬草　6
萍蓬草属　6
坡油甘　125
坡油甘属　125
婆婆纳　301
婆婆纳属　301
婆婆针　341
破坏草　344
匍匐南芥　224
葡蟠　156
葡萄　116
葡萄科　112
葡萄属　115
蒲葵　59
蒲葵属　59
蒲桃属　202
朴属　155
朴树　155
普洱茶　261

Q

七层楼　290
七里明　339
七星莲　**185**
七叶一枝花　34
桤木属　172
桤叶树科　270

桤叶树属　270
漆姑草　239
漆姑草属　239
漆树科　206
漆树属　207
奇蒿　337
荠　225
荠属　225
畦畔莎草　69
千瓣红花石榴　198
千层塔　337
千根草　191
千斤拔　129
千斤拔属　129
千金藤　93
千金藤属　93
千金子　80
千金子属　80
千里光　334
千里光属　334
千屈菜　198
千屈菜科　197
千屈菜属　198
千日红　243
千日红属　243
牵牛　**292**
牵牛花　292
前胡　**359**
前胡属　359
浅圆齿堇菜　186
芡实　6
芡属　6
茜草　283
茜草科　275
茜草属　283
茜树　276

茜树属　276
蔷薇科　138
蔷薇属　144
荞麦　231
荞麦属　231
壳菜果　108
壳菜果属　108
壳斗科　164
鞘花　229
鞘花属　229
茄　295
茄科　292
茄属　295
窃衣　359
窃衣属　359
亲族薹草　67
芹菜　**356**
芹属　356
琴叶榕　157
琴叶紫菀　336
青菜　**225**
青麸杨　207
青冈　167
青冈属　166
青钩栲　166
青灰叶下珠　196
青江藤　179
青绿薹草　67
青皮木　229
青皮木科　229
青皮木属　229
青香茅　85
青葙　242
青葙属　242
青杨梅　171
青叶苎麻　160

青榨槭　208
清风藤　103
清风藤科　101
清风藤属　103
苘麻属　216
穹隆薹草　67
琼楠属　15
秋枫　195
秋枫属　195
秋海棠科　178
秋海棠属　178
秋葵　216
秋葵属　216
秋拟鼠麴草　335
秋水仙科　34
求米草　81
求米草属　81
球果堇菜　**186**
球核荚蒾　348
球花马蓝　306
球穗扁莎　71
球序卷耳　238
球柱草属　66
瞿麦　238
曲江远志　137
曲茎假糙苏　316
全唇盂兰　37
全缘灯台莲　26
全缘叶紫珠　309
拳参　**232**
拳蓼　232
缺齿红丝线　293
缺萼枫香　105
缺萼枫香树　**105**
雀稗　82
雀稗属　82

雀梅藤 153
雀梅藤属 153
雀舌草 240
雀舌黄杨 105

R

荛花属 222
饶平石楠 141
人字果属 100
忍冬 **349**
忍冬科 348
忍冬属 349
任豆 118
任豆属 118
日本粗叶木 280
日本杜英 183
日本景天 111
日本冷水花 163
日本柳杉 3
日本蛇根草 282
日本薯蓣 32
日本五月茶 194
日本紫珠 310
绒毛锐尖山香圆 206
绒毛润楠 22
绒毛山胡椒 19
绒毛石楠 141
榕属 156
榕树 157
柔枝莠竹 86
肉果兰属 37
肉穗草 205
肉穗草属 205
如意草 **187**
乳儿绳 289

乳源木莲 **11**
软荚红豆 122
软条七蔷薇 145
软枣猕猴桃 268
锐尖山香圆 206
锐颖葛氏草 84
瑞香 221
瑞香科 221
瑞香属 221
润楠 21
润楠属 20
箬竹 73
箬竹属 73

S

赛山梅 267
三白草 8
三白草科 8
三白草属 8
三点金 132
三花冬青 327
三花悬钩子 149
三尖杉 5
三尖杉属 5
三角槭 208
三角形冷水花 164
三角叶凤毛菊 **330**
三角叶堇菜 186
三角叶须弥菊 330
三裂叶蛇葡萄 113
三裂叶薯 292
三脉紫菀 336
三品一枝花 31
三蕊草 205
三腺金丝桃 185
三腺金丝桃属 185

三叶赤楠 **202**
三叶海棠 139
三叶木通 89
三叶委陵菜 142
三叶崖爬藤 115
伞房花耳草 278
伞花木 209
伞花木属 209
伞花石豆兰 45
伞形科 356
散血丹属 294
桑 159
桑寄生 230
桑寄生科 229
桑寄生属 229
桑科 156
桑属 159
沙梨 144
莎草科 66
莎草属 68
山八角 **6**
山白前 288
山扁豆 **118**
山扁豆属 118
山苍子 19
山茶 262
山茶科 261
山茶属 261
山冻绿 **152**
山豆根 123
山豆根属 123
山豆根族 123
山杜英 183
山矾 **266**
山矾科 264
山矾属 264

山枫香 **106**
山柑科 223
山柑属 223
山拐枣 188
山拐枣属 188
山桂花 187
山桂花属 187
山合欢 120
山胡椒 18
山胡椒属 17
山槐 **120**
山黄麻属 155
山鸡椒 **19**
山菅 52
山菅属 52
山姜 63
山姜属 63
山橿 19
山橘 211
山蒟 8
山苦荬 332
山冷水花 **163**
山龙眼科 104
山龙眼属 104
山罗花 322
山罗花属 322
山绿柴 152
山绿豆 131
山麻杆 190
山麻杆属 190
山蚂蝗 132
山蚂蝗族 132
山麦冬 57
山麦冬属 56
山莓 146
山茉莉属 267

江西九连山种子植物名录

山牡荆 321	少叶黄杞 171	石斛族 45	疏穗画眉草 78
山木通 98	舌唇兰 39	石椒草属 210	疏头过路黄 260
山木香 **144**	舌唇兰属 39	石榴 198	疏叶崖豆 127
山芹属 358	蛇根草属 282	石榴属 198	疏花耳草 278
山珊瑚 37	蛇菰 228	石龙尾 301	黍 82
山珊瑚属 37	蛇菰科 228	石龙尾属 301	黍属 82
山柿 **254**	蛇菰属 228	石芒草 84	黍亚科 80
山桐子 188	蛇含委陵菜 142	石南藤 9	黍族 80
山桐子属 188	蛇莓 142	石楠 141	蜀葵 217
山萮苣 332	蛇葡萄 113	石楠属 140	蜀葵属 217
山香圆 206	蛇葡萄属 112	石荠苎 316	鼠刺 109
山香圆属 206	蛇头草 26	石荠苎属 316	鼠刺科 109
山血丹 257	射干 51	石蒜 54	鼠刺属 109
山芝麻 218	深裂竹根七 56	石蒜科 53	鼠耳芥属 223
山芝麻属 218	深山含笑 13	石蒜属 53	鼠李科 151
山茱萸科 248	深圆齿堇菜 **186**	石仙桃 44	鼠李属 152
山茱萸属 249	肾唇虾脊兰 47	石仙桃属 43	鼠麹草 335
杉木 4	肾叶天胡荽 355	石香薷 316	鼠麹草属 335
杉木属 4	生菜 332	石血 **289**	鼠麹草族 335
珊瑚豆 296	生根冷水花 164	石岩枫 192	鼠尾草 319
珊瑚朴 155	省沽油科 205	石竹科 237	鼠尾草属 318
珊瑚树 347	省藤属 58	石竹属 238	鼠尾粟 79
珊瑚樱 296	湿地蓼 234	蚀齿荚蒾 347	鼠尾粟属 79
穆属 79	湿地松 2	使君子 197	薯莨 32
鳝藤 287	十大功劳属 95	使君子科 197	薯蓣科 32
鳝藤属 287	十字花科 223	始兴石斛 47	薯蓣属 32
商陆 244	十字兰 38	柿 254	树参 353
商陆科 244	十字薹草 67	柿科 254	树参属 353
商陆属 244	石斑木 144	柿属 254	树兰亚科 41
少花柏拉木 203	石斑木属 144	绶草 41	栓叶安息香 268
少花桂 17	石菖蒲 **25**	绶草属 41	双蝴蝶 286
少花海桐 351	石刁柏 54	疏齿木荷 263	双蝴蝶属 286
少花龙葵 295	石豆兰属 45	疏花叉花草 **306**	双穗雀稗 82
少花万寿竹 35	石胡荽 345	疏花蓼 234	双尾兰族 39
少年红 256	石胡荽属 345	疏花马兰 306	水鳖科 29
少穗飘拂草 70	石斛属 45	疏花卫矛 180	水车前 30

水飞蓟 330	水榆花楸 150	酸浆属 295	檀梨属 228
水飞蓟属 330	水玉簪科 31	酸模 236	檀香科 228
水红木 346	水玉簪属 31	酸模属 236	唐菖蒲 51
水晶兰属 271	水珍珠菜 317	酸模叶蓼 233	唐菖蒲属 51
水苦竹 **75**	水竹 74	酸藤子 258	唐松草属 101
水蓼 233	水竹草属 60	酸藤子属 258	棠叶悬钩子 148
水龙 200	水烛 64	酸味子 **194**	糖芥属 226
水芹属 358	睡莲 6	蒜 53	桃金娘 202
水青冈 168	睡莲科 6	算盘子 195	桃金娘科 201
水青冈属 168	睡莲属 6	算盘子属 195	桃金娘属 202
水榕石 183	丝瓜 175	碎米荠属 225	桃叶石楠 141
水筛 29	丝瓜属 175	碎米莎草 69	套鞘薹草 68
水筛属 29	丝线吊芙蓉 273	穗花山姜 **64**	藤黄科 184
水杉 4	丝叶球柱草 66	穗序鹅掌柴 355	藤黄属 184
水杉属 4	四川冬青 327	穗状狐尾藻 112	藤黄檀 124
水蛇麻 156	四季豆 **130**	梭罗树属 219	藤金合欢 120
水蛇麻属 156	四角棱 253		天胡荽 355
水虱草 70	四棱草 319	**T**	天胡荽属 354
水松 4	四棱草属 319	台北艾纳香 340	天葵 100
水松属 4	四轮香属 313	台湾独蒜兰 44	天葵属 100
水苏 320	四脉金茅 85	台湾莨蒁 348	天蓝苜蓿 136
水苏属 320	四生臂形草 80	台湾剪股颖 76	天料木 188
水蓑衣 304	松蒿 323	台湾堇菜 **88**	天料木属 188
水蓑衣属 304	松蒿属 323	台湾林檎 139	天麻 42
水田碎米荠 226	松科 1	台湾毛楤木 352	天麻属 42
水团花 275	松属 2	台湾泡桐 321	天麻族 42
水团花属 275	薮苎麻 160	台湾枇杷 138	天门冬 54
水薤 30	苏铁 1	台湾榕 157	天门冬科 54
水薤科 30	苏铁科 1	台湾十大功劳 **95**	天门冬属 54
水薤属 30	苏铁属 1	台湾吻兰 48	天名精 340
水蜈蚣 **71**	素馨属 297	薹草属 66	天名精属 340
水蜈蚣属 71	粟米草 245	太平莓 148	天南星 26
水仙 54	粟米草科 245	坛果山矾 266	天南星科 25
水仙属 54	粟米草属 245	昙花 246	天南星属 26
水苋菜 197	酸橙 210	昙花属 246	天女花 13
水苋菜属 197	酸浆 295	檀梨 **228**	天女花属 13

江西九连山种子植物名录

天人草 312	筒冠花属 320	万年青属 58	乌药 17
天竺桂 16	筒鞘蛇菰 228	万寿菊 342	污毛粗叶木 280
田麻 217	头花蓼 232	万寿菊属 342	无瓣蔊菜 227
田麻属 217	头花水玉簪 31	万寿菊族 342	无柄卫矛 181
甜菜 242	头序楤木 352	万寿竹属 34	无刺枸骨 325
甜菜属 242	透茎冷水花 164	王不留行 240	无根萍 **28**
甜橙 **211**	秃瓣杜英 183	王瓜 177	无根萍属 28
甜根子草 87	秃房杜鹃 272	网络鸡血藤 127	无根藤 16
甜瓜 173	秃红紫珠 310	网络崖豆藤 **127**	无根藤属 16
甜麻 217	突托蜡梅 15	网脉山龙眼 104	无花果 156
甜槠 165	土大黄 236	网脉酸藤子 258	无患子 210
条穗薹草 68	土茯苓 35	望江南 118	无患子科 208
条纹挖耳草 307	土麦冬 **57**	威灵仙 98	无患子属 210
条叶百合 36	土牛膝 240	微糙三脉紫菀 336	无腺白叶莓 147
条叶龙胆 285	土人参 245	微毛柃 252	无心菜 237
条叶榕 **157**	土人参科 245	尾花细辛 9	无心菜属 237
条叶猪屎豆 123	土人参属 245	委陵菜 141	无叶兰 41
铁灯兔儿风 331	兔儿风属 331	委陵菜属 141	无叶兰属 41
铁冬青 326	兔耳兰 49	卫矛科 179	无叶美冠兰 49
铁海棠 191	菟丝子属 291	卫矛属 180	芜萍 28
铁鸠菊属 333	团花 282	未定位种 345	吴茱萸 212
铁皮石斛 46	团花属 282	温氏报春苣苔 300	梧桐 217
铁山矾 265	托叶楼梯草 161	文殊兰 53	梧桐属 217
铁树 **1**	陀螺果 267	文殊兰属 53	蜈蚣草属 85
铁苋菜 189	陀螺果属 267	蚊母树属 107	五福花科 345
铁苋菜属 189	椭圆叶齿果草 137	吻兰属 48	五加科 352
铁线莲属 97		吻兰族 47	五加属 353
铁仔属 261	**W**	蕹菜 292	五节芒 86
铁轴草 320	挖耳草 307	莴苣 332	五列木科 251
亭立 31	娃儿藤属 290	莴苣属 332	五岭龙胆 285
庭藤 125	弯喙薹草 67	乌饭树 273	五岭细辛 10
葶苈 226	弯曲碎米荠 225	乌桕属 193	五味子科 6
葶苈属 226	豌豆 136	乌口树属 284	五味子属 7
通奶草 191	豌豆属 136	乌蔹莓 114	五叶木通 **91**
茼蒿 339	万代兰族 49	乌蔹莓属 114	五叶薯蓣 32
茼蒿属 339	万年青 58	乌头属 95	五月茶属 194

附　录

五月瓜藤　90
舞草　132
舞草属　132
舞花姜　64
舞花姜属　64
雾水葛　164
雾水葛属　164

X

西川朴　155
西番莲科　187
西番莲属　187
西瓜　173
西瓜属　173
西南粗叶木　279
稀花蓼　233
豨莶　344
豨莶属　344
喜树　248
喜树属　248
喜阴草属　33
细柄半枫荷　106
细柄草属　84
细柄薯蓣　33
细风轮菜　312
细梗胡枝子　135
细梗络石　289
细梗薹草　68
细茎石斛　46
细罗伞　255
细毛鸭嘴草　86
细辛　10
细辛属　9
细叶桉　201
细叶连蕊茶　**262**
细叶石仙桃　43
细叶鼠麴草　335

细叶水团花　275
细叶香桂　**17**
细圆藤　93
细圆藤属　93
细枝柃　253
虾脊兰属　47
狭穗阔蕊兰　38
狭叶海桐　351
狭叶藜芦　34
狭叶母草　303
狭叶南烛　271
狭叶葡萄　116
狭叶山胡椒　18
狭叶绣球　247
狭叶鸢尾兰　45
狭叶栀子　277
下田菊　344
下田菊属　344
夏枯草　318
夏枯草属　318
夏飘拂草　70
夏天无　88
仙茅　51
仙茅科　51
仙茅属　51
仙人掌　246
仙人掌科　246
仙人掌属　246
纤花耳草　279
纤细轮环藤　92
显齿蛇葡萄　113
显脉冬青　325
显脉新木姜子　23
显柱南蛇藤　179
藓叶卷瓣兰　45
苋　241

苋科　240
苋属　241
线瓣玉凤花　38
线萼山梗菜　328
线叶蓟　329
线叶水芹　**358**
线叶猪屎豆　**123**
线柱兰　41
线柱兰属　41
陷脉石楠　140
腺萼马银花　271
腺萼木　281
腺萼木属　281
腺毛阴行草　323
腺药珍珠菜　260
腺叶桂樱　143
香茶菜　314
香茶菜属　314
香椿　216
香椿属　216
香附子　69
香港瓜馥木　14
香港绶草　41
香港四照花　249
香港鹰爪花　14
香根芹　358
香根芹属　358
香桂　17
香花枇杷　138
香花羊耳蒜　44
香槐　121
香槐属　121
香荚兰亚科　37
香简草属　314
香科科属　320
香茅属　85

香楠　276
香皮树　**102**
香蒲　**65**
香蒲科　64
香蒲属　64
香薷属　313
香薷状香简草　314
香石竹　238
香杨梅属　171
香叶树　18
香橼　211
湘楠　23
蘘荷　64
向日葵　343
向日葵属　343
向日葵族　343
橡皮树　156
小斑叶兰　40
小檗科　94
小檗属　94
小赤车　**162**
小二仙草　112
小二仙草科　112
小二仙草属　112
小飞蓟　**330**
小构树　156
小果菝葜　35
小果冬青　326
小果蔷薇　144
小果润楠　21
小果山龙眼　104
小果十大功劳　95
小果香椿　216
小花扁担杆　218
小花琉璃草　290
小花龙牙草　138

383

小花糖芥 226	薤白 53	悬铃木科 103	崖豆藤属 127
小槐花 135	心叶带唇兰 48	悬铃木属 103	崖豆藤族 125
小槐花属 135	心叶堇菜 186	悬铃叶苎麻 161	崖爬藤属 115
小茴香 357	心叶毛蕊茶 262	旋覆花族 339	亚洲络石 **289**
小尖堇菜 186	新耳草属 281	旋花科 291	烟草 294
小金梅草 51	新木姜子 22	旋鳞莎草 69	烟草属 294
小金梅草属 51	新木姜子属 22	薛荔 158	烟管头草 340
小蜡 298	星毛鹅掌柴 356	雪胆属 175	烟台飘拂草 71
小藜 243	星毛冠盖藤 246	雪里蕻 224	延平柿 255
小蓼花 233	星毛金锦香 204	雪松 1	延叶珍珠菜 259
小鳞薹草 **67**	星毛鸭脚木 **356**	雪松属 1	沿海紫牛 **257**
小木通 97	星宿菜 259	血党 256	沿阶草 57
小舌唇兰 39	杏香兔儿风 331	血红肉果兰 37	沿阶草属 57
小升麻 **96**	宿根画眉草 78	血盆草 318	盐麸木 207
小香薷 315	秀丽野海棠 203	血水草 89	盐麸木属 207
小小斑叶兰 40	秀丽锥 **165**	血水草属 89	眼子菜 30
小型珍珠茅 72	秀柱花 107	寻菊亚科 331	眼子菜科 30
小眼子菜 30	秀柱花属 107	荨麻 164	眼子菜属 30
小叶白辛树 267	绣球花科 246	荨麻科 160	燕麦属 77
小叶冷水花 163	绣球荚蒾 347	荨麻属 164	燕麦族 76
小叶买麻藤 1	绣球属 247	覃树 106	秧青 124
小叶女贞 298	绣球绣线菊 150	覃树科 105	羊耳菊属 341
小叶葡萄 116	绣线菊属 150		羊耳蒜属 44
小叶青冈 168	绣线梅属 139	**Y**	羊角拗 289
小叶三点金 132	锈点薹草 **66**	丫蕊花 34	羊角拗属 289
小叶石楠 141	锈毛刺葡萄 116	丫蕊花属 34	羊角藤 280
小叶蚊母树 107	锈毛钝果寄生 230	鸦椿卫矛 180	羊乳 327
小叶乌药 18	锈毛莓 148	鸭儿芹 357	羊舌树 265
小叶云实 119	锈毛石斑木 144	鸭儿芹属 357	羊蹄 236
小叶珍珠菜 260	锈毛铁线莲 98	鸭公树 23	羊蹄甲属 117
小一点红 334	须弥菊属 330	鸭脚茶 **204**	阳荷 64
小鱼仙草 316	萱草 52	鸭舌草 61	阳芋 **296**
小柱悬钩子 146	萱草属 52	鸭跖草 59	杨柳科 187
小紫金牛 256	玄参科 302	鸭跖草科 59	杨梅 171
缅草 350	悬钩子蔷薇 145	鸭跖草属 59	杨梅科 171
缅草属 350	悬钩子属 145	鸭跖草状凤仙花 250	
		鸭嘴草属 86	

杨梅叶蚊母树 107	野桐属 191	异叶茴芹 359	英国梧桐 104
杨属 188	野豌豆属 136	异叶梁王茶 355	罂粟科 88
杨桐属 251	野豌豆族 136	异叶爬山虎 114	鹰爪枫 90
杨子毛茛 100	野梧桐 192	异叶榕 157	鹰爪花 14
洋葱 53	野苋菜 242	异叶山蚂蝗 132	鹰爪花属 14
洋金花 293	野线麻 160	益母草 315	蘡薁 115
药粉兰族 39	野鸦椿 205	益母草属 315	迎春花 297
野艾蒿 338	野鸦椿属 205	薏苡 84	蝇子草属 239
野慈姑 29	野燕麦 77	薏苡属 84	映山红 273
野大豆 129	野迎春 297	翼梗五味子 7	硬齿猕猴桃 268
野菰属 322	野芋 27	阴地蒿 338	硬斗石栎 169
野古草 **83**	叶底红 203	阴地堇菜 187	硬秆子草 84
野古草属 83	叶下珠 196	阴地唐松草 101	硬果薹草 68
野古草族 83	叶下珠科 194	阴行草 323	硬壳柯 **169**
野海棠属 203	叶下珠属 196	阴行草属 323	硬头黄竹 76
野含笑 13	叶子花 244	阴香 16	硬叶冬青 325
野茭白 **72**	叶子花属 244	茵陈蒿 338	油菜 224
野蕉 62	夜来香 293	茵芋 213	油茶 262
野菊 339	夜香牛 333	茵芋属 213	油点草 37
野葵 219	夜香树 293	银边吊兰 **55**	油点草属 37
野老鹳草 197	夜香树属 293	银带虾脊兰 47	油橄榄 298
野魔芋 26	一点红 334	银桦 104	油杉属 2
野牡丹 204	一点红属 334	银桦属 104	油柿 255
野牡丹科 203	一年蓬 **337**	银莲花属 96	油桐 194
野牡丹属 204	一品红 191	银木荷 263	油桐属 194
野木瓜 90	一球悬铃木 104	银色山矾 266	莸属 311
野木瓜属 90	一枝黄花 337	银星秋海棠 179	有芒鸭嘴草 86
野漆 207	一枝黄花属 337	银杏 1	莠竹属 86
野青树 125	宜昌荚蒾 **347**	银杏科 1	柚 211
野扇花 105	宜昌润楠 20	银杏属 1	盂兰属 37
野扇花属 105	异色猕猴桃 268	银钟花 266	鱼黄草属 292
野生紫苏 317	异色泡花树 102	银钟花属 266	鱼藤属 127
野柿 255	异形兰属 49	淫羊藿 94	鱼尾葵 58
野茼蒿 334	异型莎草 69	淫羊藿属 94	鱼尾葵属 58
野茼蒿属 334	异药花 204	印度榕 **156**	鱼腥草 8
野桐 192	异药花属 204	印加树族 120	鱼眼草 336

江西九连山种子植物名录

鱼眼草属 336	圆锥柯 170	泽兰族 344	珍珠花属 271
禺毛茛 100	圆锥绣球 247	泽泻科 28	珍珠茅属 72
俞藤 116	缘脉菝葜 36	泽泻属 28	支柱蓼 235
俞藤属 116	远志科 136	泽泻虾脊兰 47	芝麻 304
萸叶五加属 354	远志属 136	泽珍珠菜 258	知风草 78
榆科 154	月季花 144	柞木 189	栀子 277
榆属 154	月月红 **256**	柞木属 189	栀子属 277
羽叶蛇葡萄 113	越橘属 273	窄基红褐栲 253	蜘蛛抱蛋 55
羽衣甘蓝 224	越南山矾 264	窄叶败酱 350	蜘蛛抱蛋属 55
雨久花科 61	粤北鹅耳枥 173	窄叶南蛇藤 180	直角荚蒾 347
雨久花属 61	粤北柯 169	窄叶泽泻 28	直立蜂斗草 **205**
玉凤花属 38	粤赣荚蒾 346	窄叶紫珠 310	止血马唐 81
玉兰属 13	云锦杜鹃 272	毡毛泡花树 102	芷江石楠 **141**
玉米 88	云南叉柱兰 40	黏木 194	枳椇 152
玉蜀黍属 88	云南黄素馨 297	黏木科 194	枳椇属 152
玉叶金花 281	云南梾叶树 270	黏木属 194	趾叶栝楼 177
玉叶金花属 281	云山青冈 168	獐牙菜属 286	中国繁缕 240
玉簪 56	云实 118	樟科 15	中国旌节花 **206**
玉簪属 56	云实属 118	樟属 16	中国绣球 247
玉竹 58	云实亚科 117	樟树 16	中国野菰 322
芋 27	云实族 118	樟叶荚蒾 346	中华赤胫散 235
芋兰属 42	云台南星 26	樟叶木防己 91	中华孩儿草 306
芋兰族 42	芸薹 225	樟叶泡花树 102	中华红丝线 293
芋属 27	芸薹属 224	樟叶槭 **208**	中华胡枝子 134
鸢尾科 51	芸香科 210	掌叶覆盆子 146	中华苦荬菜 **332**
鸢尾兰属 45		掌叶蓼 234	中华栝楼 177
鸢尾属 51	**Z**	爪哇唐松草 101	中华槭 209
元宝草 185	早禾树 **347**	沼兰族 44	中华蛇根草 282
芫荽 357	早熟禾 77	柘树 159	中华石楠 140
芫荽属 357	早熟禾属 77	浙江红山茶 261	中华双蝴蝶 **286**
圆果木姜子 20	早熟禾亚科 76	浙江金线兰 39	中华水芹 358
圆叶节节菜 199	早熟禾族 77	浙江润楠 20	中华薹草 67
圆叶茅膏菜 237	枣 154	浙江柿 **254**	中华卫矛 **181**,181
圆叶南蛇藤 179	枣属 154	浙江叶下珠 196	中华绣线菊 151
圆叶牵牛花 292	皂荚属 119	针齿铁仔 261	中华绣线梅 139
圆叶挖耳草 **307**	泽兰属 345	珍珠菜属 258	中华野海棠 204

中华锥花 313	竹根七 56	紫花美冠兰 49	紫菀族 336
中南鱼藤 127	竹根七属 56	紫花前胡 356	紫葳科 306
重瓣臭茉莉 311	竹亚科 73	紫花香薷 313	紫薇 198
重唇石斛 46	竹叶柴胡 356	紫金牛 257	紫薇属 198
重楼属 33	竹叶胡椒 8	紫金牛属 255	紫玉兰 13
重阳木 195	竹叶花椒 214	紫堇属 88	紫玉盘属 14
周毛悬钩子 146	竹叶吉祥草 61	紫茎泽兰属 344	紫珠属 309
皱柄冬青 325	竹叶吉祥草属 61	紫荆 117	棕榈 59
皱叶忍冬 349	竹叶兰 43	紫荆属 117	棕榈科 58
皱叶鼠李 153	竹叶兰属 43	紫罗兰 227	棕榈属 59
皱叶酸模 236	竹叶榕 158	紫罗兰属 227	棕竹 59
帚菊木亚科 329	竹叶山姜 63	紫麻 162	棕竹属 59
朱蕉 55	竹叶眼子菜 30	紫麻属 162	棕叶狗尾草 83
朱蕉属 55	苎麻属 160	紫马唐 81	棕叶芦 80
朱槿 218	柱果铁线莲 99	紫茉莉 244	棕叶芦属 80
朱砂根 256	砖子苗 69	紫茉莉科 244	棕叶芦族 80
珠芽艾麻 162	锥花属 313	紫茉莉属 244	走马胎 257
珠芽景天 111	锥属 165	紫楠 24	菹草 30
珠芽紫堇 88	紫斑蝴蝶草 304	紫萍 28	钻地风 248
诸葛菜 227	紫背金盘 309	紫萍属 28	钻地风属 248
诸葛菜属 227	紫背天葵 178	紫苏 317	钻天杨 188
猪屎豆 123	紫草科 290	紫苏属 317	醉蝶花 223
猪屎豆属 123	紫椿 **216**	紫穗槐 123	醉蝶花属 223
猪屎豆族 123	紫萼蝴蝶草 304	紫穗槐属 123	醉鱼草 302
猪仔笠 128	紫果冬青 327	紫穗槐族 123	醉鱼草属 302
蛛丝毛蓝耳草 60	紫果槭 208	紫藤属 127	酢浆草 182
槠头红 205	紫花地丁 186	紫菀属 336	酢浆草科 182
竹柏属 3	紫花含笑 12	紫菀亚科 334	酢浆草属 182

附录Ⅲ 拉丁学名索引

A

Abelia 348
Abelia chinensis 348
Abelia dielsii **351**
Abelmoschus 216
Abelmoschus esculentus 216
Abelmoschus manihot var. pungens 216
Abelmoschus moschatus 216
Abutilon 216
Abutilon indicum 216
Abutilon striatum 216
Acacia 120
Acacia mearnsii 120
Acacia sinuata 120
Acacieae 120
Acalypha 189
Acalypha australis 189
Acanthaceae 304
Acanthopanax gracilistylus **353**
Acer 208
Acer buergerianum 208
Acer cordatum 208
Acer coriaceifolium 208
Acer davidii 208
Acer fabri 208
Acer fabri var. rubrocarpus 208
Acer metcalfii 208
Acer oblongum 208
Acer pubinerve 209
Acer sinense 209
Acer tutcheri 209
Achyranthes 240

Achyranthes aspera 240
Achyranthes bidentata 241
Achyranthes longifolia 241
Achyranthes longifolia f. rubra 241
Aconitum 95
Aconitum finetianum 95
Acoraceae 25
Acorus 25
Acorus gramineus 25
Actaea 96
Actaea acerina 96
Actaea simplex 96
Actinidia 268
Actinidia arguta 268
Actinidia callosa 268
Actinidia callosa var. discolor 268
Actinidia callosa var. henryi 269
Actinidia chrysantha 269
Actinidia eriantha 269
Actinidia fulvicoma 269
Actinidia fulvicoma var. pachyphylla 269
Actinidia latifolia 269
Actinidia melanandra 269
Actinidia melliana 270
Actinidia valvata 270
Actinidiaceae 268
Actinodaphne 15
Actinodaphne cuparis 15
Actinodaphne pilosa 15
Adenocaulon 329
Adenocaulon himalaicum 329

Adenosma 300
Adenosma glutinosum 300
Adenostemma 344
Adenostemma lavenia 344
Adina 275
Adina pilulifera 275
Adina rubella 275
Adinandra 251
Adinandra bockiana var. acutifolia 251
Adinandra glischroloma var. macrosepala 251
Adinandra millettii f. 251
Adoxaceae 345
Aeginetia 322
Aeginetia sinensis 322
Aeschynomene 124
Aeschynomene indica 124
Aeschynomeneae 124
Agastache 308
Agastache rugosa 308
Agave 54
Agave americana 54
Agave sisalana 54
Ageratina 344
Ageratina adenophora 344
Ageratum 345
Ageratum conyzoides 345
Aglaia 215
Aglaia odorata 215
Aglaonema 25
Aglaonema modestum 25
Agrimonia 138

Agrimonia nipponica var. *occidentalis* 138
Agrimonia pilosa 138
Agrostis 76
Agrostis sozanensis 76
Aidia 276
Aidia canthioides 276
Aidia cochinchinensis 276
Ailanthus 214
Ailanthus altissima 214
Ainsliaea 331
Ainsliaea fragrans 331
Ainsliaea henryi 331
Ainsliaea macroclinidioides 331
Ainsliaea walkeri 331
Ajuga 308
Ajuga decumbens 308
Ajuga nipponensis 309
Akaniaceae 222
Akebia 89
Akebia quinata 89
Akebia trifoliata 89
Alangium 248
Alangium chinense 248
Alangium kurzii 248
Alangium platanifolium 248
Albizia 120
Albizia falcata **121**
Albizia julibrissin 120
Albizia kalkora 120
Alcea 217
Alcea rosea 217
Alchornea 190
Alchornea davidii 190
Alchornea trewioides 190
Aletris 31
Aletris scopulorum 31

Aletris spicata 31
Alisma 28
Alisma canaliculatum 28
Alismataceae 28
Alkekengi 295
Alkekengi officinarum 295
Allium 53
Allium cepa 53
Allium chinense 53
Allium macrostemon 53
Allium sativum 53
Allium victorialis 53
Alniphyllum 266
Alniphyllum fortunei 266
Alnus 172
Alnus trabeculosa 172
Alocasia 25
Alocasia odora 25
Aloe 52
Aloe vera 52
Alopecurus 77
Alopecurus aequalis 77
Alpinia 63
Alpinia bambusifolia 63
Alpinia japonica 63
Alpinia oblongifolia 63
Alpinia officinarum 63
Alpinia pumila 63
Alpinia stachyoides 64
Alternanthera 241
Alternanthera sessilis 241
Altingiaceae 105
Alyxia 287
Alyxia sinensis 287
Alyxia vulgaris **287**
Amaranthaceae 240
Amaranthus 241

Amaranthus albus 241
Amaranthus blitum 242
Amaranthus hybridus 242
Amaranthus spinosus 242
Amaryllidaceae 53
Ammannia 197
Ammannia baccifera 197
Ammannia multiflora 197
Amorpha 123
Amorpha fruticosa 123
Amorpheae 123
Amorphophallus 26
Amorphophallus rivieri 26
Amorphophallus variabilis 26
Ampelopsis 112
Ampelopsis cantoniensis 112
Ampelopsis chaffanjonii 113
Ampelopsis delavayana 113
Ampelopsis glandulosa 113
Ampelopsis grossedentata 113
Ampelopsis hypoglauca 113
Ampelopsis japonica 113
Ampelopsis rubifolia 114
Amphicarpaea 128
Amphicarpaea edgeworthii 128
Anacardiaceae 206
Andropogoneae 84
Anemone 96
Anemone hupehensis 96
Angelica 356
Angelica decursiva 356
Angelica grosseserrata **358**
Anisomeles 309
Anisomeles indica 309
Anneslea 251
Annesles fragrans 251
Annonaceae 14

江西九连山种子植物名录

Anodendron 287	*Aralia spinifolia* 352	*Aristolochia debilis* 9
Anodendron affine 287	*Aralia undulata* 353	Aristolochiaceae 9
Anoectochilus 39	Araliaceae 352	*Artabotrys* 14
Anoectochilus roxburghii 39	*Araucaria* 2	*Artabotrys hexapetalus* 14
Anoectochilus zhejiangensis 39	*Araucaria cunninghamii* 2	*Artabotrys hongkongensis* 14
Antenoron 231	Araucariaceae 2	*Artabotrys pachypetalus* 14
Antenoron filiforme 231	Araucariaceae 2	*Artemisia* 337
Antenoron neofiliforme 231	Araucariaceae 2	*Artemisia anomala* 337
Anthemideae 337	*Archidendron* 121	*Artemisia argyi* 338
Antidesma 194	*Archidendron clypearia* 121	*Artemisia capillaris* 338
Antidesma japonicum 194	*Archidendron lucida* 121	*Artemisia japonica* 338
Aphananthe 154	*Ardisia* 255	*Artemisia lactiflora* 338
Aphananthe aspera 154	*Ardisia affinis* 255	*Artemisia lavandulaefolia* 338
Aphyllorchis 41	*Ardisia alyxiaefoila* 256	*Artemisia princeps* 338
Aphyllorchis montana 41	*Ardisia brevicaulis* 256	*Artemisia sylvatica* 338
Aphyllorchis simplex 41	*Ardisia chinensis* 256	*Arthraxon* 84
Apiaceae 356	*Ardisia crenata* 256	*Arthraxon hispidus* 84
Apium 356	*Ardisia crispa* 256	Arundinarieae 73
Apium graveolens 356	*Ardisia elegans* 256	*Arundina* 43
Apocynaceae 287	*Ardisia faberi* 256	*Arundina graminifolia* 43
Aponogeton 30	*Ardisia gigantifolia* 257	*Arundinaria amara* **74**
Aponogeton lakhonensis 30	*Ardisia hanceana* 257	*Arundinella* 83
Aponogetonaceae 30	*Ardisia japonica* 257	*Arundinella hirta* 83
Aquifoliaceae 324	*Ardisia mamillata* 257	*Arundinella nepalensis* 84
Arabidopsis 223	*Ardisia primulifolia* 257	*Arundinella setosa* 84
Arabidopsis thaliana 223	*Ardisia punctata* 257	Arundineae 78
Arabis 224	*Ardisia pusilla* 257	Arundinelleae 83
Arabis flagellosa 224	Arecaceae 58	Arundinoideae 78
Araceae 25	*Arenaria* 237	*Asarum* 9
Arachis 124	*Arenaria serpyllifolia* 237	*Asarum cardiophyllum* 9
Arachis hypogaea 124	*Arethuseae* 43	*Asarum caudigerum* 9
Aralia 352	*Arisaema dubois-reymondiae* 26	*Asarum forbesii* 9
Aralia dasyphylla 352	*Arisaema* 26	*Asarum fukienense* 10
Aralia decaisneana 352	*Arisaema heterophyllum* 26	*Asarum sieboldii* 10
Aralia echinocaulis 352	*Arisaema japonicum* 26	*Asarum wulingense* 10
Aralia elata 352	*Arisaema sikokianum* 26	Asparagaceae 54
Aralia finlaysoniana 352	*Aristolochia* 9	*Asparagus* 54

附　录

Asparagus cochinchinensis　54
Asparagus officinalis　54
Asphodelaceae　52
Aspidistra　55
Aspidistra elatior　55
Aspidistra fimbriata　55
Aspidistra lurida　55
Aster　336
Aster ageratoides　336
Aster ageratoides var. *scaberulus*　336
Aster panduratus　336
Asteraceae　329
Astereae　336
Asteroideae　334
Astilbe　109
Astilbe austrosinensis　109
Astilbe chinensis　110
Asystasia　304
Asystasia neesiana　304
Avena　77
Avena fatua　77
Aveneae　76

B

Baeckea　201
Baeckea frutescens　201
Balanophora　228
Balanophora fungosa　228
Balanophora involucrata　228
Balanophora subcupularis　228
Balanophoraceae　228
Balsaminaceae　249
Bambusa　75
Bambusa albolineata　75
Bambusa blumeana　75
Bambusa gibba　75
Bambusa multiplex f. *fernleaf*　75

Bambusa multiplex var. *riviereorum*　76
Bambusa rigida　76
Bambusa ventricosa　76
Bambuseae　75
Bambusoideae　73
Barthea　203
Barthea barthei　203
Basella　245
Basella alba　245
Basellaceae　245
Bauhinia　117
Bauhinia apertilobata　117
Bauhinia × *blakeana*　117
Bauhinia championii　117
Bauhinia glauca　117
Begonia　178
Begonia × *albopicta*　179
Begonia algaia　178
Begonia crassirostris　178
Begonia fimbristipula　178
Begoniaceae　178
Beilschmiedia　15
Beilschmiedia fordii　15
Beilschmiedia percoriacea　15
Benincasa　173
Benincasa hispida　173
Bennettiodendron　187
Bennettiodendron leprosipes　187
Berberidaceae　94
Berberis　94
Berberis chingii　94
Berberis impedita　94
Berberis julianae　94
Berchemia　151
Berchemia floribunda　151
Beta　242

Beta vulgaris　242
Betula　172
Betula luminifera　172
Betulaceae　172
Bidens　341
Bidens bipinnata　341
Bidens biternata　341
Bidens pilosa　342
Bidens tripartita　342
Bignoniaceae　306
Bischofia　195
Bischofia javanica　195
Bischofia polycarpa　195
Blastus　203
Blastus cochinchinensis　203
Blastus pauciflorus　203
Bletilla　43
Bletilla striata　43
Blumea　339
Blumea clarkei　339
Blumea formosana　340
Blumea hieracifolia　340
Blumea megacephala　340
Blumea oblongifolia　340
Blyxa　29
Blyxa japonica　29
Boehmeria　160
Boehmeria densiglomerata　160
Boehmeria formosana　160
Boehmeria japonica　160
Boehmeria spicata　160
Boehmeria longispicata　160
Boehmeria nivea var. *tenacissima*　160
Boehmeria strigosifolia　160
Boehmeria tricuspis　161
Boenninghausenia　210

Bombax 217
Bombax ceiba 217
Boraginaceae 290
Bougainvillea 244
Bougainvillea glabra 244
Bougainvillea spectabilis 244
Brachiaria 80
Brachiaria subquadripara 80
Brachiaria villosa 80
Brandisia 322
Brandisia swinglei 322
Brassica 224
Brassica aloglabra 224
Brassica chinensis var. *oleifera* 224
Brassica juncea 224
Brassica juncea var. *multicep* 224
Brassica oleracea var. *acephala* 224
Brassica oleracea var. *botrytis* 224
Brassica oleracea var. *capitata* 224
Brassica parachinensis 225
Brassica pekinensis **225**
Brassica rapa var. *oleifera* 225
Brassicaceae 223
Bredia 203
Bredia amoena 203
Bredia fordii 203
Bredia longiloba 203
Bredia sinensis 204
Bretschneidera 222
Bretschneidera sinensis 222
Breynia 195
Breynia fruticosa 195
Broussonetia 156
Broussonetia kaempferi 156
Broussonetia kazinoki 156
Broussonetia papyrifera 156

Buchnera 322
Buchnera cruciata 322
Buddleja 302
Buddleja asiatica 302
Buddleja davidii 302
Buddleja lindleyana 302
Bulbophyllum 45
Bulbophyllum japonicum 45
Bulbophyllum kwangtungense 45
Bulbophyllum levinei 45
Bulbophyllum pecten-veneris 45
Bulbophyllum retusiusculum 45
Bulbophyllum shweliense 45
Bulbostylis 66
Bulbostylis densa 66
Bupleurum 356
Bupleurum marginatum 356
Burmannia 31
Burmannia championii 31
Burmannia coelestis 31
Burmannia nepalensis 31
Burmannia wallichii 31
Burmanniaceae 31
Buxaceae 105
Buxus 105
Buxus bodinieri 105
Buxus sinica 105

C

Cactaceae 246
Caesalpinia 118
Caesalpinia decapetala 118
Caesalpinia millettii 119
Caesalpinieae 118
Caesalpinioideae 117
Cajanus 128
Cajanus cajan 128
Cajanus scarabaeoides 128

Calamus 58
Calamus thysanolepis 58
Calanthe 47
Calanthe alismatifolia 47
Calanthe argenteostriata 47
Calanthe brevicornu 47
Calanthe flavus 47
Calanthe graciliflora 47
Calanthe sylvatica 47
Calanthe tancarvilleae 48
Calendula 335
Calendula officinalis 335
Calenduleae 335
Callerya 125
Callerya congestiflora 126
Callerya eurybotrya 126
Callerya nitida 126
Callerya reticulata 127
Callicarpa 309
Callicarpa brevipes 309
Callicarpa formosana 309
Callicarpa giraldii var. *subcanescens* 309
Callicarpa integerrima 309
Callicarpa japonica 310
Callicarpa longifolia 310
Callicarpa longipes 310
Callicarpa longissima 310
Callicarpa membranacea 310
Callicarpa rubella f. *crenata* 310
Callicarpa rubella var. *subglabra* 310
Callicarpa rubella 310
Calycanthaceae 15
Calypsieae 42
Camellia 261
Camellia assamica var. *assam-*

ica 261
Camellia chekiangoleosa 261
Camellia cordifolia 262
Camellia cuspidata 262
Camellia euryoides 262
Camellia japonica 262
Camellia oleifera 262
Camellia salicifolia 262
Camellia sasanqua 262
Camellia semiserrata 263
Camellia sinensis 263
Camellia uraku 263
Campanulaceae 327
Campanumoea 328
Campanumoea javanica 328
Campsis 306
Campsis grandiflora 306
Camptotheca 248
Camptotheca acuminata 248
Campylandra 55
Campylandra chinensis 55
Canavalia 128
Canavalia rosea 128
Canna 62
Canna edulis **62**
Canna indica 62
Canna indica 'Edulis' 62
Canna indica var. flava 62
Cannabaceae 154
Cannaceae 62
Capillipedium 84
Capillipedium assimile 84
Capparaceae 223
Capparis 223
Capparis acutifolia 223
Caprifoliaceae 348
Capsella 225

Capsella bursa-pastoris 225
Capsicum 292
Capsicum annuum var. conoides 293
Cardamine 225
Cardamine flexuosa 225
Cardamine impatiens 225
Cardamine leucantha 225
Cardamine lyrata 226
Cardueae 329
Carduoideae 329
Carex 66
Carex cruciata 67
Carex baccans 66
Carex bodinieri 66
Carex bostryohostigma 66
Carex brevicalmis 67
Carex brevicuspis 67
Carex chinensis 67
Carex gentilis 67
Carex gibba 67
Carex harlandii 67
Carex laticeps 67
Carex longipes 67
Carex maubertiana 68
Carex nemostachys 68
Carex perakensis 68
Carex scaposa 68
Carex sclerocarpa 68
Carex sidresticta 68
Carex taliensis 68
Carex teinogyna 68
Carica 223
Carica papaya 223
Caricaceae 223
Carpesium 340
Carpesium abrotanoides 340

Carpesium cernuum 340
Carpesium divaricatum 340
Carpinus 173
Carpinus chuniana 173
Carpinus viminea 173
Caryophyllaceae 237
Caryopteris 311
Caryopteris incana 311
Caryota 58
Caryota ochlandra 58
Cassia occidentalis **118**
Cassieae 118
Cassytha 16
Cassytha filiformis 16
Castanea 164
Castanea mollissima 164
Castanea seguinii 165
Castanopsis 165
Castanopsis carlesii 165
Castanopsis eyrei 165
Castanopsis fabri 165
Castanopsis fordii 165
Castanopsis jucunda 165
Castanopsis kawakamii 166
Castanopsis lamontii 166
Castanopsis sclerophylla 166
Castanopsis tibetana 166
Castanopsis uraiana 166
Casuarina 172
Casuarina equisetifolia 172
Casuarinaceae 172
Catharanthus 288
Catharanthus roseus 288
Cayratia 114
Cayratia albifolia 114
Cayratia japonica 114
Cedrus 1

Cedrus deodara 1
Celastraceae 179
Celastrus 179
Celastrus aculeatus 179
Celastrus gemmatus 179
Celastrus hindsii 179
Celastrus kusanoi 179
Celastrus oblanceifolius 180
Celastrus rosthornianus 179
Celastrus stylosus 179
Celosia 242
Celosia argentea 242
Celosia cristata 242
Celosia plumose 242
Celtis 155
Celtis julianae 155
Celtis sinensis 155
Celtis vandervoetiana 155
Centella 356
Centella asiatica 356
Centipeda 345
Centipeda minima 345
Centotheceae 80
Centranthera 322
Centranthera cochinchinensis 322
Cephalanthus 276
Cephalanthus tetrandrus 276
Cephalotaxus 5
Cephalotaxus fortunei 5
Cerastium 238
Cerastium arvense subsp. *strictum* 238
Cerastium glomeratum 238
Cercideae 117
Cercis 117
Cercis chinensis 117
Cestrum 293

Cestrum nocturnum 293
Chaenomeles 138
Chaenomeles sinensis 138
Chamaecrista 118
Chamaecrista mimosoides 118
Changnienia 42
Changnienia amoena 42
Cheirostylis 40
Cheirostylis yunnanensis 40
Chenopodium 243
Chenopodium album 243
Chenopodium ambrosioides **243**
Chenopodium ficifolium 243
Chiloschista 49
Chiloschista guangdongensis 49
Chimonanthus 15
Chimonanthus grammatus 15
Chimonanthus praecox 15
Chimonobambusa 73
Chimonobambusa quadrangularis 73
Chirita 299
Chirita anachoreta 299
Chloranthaceae 24
Chloranthus 24
Chloranthus henryi 24
Chloranthus multistachys 24
Chloranthus serratus 24
Chloranthus spicatus 25
Chloridoideae 78
Chloris 79
Chloris virgata 79
Chlorophytum 55
Chlorophytum comosum 55
Choerospondias 206
Choerospondias axillaris 206
Chrysanthemum 339

Chrysanthemum morifolium 339
Chrysanthemum indicum 339
Chrysosplenium 110
Chrysosplenium lanuginosum 110
Chukrasia 215
Chukrasia tabularis 215
Cichorieae 331
Cichorioideae 331
Cinnamomum 16
Cinnamomum austrosinense 16
Cinnamomum burmannii 16
Cinnamomum camphora 16
Cinnamomum japonicum 16
Cinnamomum micranthum 16
Cinnamomum parthenoxylon 16
Cinnamomum pauciflorum 17
Cinnamomum subavenium 17
Cinnamomum tsangii 17
Circaea 199
Circaea alpina 199
Circaea mollis 199
Cirsium 329
Cirsium arvense var. *integrifolium* 329
Cirsium hupehense 329
Cirsium japonicum 329
Cissus 114
Cissus assamica 114
Citrullus 173
Citrullus lanatus 173
Citrus 210
Citrus aurantium 210
Citrus grandis 211
Citrus limon 211
Citrus medica 211
Citrus sinensis 211
Cladrastis 121

Cladrastis wilsonii 121
Clausena 212
Clausena lansium 212
Cleisostoma 50
Cleisostoma paniculatum 50
Cleisostorma simondii var. *guangdongense* 50
Clematis 97
Clematis apiifolia 97
Clematis argentilucida 97
Clematis armandii 97
Clematis brevicaudata 97
Clematis cadmia 97
Clematis chinensis 98
Clematis chingii 98
Clematis crassifolia 98
Clematis finetiana 98
Clematis henryi 98
Clematis lasiandra 98
Clematis leschenaultiana 98
Clematis meyeniana 99
Clematis parviloba 99
Clematis uncinata 99
Cleomaceae 223
Cleome 223
Cleome gynandra 223
Clerodendrum 311
Clerodendrum bungei 311
Clerodendrum canescens 311
Clerodendrum chinense 311
Clerodendrum cyrtophyllum 311
Clerodendrum fortunatum 311
Clerodendrum japonicum 311
Clerodendrum kiangsiense 312
Clerodendrum kwangtungense 312
Clerodendrum mandarinorum 312
Clethra 270

Clethra delavayi 270
Clethraceae 270
Cleyera 252
Cleyera japonica 252
Clinopodium 312
Clinopodium chinense 312
Clinopodium gracile 312
Clusiaceae 184
Cocculus 91
Cocculus laurifolius 91
Codariocalyx 132
Codariocalyx motorius 132
Codiaeum 190
Codiaeum variegatum 190
Codonopsis 327
Codonopsis lanceolata 327
Coelogyne 43
Coelogyne fimbriata 43
Coix 84
Coix lacryma-jobi 84
Colchicaceae 34
Collabeae 47
Collabium 48
Collabium formosanum 48
Colocasia 27
Colocasia antiquorum 27
Colocasia esculenta 27
Colocasia gigantea 27
Comanthosphace 312
Comanthosphace japonica 312
Combretaceae 197
Combretum 197
Combretum indicum 197
Commelina 59
Commelina communis 59
Commelina diffusa 60
Commelina paludosa 60

Commelinaceae 59
Conyza bonariensis **337**
Conyza japonica **337**
Convolvulaceae 291
Coptis 99
Coptis chinensis 99
Coptis chinensis var. *brevisepala* 99
Coptosapelta 276
Coptosapelta diffusa 276
Corchoropsis 217
Corchoropsis tomentosa 217
Corchorus 217
Corchorus aestuans 217
Cordyline 55
Cordyline fruticosa 55
Coreopsideae 341
Coreopsis 342
Coreopsis grandiflora 342
Coriandrum 357
Coriandrum sativum 357
Cornaceae 248
Cornus 249
Cornus elliptica 249
Cornus hongkongensis 249
Corydalis 88
Corydalis balansae 88
Corydalis balsamiflora 88
Corydalis decumbens 88
Corydalis pallida 88
Corydalis sheareri 88
Corylopsis 106
Corylopsis sinensis 106
Costaceae 63
Costus 63
Costus speciosus 63
Cranichideae 39

江西九连山种子植物名录

Crassocephalum 334
Crassocephalum crepidioides 334
Crassulaceae 110
Crawfurdia 285
Crawfurdia pricei 285
Cremastra 43
Cremastra appendiculata 43
Crepidiastrum 331
Crinum 53
Crinum asiaticum var. *sinicum* 53
Crotalaria 123
Crotalaria linifolia 123
Crotalaria pallida 123
Crotalaria spectabilis 123
Crotalarieae 123
Croton 190
Croton crassifolius 190
Croton lachnocarpus 190
Cryptocarya 17
Cryptocarya chinensis 17
Cryptocarya concinna 17
Cryptomeria 3
Cryptotaenia japonica 357
Cryptomeria japonica var. *sinensis* 3
Cryptomeria japonica 3
Cryptotaenia 357
Cucumis melo 173
Cucumis melo var. *conomon* 173
Cucumis 173
Cucumis sativus 174
Cucurbita 174
Cucurbita moschata 174
Cucurbitaceae 173
Cudrania cochinchinensis **159**
Cunninghamia 4
Cunninghamia lanceolata 4

Cupressaceae 3
Curculigo 51
Curculigo capitulata 51
Curculigo orchioides 51
Cuscuta 291
Cuscuta japonica 291
Cyanotis 60
Cyanotis arachnoidea 60
Cyanotis vaga 60
Cycadaceae 1
Cycas 1
Cycas revoluta 1
Cycas rumphii 1
Cyclea 91
Cyclea barbata 91
Cyclea gracillima 92
Cyclea hypoglauca 92
Cyclea racemosa 92
Cyclobalanopsis 166
Cyclobalanopsis championii 166
Cyclobalanopsis edithae 167
Cyclobalanopsis glauca 167
Cyclobalanopsis litseoides 168
Cyclobalanopsis myrsinaefolia 168
Cyclobalanopsis sessilifolia 168
Cyclocodon 328
Cyclocodon lancifolius 328
Cymbidium 48
Cymbidium ensifolium 48
Cymbidium floribundum 48
Cymbidium goeringii 49
Cymbidium kanran 49
Cymbidium lancifolium 49
Cymbidium omeiense 49
Cymbidium sinense 49
Cymbopogon 85
Cymbopogon mekongensis 85

Cynanchum 288
Cynanchum auriculatum 288
Cynanchum fordii 288
Cynbidieae 48
Cynodon 79
Cynodon dactylon 79
Cynodonteae 79
Cynoglossum 290
Cynoglossum lanceolatum 290
Cynoglossum zeylanicum 290
Cyperaceae 66
Cyperus 68
Cyperus compressus 68
Cyperus cyperoides 69
Cyperus difformis 69
Cyperus haspan 69
Cyperus iria 69
Cyperus michelianus 69
Cyperus pilosus 69
Cyperus rotundus 69
Cyrtosia 37
Cyrtosia septentrionalis 37

D

Dahlia 342
Dahlia pinnata 342
Dalbergia 124
Dalbergia balansae 124
Dalbergia hancei 124
Dalbergia hupeana 124
Damnacanthus 276
Damnacanthus giganteus 277
Damnacanthus indicus 276
Daphne 221
Daphne kiusiana var. *atrocaulis* 221
Daphne odora 221
Daphne papyacea 221

Daphniphyllaceae 109
Daphniphyllum 109
Daphniphyllum calycinum 109
Daphniphyllum macropodum 109
Daphniphyllum oldhami 109
Datura 293
Datura metel 293
Daucus 357
Daucus carota var. sativa 357
Deibergieae 124
Delonix 119
Delonix regia 119
Delphinium 99
Delphinium anthriscifolium 99
Dendrobieae 45
Dendrobium 45
Dendrobium aduncum 45
Dendrobium densiflorum 46
Dendrobium hercoglossum 46
Dendrobium huoshanense 46
Dendrobium loddigesii 46
Dendrobium lohohense 46
Dendrobium moniliforme 46
Dendrobium officinale 46
Dendrobium porphyrochilum 46
Dendrobium shixingense 47
Dendrobium wilsonii 46
Dendropanax 353
Dendropanax dentiger 353
Dendropanax proteus 353
Derris 127
Derris fordii 127
Descurainia 226
Descurainia sophia 226
Desmodieae 132
Desmodium 132
Desmodium heterocarpon 132

Desmodium heterophyllum 132
Desmodium microphyllum 132
Desmodium multiflorum 132
Desmodium triflorum 132
Dianella 52
Dianella ensifolia 52
Dianthus 238
Dianthus caryophyllus 238
Dianthus superbus 238
Dichocarpum 100
Dichroa 246
Dichroa febrifuga 246
Dichrocephala 336
Dichrocephala integrifolia 336
Didymocarpus 299
Didymocarpus hancei 299
Digitaria 81
Digitaria chrysoblephara 81
Digitaria ischaemum 81
Digitaria violascens 81
Dimocarpus 209
Dimocarpus longan 209
Dinetus 291
Dinetus racemosus 291
Dioscorea 32
Dioscorea alata 32
Dioscorea bulbifera 32
Dioscorea cirrhosa 32
Dioscorea japonica 32
Dioscorea pentaphylla 32
Dioscorea persimilis 33
Dioscorea tenuipes 33
Dioscoreaceae 32
Diospyros 254
Diospyros glaucifolia 254
Diospyros kaki 254
Diospyros kaki var. silvestris 255

Diospyros lotus 255
Diospyros morrisiana 255
Diospyros oleifera 255
Diospyros tsangii 255
Diploclisia 92
Diploclisia affinis 92
Diploclisia glaucescens 92
Diplospora 277
Diplospora dubia 277
Diplospora fruticosa 277
Dipsacus 349
Dipsacus asperoides 349
Disporopsis 56
Disporopsis fuscopicta 56
Disporopsis pernyi 56
Disporum 34
Disporum bodinieri 34
Disporum uniflorum 35
Distyliopsis 107
Distyliopsis tutcheri 107
Distylium 107
Distylium buxifolium 107
Distylium chungii 107
Distylium myricoides 107
Diurideae 39
Dolichos lablab **129**
Draba 226
Draba nemorosa 226
Drosera 237
Drosera burmanni 237
Drosera peltata var. lunata 237
Drosera rotundifolia 237
Droseraceae 237
Duhaldea 341
Duhaldea cappa 341
Duranta 307
Duranta erecta 307

Dysosma 94
Dysosma versipellis 94
Dysphania 243
Dysphania ambrosioides 243

E

Ebenaceae 254
Echinochloa 81
Echinochloa colona 81
Echinochloa crusgalli 81
Eclipta 343
Eclipta prostrata 343
Eegeworthia 222
Edgeworthia chrysantha 222
Eeaeocarpaceae 182
Ehretia 290
Ehretia dicksonii 290
Ehretia longiflora 290
Ehretia thyrsiflora 291
Ehrhartoideae 72
Eichhornia 61
Eichhornia crassipes 61
Elaeagnaceae 151
Elaeagnus 151
Elaeagnus bockii 151
Elaeagnus glabra 151
Elaeagnus loureirii 151
Elaeocarpus 182
Elaeocarpus decipiens 182
Elaeocarpus duclouxii 182
Elaeocarpus glabripetalus 183
Elaeocarpus hainanensis 183
Elaeocarpus japonicus 183
Elaeocarpus sylvestris 183
Elatostema 161
Elatostema involucratum 161
Elatostema nasutum 161
Elatostema sinense 161

Elatostema stewardii 161
Eleocharis 69
Eleocharis dulcis 69
Eleocharis equisetiformis 69
Eleocharis migoana 70
Eleocharis tetraquetra 70
Elephantopus 333
Elephantopus scaber 333
Eleusine 79
Eleusine indica 79
Eleutherococcus 353
Eleutherococcus trifoliatus 353
Elsholtzia 313
Elsholtzia argyi 313
Elsholtzia splendens 313
Elymus 76
Elymus kamoji 76
Embelia 258
Embelia laeta 258
Embelia longifolia 258
Embelia parviflora 258
Embelia ribes 258
Embelia rudis 258
Emilia 334
Emilia prenanthoidea 334
Emilia sonchifolia 334
Engelhardia 171
Engelhardia fenzlii 171
Enkianthus 270
Enkianthus chinensis 270
Eomecon 89
Eomecon chionantha 89
Epaltes 341
Epaltes australis 341
Epidendroideae 41
Epigeneium 47
Epigeneium fargesii 47

Epilobium 200
Epilobium hirsutum 200
Epilobium pyrricholophum 200
Epimedium 94
Epimedium grandiflorum 94
Epiphyllum 246
Epiphyllum oxypetalum 246
Epipogium 42
Epipogium roseum 42
Eragrostis 78
Eragrostis japonica 78
Eragrostis ferruginea 78
Eragrostis perennans 78
Eragrostis perlaxa 78
Eragrostis pilosa 78
Eragrostis unioloides 79
Eragrosttideae 78
Erechtites 334
Erechtites hieraciifolius 334
Eremochloa 85
Eremochloa ophiuroides 85
Ericaceae 270
Erigeron 337
Erigeron annuus 337
Eriobotrya 138
Eriobotrya cavaleriei 138
Eriobotrya deflexa 138
Eriobotrya fragrans 138
Eriobotrya japonica 139
Eriocaulaceae 65
Eriocaulon 65
Eriocaulon buergerianum 65
Eriocaulon cinereum 65
Eriocaulon sexangulare 65
Eriosema 128
Eriosema chinense 128
Erodium 197

Erodium stephanianum 197
Erysimum 226
Erysimum cheiranthoides 226
Erythrina 129
Erythrina crista-galli 129
Erythroxylaceae 183
Erythroxylum 183
Erythroxylum kunthianum 183
Eschenbachia 337
Eschenbachia japonica 337
Eucalyptus 201
Eucalyptus camaldulensis 201
Eucalyptus exserta 201
Eucalyptus largiflorens 201
Eucalyptus robusta 201
Eucalyptus tereticornis 201
Euchresta 123
Euchresta japonica 123
Euchresteae 123
Eucommia 275
Eucommia ulmoides 275
Eucommiaceae 275
Eulalia 85
Eulalia quadrinervis 85
Eulophia 49
Eulophia spectabilis 49
Eulophia zollingeri 49
Euonymus 180
Euonymus centidens 180
Euonymus euscaphis 180
Euonymus fortunei 180
Euonymus japonicus 180
Euonymus laxiflorus 180
Euonymus myrianthus 180
Euonymus nitidus 181
Euonymus oblongifolius 181
Euonymus subsessilis 181

Eupatorieae 344
Eupatorium 345
Eupatorium chinense 345
Euphorbia 191
Euphorbia hirta 191
Euphorbia humifusa 191
Euphorbia hypericifolia 191
Euphorbia milii 191
Euphorbia pulcherrima 191
Euphorbia thymifolia 191
Euphorbiacea 189
Eurya 252
Eurya acutisepala 252
Eurya brevistyla 252
Eurya chinensis 252
Eurya distichophylla 252
Eurya hebeclados 252
Eurya impressinervis 252
Eurya japonica 253
Eurya loquaiana 253
Eurya macartneyi 253
Eurya metcalfiana 253
Eurya muricata 253
Eurya muricata var. *huiana* 253
Eurya rubiginosa var. *attenuata* 253
Eurya tetragonoclada 253
Euryale 6
Euryale ferox 6
Eurycorymbus 209
Eurycorymbus cavaleriei 209
Euscaphis 205
Euscaphis japonica 205
Eustigma 107
Eustigma oblongifolium 107
Exbucklandia 108
Exbucklandia tonkinensis 108

F

Fabaceae 117
Fabeae 136
Fagaceae 164
Fagopyrum 231
Fagopyrum dibotrys 231
Fagopyrum esculentum 231
Fagopyrum tataricum 231
Fagraea 285
Fagraea ceilanica 285
Fagus 168
Fagus longipetiolata 168
Fagus lucida 168
Falcataria 121
Falcataria moluccana 121
Fallopia 232
Fallopia multiflora 232
Fatoua 156
Fatoua villosa 156
Fatsia 354
Fatsia japonica 354
Ficus 156
Ficus carica 156
Ficus elastica 156
Ficus formosana 157
Ficus heteromorpha 157
Ficus hirta 157
Ficus lacor 157
Ficus microcarpa 157
Ficus pandurata 157
Ficus pumila 158
Ficus stenophylla 158
Ficus variolosa 158
Fimbristylis 70
Fimbristylis aestivalis 70
Fimbristylis bisumbellata 70
Fimbristylis dichotoma 70

Fimbristylis miliacea 70
Fimbristylis schoenoides 70
Fimbristylis stauntonii 71
Firmiana 217
Firmiana simplex 217
Fissistigma 14
Fissistigma oldhamii 14
Fissistigma uonicum 14
Flemingia 129
Flemingia macrophylla 129
Flemingia prostrata 129
Floscopa 60
Floscopa scandens 60
Foeniculum 357
Foeniculum vulgare 357
Fokienia 4
Fokienia hodginsii 4
Fordiophyton 204
Fordiophyton fordii 204
Fortunella 211
Fortunella hindsii 211
Fortunella margarita **211**
Fortunella margarita
 'Chintan' 211
Fortunella venosa 212
Fragaria 139
Fragaria ananassa 139
Fraxinus 296
Fraxinus chinensis 296
Fraxinus griffithii 297
Fraxinus insularis 297

G

Gahnia 71
Gahnia tristis 71
Galeola 37
Galeola faberi 37
Galeola lindleyana 37

Galium 277
Galium spurium 277
Gamblea 354
Gamblea ciliata var. *evodiifo-
 lia* 354
Galinsoga 344
Galinsoga parviflora 344
Garcinia 184
Garcinia multiflora 184
Gardenia 277
Gardenia jasminoides 277
Gardenia stenophylla 277
Gardneria 286
Gardneria lancelata 286
Gardneria multiflora 286
Garnotia 84
Garnotia caespitosa 84
Gastrochilus 50
Gastrochilus japonicus 50
Gastrodia 42
Gastrodia elata 42
Gastrodia elata f. *flavida* 42
Gastrodia peichatieniana 42
Gastrodieae 42
Gaultheria 270
Gaultheria leucocarpa var. *eren-
 ulata* 270
Gelsemiaceae 287
Gelsemium 287
Gelsemium elegans 287
Gentiana 285
Gentiana davidii 285
Gentiana loureirii 285
Gentiana manshurica 285
Gentiana scabra 286
Gentianaceae 285
Geraniaceae 197

Geranium 197
Geranium carolinianum 197
Gesneriaceae 299
Ginkgo 1
Ginkgo biloba 1
Ginkgoaceae 1
Gladiolus 51
Gladiolus gandavensis 51
Glebionis 339
Glebionis coronaria 339
Glechoma 313
Glechoma longituba 313
Gleditsia 119
Gleditsia fera 119
Globba 64
Globba racemosa 64
Glochidion 195
Glochidion eriocarpum 195
Glochidion puberum 195
Glochidion wilsonii 195
Glycine 129
Glycine max 129
Glycine soja 129
Glyptostrobus 4
Glyptostrobus pensilis 4
Gnaphalieae 335
Gnaphalium 335
Gnaphalium affine 335
Gnaphalium hypoleucum 335
Gnaphalium japonicum 335
Gnaphalium polycaulon 335
Gnetaceae 1
Gnetum 1
Gnetum parvifolium 1
Gomphostemma 313
Gomphostemma chinense 313
Gomphrena 243

附 录

Gomphrena globosa 243	*Haloragis chinensis* 112	*Hemsleya* 175
Gonocarpus 112	*Haloragis micrantha* 112	*Hemsleya graciliflora* 175
Gonostegia 161	Hamamelidaceae 106	*Heracleum* 357
Gonostegia hirta 161	*Hanceola* 313	*Heracleum moellendorffii* 357
Goodyera 40	*Hanceola exserta* 313	*Hetaeria* 40
Goodyera biflora 40	*Hedera* 354	*Hetaeria cristata* 40
Goodyera foliosa 40	*Hedera nepalensis* var. *sinensis* 354	*Heteropanax* 354
Goodyera henryi 40	*Hedyotis* 278	*Heteropanax brevipedicellatus* 354
Goodyera repens 40	*Hedyotis auricularia* 278	*Hibiscus* 218
Goodyera viridiflora 40	*Hedyotis caudatifolia* 278	*Hibiscus mutabilis* 218
Goodyera yangmeishanensis 40	*Hedyotis chrysotricha* 278	*Hibiscus rosa-sinensis* 218
Gossypium 217	*Hedyotis corymbosa* 278	*Hibiscus sabdariffa* 218
Gossypium hirsutum 217	*Hedyotis diffusa* 278	*Hibiscus syriacus* 218
Grevillea 104	*Hedyotis matthewii* 278	*Himalaiella* 330
Grevillea robusta 104	*Hedyotis mellii* 278	*Himalaiella deltoidea* 330
Grewia 218	*Hedyotis tenelliflora* 279	*Homalium* 188
Grewia biloba 218	*Hedyotis uncinella* 279	*Homalium cochinchinense* 188
Grewia biloba var. *parviflora* 218	*Hedyotis verticillata* 279	*Hosta* 56
Gyclobalanopsis multinervis 168	Heliantheae 343	*Hosta plantaginea* 56
Gymnocladus 119	*Helianthus* 343	*Houpoea* 10
Gymnocladus chinensis 119	*Helianthus annuus* 343	*Houpoea officinalis* 10
Gymnopetalum 174	*Helianthus tuberosus* 343	*Houttuynia* 8
Gymnopetalum chinense 174	*Helicia* 104	*Houttuynia cordata* 8
Gynostemma 174	*Helicia cochinchinensis* 104	*Hovenia* 152
Gynostemma laxum 174	*Helicia kwangtungensis* 104	*Hovenia acerba* 152
Gynostemma pentaphyllum 174	*Helicia reticulata* 104	*Hovenia dulcis* 152
	Helicteres 218	*Humulus* 155
H	*Helicteres angustifolia* 218	*Humulus scandens* 155
Habenaria 38	*Hemarthria* 85	*Huodendron* 267
Habenaria ciliolaris 38	*Hemarthria sibirica* 85	*Huodendron biaristatum* var. *parviflorum* 267
Habenaria dentata 38	*Hemerocallis* 52	*Hydrangea* 247
Habenaria fordii 38	*Hemerocallis citrina* 52	*Hydrangea chinensis* 247
Habenaria petelotii 38	*Hemerocallis fulva* 52	*Hydrangea kwangtungensis* 247
Habenaria rhodocheila 38	*Hemiboea* 299	*Hydrangea lingii* 247
Habenaria schindleri 38	*Hemiboea cavaleriei* 299	*Hydrangea macrophylla* 247
Halesia 266	*Hemisteptia* 330	*Hydrangea paniculata* 247
Halesia macgregorii 266	*Hemisteptia lyrata* 330	
Haloragaceae 112		

Hydrangea stenophylla 247
Hydrangeaceae 246
Hydrilla 29
Hydrilla verticillata 29
Hydrocharitaceae 29
Hydrocotyle 354
Hydrocotyle nepalensis 354
Hydrocotyle sibthorpioides 355
Hydrocotyle wilfordii 355
Hygrophila 304
Hygrophila salicifolia 304
Hylocereus 246
Hylocereus undatus 246
Hylodesmum 133
Hylodesmum leptopus 133
Hylodesmum podocarpum 133
Hylodesmum podocarpum subsp. *fallax* 133
Hylodesmum podocarpum subsp. *oxyphyllum* 133
Hypericaceae 184
Hypericum 184
Hypericum japonicum 184
Hypericum monogynum 184
Hypericum patulum 184
Hypericum perforatum 184
Hypericum sampsonii 185
Hypericum seniawinii 185
Hypoxidaceae 51
Hypoxis 51
Hypoxis aurea 51

I

Icacomaceae 275
Idesia 188
Idesia polycarpa 188
Ilex 324
Ilex aculeolata 324

Ilex asprella 324
Ilex buxoides 324
Ilex championii 324
Ilex chinensis 324
Ilex cornuta 324
Ilex cornuta 'National' 325
Ilex crenata var. *convexa* 325
Ilex dasyphylla 325
Ilex editicostata 325
Ilex elmerrilliana 325
Ilex ficifolia 325
Ilex kengii 325
Ilex kiangsiensis 325
Ilex kwangtungensis 326
Ilex litseifolia 326
Ilex lohfauensis 326
Ilex micrococca 326
Ilex pedunculosa 326
Ilex pubescens 326
Ilex rotunda 326
Ilex subficoidea 327
Ilex theicarpa 327
Ilex tsoii 327
Ilex tutcheri 327
Illicium 6
Illicium jiadifengpi 6
Illicium lanceolatumidanum 6
Illicium verum 7
Impatiens 249
Impatiens apalophylla 249
Impatiens balsamina 249
Impatiens blepharosepala 249
Impatiens chinensis 250
Impatiens chlorosepala 250
Impatiens commellinoides 250
Impatiens davidii 250
Impatiens chinensis 250

Impatiens hunanensis 250
Impatiens obesa 250
Impatiens polyneura 250
Impatiens siculifer 251
Impatiens tubulosa 251
Imperata 85
Imperata cylindrica 85
Indigofera 125
Indigofera decora 125
Indigofera nigrescens 125
Indigofera pseudotinctoria 125
Indigofera suffruticosa 125
Indigofereae 125
Indocalamus 73
Indocalamus latifolius 73
Indocalamus tessellatus 73
Ingeae 120
Inuleae 339
Ipomoea 292
Ipomoea aquatica 292
Ipomoea batatas 292
Ipomoea nil 292
Ipomoea purpurea 292
Ipomoea triloba 292
Iridaceae 51
Iris 51
Iris chinensis 51
Iris japonica 52
Iris lactea 52
Isachne 83
Isachne albens 83
Isachne globosa 83
Isachneae 83
Ischaemum 86
Ischaemum aristatum 86
Ischaemum barbatum 86
Ischaemum ciliare 86

Isodon 314
Isodon amethystoides 314
Isodon inflexus 314
Isoglossa 305
Isoglossa collina 305
Itea 109
Itea chinensis 109
Iteaceae 109
Ixeris 332
Ixeris chinensis 332
Ixeris japonica 332
Ixeris polycephala 332
Ixonanthaceae 194
Ixonanthes 194
Ixonanthes reticulata 194
Ixora 279
Ixora chinensis 279

J

Jasminanthes 288
Jasminanthes chunii 288
Jasminum 297
Jasminum lanceolaria 297
Jasminum lanceolarium **297**
Jasminum mesnyi 297
Jasminum nudiflorum 297
Jasminum sinense 297
Juglandaceae 171
Juglans 171
Juglans regia 171
Juncaceae 65
Juncus 65
Juncus alatus 65
Juncus effusus 66
Juncus setchuensis var. *effusoides* 66
Juniperus 4
Juniperus formosana 4

Justicia 305
Justicia austrosinensis 305
Justicia procumbens 305

K

Kadsura 7
Kadsura coccinea 7
Kadsura longipedunculata 7
Kalopanax 355
Kalopanax septemlobus 355
Keiskea 314
Keiskea elsholtzioides 314
Keteleeria 2
Keteleeria fortunei var. *cyclolepis* 2
Koelreuteria 209
Koelreuteria bipinnata 209
Koelreuteria paniculata 210
Kummerowia 133
Kummerowia striata 133
Kyllinga 71
Kyllinga brevifolia 71

L

Lablab 129
Lablab purpureus 129
Lactuca 332
Lactuca sativa 332
Lactuca sativa var. *ramosa* 332
Lactuca sibirica 332
Lagenaria 175
Lagenaria siceraria 175
Lagerstroemia 198
Lagerstroemia indica 198
Lagerstroemia subcostata 198
Laggera 341
Laggera alata 341
Lamiaceae 308
Lantana 308

Lantana camara 308
Laportea 162
Laportea bulbifera 162
Lapsanastrum 333
Lapsanastrum apogonoides 333
Lardizabalaceae 89
Lasianthus 279
Lasianthus chinensis 279
Lasianthus henryi 279
Lasianthus japonicus 280
Lasianthus japonicus subsp. *longicaudus* 280
Lasianthus japonicus var. *lancilimbus* 280
Lauraceae 15
Lecanorchis 37
Lecanorchis nigricans 37
Leersia 72
Leersia hexandra 72
Lemna 27
Lemna minor 27
Lentibulariaceae 307
Leonurus 315
Leonurus artemisia 315
Lepidium 226
Lepidium virginicum 226
Leptochloa 80
Leptochloa chinensis 80
Lespedeza 134
Lespedeza bicolor 134
Lespedeza buergeri 134
Lespedeza chinensis 134
Lespedeza cuneata 134
Lespedeza davidii 134
Lespedeza fordii 134
Lespedeza formosa 135
Lespedeza mucronata 135

江西九连山种子植物名录

Lespedeza virgata 135
Ligustrum 298
Ligustrum lucidum 298
Ligustrum quihoui 298
Ligustrum sinense 298
Liliaceae 36
Lilium 36
Lilium brownii var. viridulum 36
Lilium callosum 36
Lilium lancifolium 36
Lilium tigrinum 36
Limnophila 301
Limnophila ruellioides 303
Limnophila sessiliflora 301
Lindera 17
Lindera aggregate 17
Lindera aggregata var. playfairii 18
Lindera angustifolia 18
Lindera communis 18
Lindera glauca 18
Lindera kwangtungensis 18
Lindera megaphylla 18
Lindera megaphylla var. touyuenensis 18
Lindera nacusua 19
Lindera reflexa 19
Lindernia 302
Lindernia anagallis 302
Lindernia antipoda 302
Lindernia crustacea 302
Lindernia micrantha 303
Lindernia montana 303
Lindernia setulosa 303
Linderniaceae 302
Liparis 44
Liparis bootanensis 44
Liparis inaperta 44
Liparis nervosa 44
Liparis odorata 44
Liparis pauliana 44
Liquidambar 105
Liquidambar hinensis 106
Liquidambar acalycina 105
Liquidambar cathayensis 106
Liquidambar chingii 106
Liquidambar formosana 106
Liriodendron 10
Liriodendron chinense 10
Liriope 56
Liriope muscari 56
Liriope platypnylla 56
Liriope spicata 57
Litchi 210
Litchi chinensis 210
Lithocarpus 169
Lithocarpus chifui 169
Lithocarpus chrysocomus 169
Lithocarpus fenestratus 169
Lithocarpus glaber 169
Lithocarpus hancei 169
Lithocarpus litseifolius 169
Lithocarpus oleaefoius 170
Lithocarpus paihengii 170
Lithocarpus paniculatus 170
Litsea 19
Litsea coreana var. sinensis 19
Litsea cubeba 19
Litsea elongata 19
Litsea pungens 19
Litsea sinoglobosa 20
Livistona 59
Livistona chinensis 59
Llex szechwanensis 327
Lobelia 328
Lobelia chinensis 328
Lobelia melliana 328
Loganiaceae 286
Lolium 77
Lolium perenne 77
Lonicera 349
Lonicera confusa 349
Lonicera hypoglauca 349
Lonicera japonica 349
Lonicera macranthoides 349
Lonicera reticulata 349
Lophatherum 80
Lophatherum gracile 80
Loranthaceae 229
Loranthus 229
Loranthus yadoriki 229
Loropetalum 108
Loropetalum chinense 108
Loropetalum chinense var. rubrum 108
Ludwigia 200
Ludwigia adscendens 200
Ludwigia epilobioides 200
Ludwigia ovalis 200
Ludwigia prostrata 200
Luffa 175
Luffa acutangula 175
Luffa cylindrica 175
Lychnis 238
Lychnis coronata 238
Lycianthes 293
Lycianthes biflora 293
Lycianthes laevis 293
Lycianthes lysimachioides var. sinensis 293
Lycium 294

Lycium chinense 294
Lycopersicon 294
Lycopersicon esculentum 294
Lycoris 53
Lycoris aurea 53
Lycoris radiata 54
Lyonia 271
Lyonia ovalifolia var. *lanceolata* 271
Lysimachia 258
Lysimachia alfredii 258
Lysimachia candida 258
Lysimachia circaeoides 259
Lysimachia decurrens 259
Lysimachia fordiana 259
Lysimachia fortunei 259
Lysimachia heterogenea 259
Lysimachia paridiformis 259
Lysimachia parvifolia 260
Lysimachia patungensis 260
Lysimachia pseudohenryi 260
Lysimachia stenosepala 260
Lysionotus 299
Lysionotus pauciflorus 299
Lythraceae 197
Lythrum 198
Lythrum salicaria 198

M

Machilus 20
Machilus breviflora 20
Machilus chekiangensis 20
Machilus decursinervis 20
Machilus grijsii 20
Machilus ichangensis 20
Machilus leptophylla 20
Machilus litseifolia 21
Machilus microcarpa 21
Machilus nakao 21
Machilus nanmu 21
Machilus oculodracontis 21
Machilus pauhoi 21
Machilus phoenicis 21
Machilus salicina 22
Machilus thunbergii 22
Machilus velutina 22
Macleaya 89
Macleaya cordata 89
Maclura 159
Maclura tricuspidata 159
Macrosolen 229
Macrosolen cochinchinensis 229
Maesa 260
Maesa japonica 260
Maesa montana 260
Maesa perlarius 260
Magnolia 11
Magnolia grandiflora 11
Magnoliaceae 10
Mahonia 95
Mahonia bealei 95
Mahonia bodinieri 95
Mahonia japonica 95
Malaxideae 44
Mallotus 191
Mallotus apelta 191
Mallotus dunnii 192
Mallotus japonicus 192
Mallotus lianus 192
Mallotus paniculatus 192
Mallotus philippiensis 192
Mallotus repandus 192
Mallotus tenuifolius 192
Malus 139
Malus doumeri 139
Malus hupehensis 139
Malus sieboldii 139
Malva 219
Malva cathayensis 219
Malva verticillata 219
Malva verticillata var. *crispa* 219
Malvaceae 216
Manglietia 11
Manglietia conifera 11
Manglietia fordiana 11
Manglietia kwangtungensis 11
Manglietia pachyphylla 11
Manihot 193
Manihot esculenta 193
Mappianthus 275
Mappianthus iodoides 275
Matthiola 227
Matthiola incana 227
Maytenus 181
Maytenus hookeri 181
Medicago 136
Medicago lupulina 136
Meehania 315
Meehania fargesii var. *radicans* 315
Melaleuca 201
Melaleuca rigidus 202
Melampyrum 322
Melampyrum roseum 322
Melanthiaceae 33
Melastoma 204
Melastoma dodecandrum 204
Melastoma malabathricum 204
Melastomataceae 203
Melia 215
Melia azedarach 215

Melia toosendan 215
Meliaceae 215
Meliosma 101
Meliosma cuneifolia 101
Meliosma flexuosa 102
Meliosma myriantha var. *discolor* 102
Meliosma obtusa 102
Meliosma oldhamii 102
Meliosma rigida 102
Meliosma rigida var. *pannosa* 102
Meliosma squamulata 102
Melliodendron 267
Melliodendron xylocarpum 267
Melochia 219
Melochia corchorifolia 219
Menispermaceae 91
Menispermum 92
Menispermum dauricum 92
Mentha 315
Mentha haplocalyx 315
Mentha spicata 315
Merremia 292
Merremia sibirica 292
Metapanax 355
Metapanax davidii 355
Metasequoia 4
Metasequoia glyptostroboides 4
Michelia 11
Michelia alba 11
Michelia cavaleriei 12
Michelia champaca 12
Michelia chapensis 12
Michelia crassipes 12
Michelia figo 12
Michelia foveolata 12

Michelia macclurei 12
Michelia maudiae 13
Michelia odora 13
Michelia skinneriana 13
Micromeria 315
Micromeria barosma 315
Microstegium 86
Microstegium vimineum 86
Microtis 39
Microtis unifolia 39
Microtropis 181
Microtropis fokienensis 181
Millerieae 344
Millettia 127
Millettia championi **125**
Millettia dielsiana **126**
Millettia pachycarpa 127
Millettia pulchra var. *laxior* 127
Millettieae 125
Mimosa 120
Mimosa pudica 120
Mimoseae 120
Mimosoideae 120
Mirabilis 244
Mirabilis jalapa 244
Miscanthus 86
Miscanthus floridulus 86
Miscanthus sinensis 86
Molluginaceae 245
Mollugo stricta 245
Momordica 175
Momordica charantia 175
Momordica cochinchinensis 176
Momordica subangulata 176
Monochoria 61
Monochoria vaginalis 61
Monotropa 271

Monotropa humile 271
Moraceae 156
Morinda 280
Morinda parvifolia 280
Morinda umbellata 280
Morus 159
Morus alba 159
Morus australis 159
Morus wittiorum 159
Mosla 316
Mosla chinensis 316
Mosla dianthera 316
Mosla scabra 316
Murdannia 60
Murdannia nudiflora 60
Murraya 212
Murraya exotica 212
Musa 62
Musa balbisiana 62
Musa basjoo 62
Musaceae 62
Musella 62
Musella lasiocarpa 62
Mussaenda 281
Mussaenda esquirolii 281
Mussaenda pubescens 281
Mutisieae 329
Mutisioideae 329
Mycetia 281
Mycetia glandulosa 281
Mycetia sinensis 281
Myosoton 239
Myosoton aquaticum 239
Myrica 171
Myrica adenophora 171
Myrica esculenta 171
Myrica rubra 171

Myricaceae　171
Myriophyllum　112
Myriophyllum spicatum　112
Myriophyllum verticillatum　112
Myrsine　261
Myrsine seguinii　261
Myrsine semiserrata　261
Myrsine stolonifera　261
Myrtaceae　201
Mytilaria　108
Mytilaria laosensis　108

N

Nageia　3
Nageia fleuryi　3
Nandina　95
Nandina domestica　95
Nanocnide　162
Nanocnide lobata　162
Narcissus　54
Narcissus tazetta var. *chinensis*　54
Nartheciaceae　31
Neanotis　281
Neanotis hirsuta　281
Neanotis kwangtungensis　281
Neillia　139
Neillia sinensis　139
Nelumbo　103
Nelumbo nucifera　103
Nelumbonaceae　103
Neolamarckia　282
Neolamarckia cadamba　282
Neolitsea　22
Neolitsea aurata　22
Neolitsea chui　23
Neolitsea kwangsiensis　23
Neolitsea levinei　23
Neolitsea phanerophlebia　23

Neolitsea zeylanica　23
Neoshirakia　193
Neoshirakia japonica　193
Neottieae　41
Nerium　288
Nerium indicum　288
Nertera　282
Nertera sinensis　282
Nervilia　42
Nervilia aragoana　42
Nervilia plicata　42
Nervilieae　42
Nicandra　294
Nicandra physalodes　294
Nicotiana　294
Nicotiana tabacum　294
Nothosmyrnium　358
Nothosmyrnium japonicum　358
Nuphar　6
Nuphar pumilum　6
Nyctaginaceae　244
Nymphaea　6
Nymphaea tetragona　6
Nymphaeaceae　6
Nyssa　249
Nyssa sinensis　249

O

Oberonia　45
Oberonia caulescens　45
Ocimum　316
Ocimum basilicum　316
Oenanthe　358
Oenanthe sinensis　358
Ohwia　135
Ohwia caudata　135
Olea　298
Olea europaea　298

Oleaceae　296
Onagraceae　199
Ophiopogon　57
Ophiopogon bodinieri　57
Ophiopogon intermedius　57
Ophiopogon japonicus　57
Ophiorrhiza　282
Ophiorrhiza cantoniensis　282
Ophiorrhiza chinensis　282
Ophiorrhiza japonica　282
Opithandra　300
Opithandra burttii　300
Oplismenus　81
Oplismenus undulatifolius　81
Opuntia　246
Opuntia dillenii　246
Orchidaceae　37
Orchidieae　38
Orchidoideae　38
Oreocharis　300
Oreocharis auricula　300
Oreocnide　162
Oreocnide frutescens　162
Orixa　213
Orixa japonica　213
Ormosia　121
Ormosia balansae　121
Ormosia glaberrima　122
Ormosia henryi　122
Ormosia hosiei　122
Ormosia semicastrata　122
Ormosia xylocarpa　122
Orobanchaceae　322
Orychophragmus　227
Orychophragmus violaceus　227
Oryzeae　72
Oryza　72

Oryza sativa 72
Oryza sativa var. *glutinosa* 72
Oryzeae 72
Osbeckia 204
Osbeckia chinensis 204
Osbeckia opipara 204
Osmanthus 298
Osmanthus cooperi 298
Osmanthus fragrans 298
Osmanthus marginatus 298
Osmanthus matsumuranus 299
Osmorhiza 358
Osmorhiza aristata 358
Ostericum 358
Ostericum citriodorum 358
Ottelia 30
Ottelia alismoides 30
Oxalidaceae 182
Oxalis 182
Oxalis corniculata 182
Oxalis corymbosa 182
Oyama 13
Oyama sieboldii 13

P

Pachyrhizus 130
Pachyrhizus erosus 130
Paederia 283
Paederia scandens 283
Paederia scandens var. *tomentosa* 283
Paliurus 152
Paliurus ramosissimus 152
Paniceae 80
Panicoideae 80
Panicum 82
Panicum brevifolium 82
Panicum maximum 82

Papaveraceae 88
Papilionoideae 121
Parakmeria 13
Parakmeria lotungensis 13
Paraphlomis 316
Paraphlomis foliata 316
Paraphlomis lanceolata 317
Paraprenanthes 333
Paraprenanthes sororia 333
Paris 33
Paris polyphylla 34
Paris polyphylla var. *chinensis* 34
Parthenocissus 114
Parthenocissus dalzielii 114
Parthenocissus laetevirens 114
Paspalum 82
Paspalum distichum 82
Paspalum thunbergii 82
Passiflora 187
Passiflora kwangtungensis 187
Passifloraceae 187
Patrinia 350
Patrinia heterophylla 350
Patrinia punctiflora var. *robusta* **350**
Patrinia scabiosifolia 350
Patrinia villosa 350
Paulownia 321
Paulownia fortunei 321
Paulownia kawakamii 321
Paulowniaceae 321
Pedaliaceae 304
Pedicularis 323
Pedicularis henryi 323
Pellionia 162
Pellionia brevifolia 162
Pellionia radicans 162

Pellionia scabra 162
Pennisetum 82
Pennisetum alopecuroides 82
Pentaphylacaceae 251
Penthoraceae 111
Penthorum 111
Penthorum chinense 111
Pericampylus 93
Pericampylus glaucus 93
Perilla 317
Perilla frutescens 317
Perilla frutescens var. *crispa* 317
Perilla frutescens var. *purpurascens* 317
Peristrophe 305
Peristrophe japonica 305
Peristylus 38
Peristylus densus 38
Pertyeae 331
Pertyoideae 331
Petunia 294
Petunia × *atkinsiana* 294
Peucedanum 359
Peucedanum praeruptorum 359
Phalaenopsis 50
Phalaenopsis aphrodite 50
Phalaenopsis subparishii 50
Phaseoleae 128
Phaseolus 130
Phaseolus lunatus 130
Phaseolus vulgaris 130
Phellodendron 213
Phellodendron amurense 213
Phoebe 23
Phoebe bournei 23
Phoebe hunanensis 23
Phoebe neurantha 24

附　录

Phoebe sheareri 24	Phyllostachys heteroclada 74	Pinus massoniana 2
Phoenix 59	Phyllostachys nidularia 74	Pinus thunbergii 2
Phoenix roebelenii 59	Phyllostachys nigra var. heno-	Piper 8
Pholidota 43	nis 74	Piper austrosinense 8
Pholidota cantonensis 43	Physaliastrum 294	Piper bambusaefolium 8
Pholidota chinensis 44	Physaliastrum chamaesaracho-	Piper hancei 8
Photinia 140	ides 294	Piper kadsura 9
Photinia beauverdiana 140	Physaliastrum heterophyllum 295	Piper wallichii 9
Photinia benthamiana 140	Physalis alkekengi **295**	Piperaceae 8
Photinia davidsoniae 140	Physalis angulata 295	Pistacia 207
Photinia glabra 140	Phytolacca 244	Pistacia chinensis 207
Photinia impressivena 140	Phytolacca acinosa 244	Pistia 28
Photinia lasiogyna 140	Phytolacca americana 244	Pistia stratiotes 28
Photinia parvifolia 141	Phytolaccaceae 244	Pisum 136
Photinia prunifolia 141	Picrasma 215	Pisum sativum 136
Photinia raupingensis 141	Picrasma quassioides 215	Pittosporaceae 351
Photinia serrulata 141	Pilea 163	Pittosporum 351
Photinia zhijiangensis 141	Pilea cadierei 163	Pittosporum glabratum 351
Phragmites 78	Pilea cavaleriei 163	Pittosporum glabratum var.
Phragmites australis 78	Pilea japonica 163	neriifolium 351
Phtheirospermum 323	Pilea lomatogramma 163	Pittosporum illicioides 351
Phtheirospermum japonicum 323	Pilea martinii 163	Pittosporum pauciflorum 351
Phyla 308	Pilea microphylla 163	Pittosporum tobira 352
Phyla nodiflora 308	Pilea peploides var. major 163	Plantaginaceae 300
Phyllagathis 205	Pilea pumila 164	Plantago 301
Phyllagathis cavaleriei 205	Pilea swinglei 164	Plantago asiatia 301
Phyllanthaceae 194	Pilea wightii 164	Plantago depressa 301
Phyllanthus 196	Pileostegia 246	Plantago major 301
Phyllanthus chekiangensis 196	Pileostegia tomentella 246	Platanaceae 103
Phyllanthus flexuosus 196	Pileostegia viburnoides 247	Platanthera 39
Phyllanthus glaucus 196	Pimpinella 359	Platanthera japonica 39
Phyllanthus urinaria 196	Pimpinella diversifolia 359	Platanthera minor 39
Phyllanthus ussuriensis 196	Pinaceae 1	Platanthera nanlingensis 39
Phyllanthus virgatus 196	Pinellia 27	Platanthera ussuriensis 39
Phyllostachys 73	Pinellia cordata 27	Platanus 103
Phyllostachys bambusoides 73	Pinus 2	Platanus × acerifolia 104
Phyllostachys edulis 73	Pinus elliottii 2	Platanus acerifolia 103

Platanus occidentalis 104
Platycladus 5
Platycladus orientalis 5
Platycodon 328
Platycodon grandiflorus 328
Pleioblastus 74
Pleioblastus kwangsiensis 74
Pleioblastus simonii 75
Pleione 44
Pleione formosana 44
Poa 77
Poa acroleuca 77
Poa annua 77
Poa faberi 77
Poa pratensis 78
Poaceae 72
Podocarpaceae 3
Podocarpus 3
Podocarpus macrophyllus 3
Podocarpus nagi 3
Poeae 77
Pogonatherum 87
Pogonatherum crinitum 87
Pogostemon 317
Pogostemon auricularius 317
Pogostemon cablin 317
Poliothyrsis 188
Poliothyrsis sinensis 188
Pollia 61
Pollia japonica 61
Pollia secundiflora 61
Polycarpaes 239
Polycarpaea corymbosa 239
Polygala 136
Polygala arillata 136
Polygala chinensis 136
Polygala fallax 137

Polygala japonica 137
Polygala koi 137
Polygalaceae 136
Polygonaceae 231
Polygonatum 57
Polygonatum cyrtonema 57
Polygonatum filipes 57
Polygonatum odoratum 58
Polygonum 232
Polygonum aviculare 232
Polygonum barbatum 232
Polygonum bistorta 232
Polygonum capitatum 232
Polygonum chinense 232
Polygonum criopolitanum 232
Polygonum dissitiflorum 233
Polygonum hastatosagittatum 233
Polygonum hydropiper 233
Polygonum hydropiper var. *flaccidum* 233
Polygonum japonicum 233
Polygonum lapathifolium 233
Polygonum muricatum 233
Polygonum nepalense 234
Polygonum orientale 234
Polygonum palmatum 234
Polygonum paralimicola 234
Polygonum perfoliatum 234
Polygonum posumbu 234
Polygonum praetermissum 234
Polygonum pubescens 235
Polygonum runcinatum var. *sinense* 235
Polygonum senticosum 235
Polygonum sieboldii 235
Polygonum strigosum 235
Polygonum suffultum 235

Polygonum thunbergii 235
Pontederiaceae 61
Pooideae 76
Populus 188
Populus canadensis 188
Populus nigra var. *italica* 188
Portulaca 245
Portulaca grandiflora 245
Portulaca oleracea 246
Portulacaceae 245
Potamogeton 30
Potamogeton crispus 30
Potamogeton distinctus 30
Potamogeton pusillus 30
Potamogeton wrightii 30
Potamogetonaceae 30
Potentilla 141
Potentilla chinensis 141
Potentilla discolor 141
Potentilla fragarioides 142
Potentilla freyniana 142
Potentilla indica 142
Potentilla kleiniana 142
Potentilla supina 142
Pottsis 288
Pottsia laxiflora 288
Pouzolzia 164
Pouzolzia zeylanica 164
Praxelis 345
Praxelis clematidea 345
Premna 318
Premna cavaleriei 318
Premna microphylla 318
Primulaceae 255
Primulina 300
Primulina wenii 300
Proteaceae 104

附 录

Prunella 318
Prunella vulgaris 318
Prunus 142
Prunus fordiana 142
Prunus hypotricha 143
Prunus spinulosa 143
Prunus undulata 143
Prunus zippeliana 143
Prunus phaeosticta 143
Prunus salicina 143
Psidium 202
Psidium guajava 202
Psychotria 283
Psychotria serpens 283
Pterocarya 172
Pterocarya stenoptera 172
Pterolobium 119
Pterolobium punctatum 119
Pterostyrax 267
Pterostyrax corymbosus 267
Pueraria 130
Pueraria lobata 130
Pueraria lobata var. *montana* 130
Pueraria lobata var. *thomsonii* 130
Punica 198
Punica granatum 198
Punica granatum 198
Pycreus 71
Pycreus globosus 71
Pycreus sanguinolentus 71
Pyracantha 143
Pyracantha fortuneana 143
Pyrularia 228
Pyrularia sinensis 228
Pyrus 143

Pyrus betulifolia 143
Pyrus calleryana 144
Pyrus pyrifolia 144

Q

Quercus 170
Quercus acutissima 170
Quercus engleriana 170
Quercus serrata 170
Quercus texana 170
Quisqualis indica **197**

R

Radermachera 307
Radermachera sinica 307
Ranunculaceae 95
Ranunculus 100
Ranunculus cantoniensis 100
Ranunculus japonicus 100
Ranunculus sieboldii 100
Raphanus 227
Raphanus sativus 227
Reevesia 219
Reevesia pycnantha 219
Rehderodendron 267
Rehderodendron macrocarpum 267
Reineckea 58
Reineckea carnea 58
Reynoutria 236
Reynoutria japonica 236
Rhamnaceae 151
Rhamnus 152
Rhamnus brachypoda 152
Rhamnus crenata 152
Rhamnus leptophylla 152
Rhamnus napalensis 153
Rhamnus rugulosa 153
Rhamnus utilis 153
Rhaphiolepis 144

Rhaphiolepis ferruginea 144
Rhaphiolepis indica 144
Rhaphiolepis major 144
Rhapis 59
Rhapis excelsa 59
Rhaponticum 330
Rhaponticum chinense 330
Rhododendron 271
Rhododendron bachii 271
Rhododendron championiae 271
Rhododendron eudoxum 271
Rhododendron faithiae 272
Rhododendron fortunei 272
Rhododendron henryi var. *dunnii* 272
Rhododendron jingangshanicum 272
Rhododendron latoucheae 272
Rhododendron mariae 272
Rhododendron mariesii 272
Rhododendron mucronatum 273
Rhododendron ovatum 273
Rhododendron punctifolium 43
Rhododendron simiarum 273
Rhododendron simsii 273
Rhododendron westlandii 273
Rhodoleia 108
Rhodoleia championii 108
Rhodomyrtus 202
Rhodomyrtus tomentosa 202
Rhomboda 41
Rhomboda tokioi 41
Rhus 207
Rhus chinensis 207
Rhus potaninii 207
Rhynchosia 131
Rhynchosia dielsii 131
Rhynchosia volubilis 131

Rhynchospora 71
Rhynchospora rubra 71
Ricinus 193
Ricinus communis 193
Robinia 135
Robinia pseudoacacia 135
Robinieae 135
Robiquetia 50
Robiquetia succisa 50
Rohdea 58
Rohdea japonica 58
Rorippa 227
Rorippa cantoniensis 227
Rorippa dubia 227
Rorippa indica 228
Rosa 144
Rosa chinensis 144
Rosa cymosa 144
Rosa henryi 145
Rosa kwangtungensis 145
Rosa laevigata 145
Rosa multiflora var. *cathayensis* 145
Rosa multiflora 145
Rosa rubus 145
Rosaceae 138
Rosmarinus 318
Rosmarinus officinalis 318
Rotala 198
Rotala indica 198
Rotala mexicana 199
Rotala rotundifolia 199
Rubia 283
Rubia cordifolia 283
Rubiaceae 275
Rubus 145
Rubus alceaefolius 145
Rubus amphidasys 146

Rubus buergeri 146
Rubus chingii 146
Rubus columellaris 146
Rubus corchorifolius 146
Rubus glabricarpus 146
Rubus gressittii 146
Rubus hanceanus 147
Rubus innominatus 147
Rubus innominatus var. *aralioides* 147
Rubus innominatus var. *kuntzeanus* 147
Rubus irenaeus 147
Rubus lambertianus 147
Rubus latoauriculatus 147
Rubus leucanthus 148
Rubus malifolius 148
Rubus multibracteatus 148
Rubus pacfficus 148
Rubus parvifolius 148
Rubus pirifolius 148
Rubus reflexus 148
Rubus reflexus var. *orogenes* 149
Rubus rosaefolius 149
Rubus sumatranus 149
Rubus swinhoei 149
Rubus trianthus 149
Rubus tsangorum 149
Ruellia 305
Ruellia simplex 305
Rumex 236
Rumex acetosa 236
Rumex crispus 236
Rumex dentatus 236
Rumex japonicus 236
Rumex madaio 236
Rumex nepalensis 236
Rungia 306

Rungia chinensis 306
Rutaceae 210

S

Sabia 103
Sabia coriacea 103
Sabia discolor 103
Sabia japonica 103
Sabia swinhoei 103
Sabiaceae 101
Saccharum 87
Saccharum arundinaceum 87
Saccharum officinarum 87
Saccharum spontaneum 87
Sageretia 153
Sageretia hamosa 153
Sageretia melliana 153
Sageretia thea 153
Sagina 239
Sagina japonica 239
Sagittaria 28
Sagittaria lichuanensis 28
Sagittaria pygmaea 29
Sagittaria trifolia 29
Salicaceae 187
Salix 188
Salix babylonica 188
Salix dunnii 189
Salix matsudana 189
Salix suchowensis 189
Salomonia 137
Salomonia cantoniensis 137
Salomonia ciliata 137
Salvia 318
Salvia cavaleriei var. *simplicifolia* 318
Salvia chinensis 319
Salvia japonica 319

Sambucus 345
Sambucus javanica 345
Sambucus williamsii 346
Sanguisorba 149
Sanguisorba officinalis 149
Santalaceae 228
Sapindaceae 208
Sapindus 210
Sapindus mukorossi 210
Sapium discolor **193**
Sapium japonicum **193**
Sapium sebiferum **193**
Sarcandra 25
Sarcandra glabra 25
Sarcococca 105
Sarcococca orientalis 105
Sarcococca ruscifolia 105
Sarcopyrami 205
Sarcopyramis bodinieri 205
Sarcopyramis nepalensis 205
Sargentodoxa 90
Sargentodoxa cuneata 90
Sasa 75
Sasa longiligulata 75
Sassafras 24
Sassafras tzumu 24
Saururaceae 8
Saururus 8
Saururus chinensis 8
Saussurea 330
Saussurea deltoidea 330
Saussurea glomerata 330
Saxifraga 110
Saxifraga stolonifera 110
Saxifragaceae 109
Schefflera 355
Schefflera arboricola 355
Schefflera delavayi 355

Schefflera heptaphylla 356
Schefflera minutistellata 356
Schima 263
Schima argentea 263
Schima remotiserrata 263
Schima superba 263
Schisandra 7
Schisandra henryi 7
Schisandra viridis 7
Schisandraceae 6
Schizophragma 248
Schizophragma integrifolium 248
Schnabelia 319
Schnabelia oligophylla 319
Schoepfia 229
Schoepfia chinensis 229
Schoepfia jasmindora 229
Schoepfiaceae 229
Sciaphila 33
Sciaphila ramosa 33
Scleria 72
Scleria elata **72**
Scleria parvula 72
Scleria terrestris 72
Scrophulariaceae 302
Scurrula 230
Scurrula parasitica 230
Scutellaria 319
Scutellaria barbata 319
Scutellaria indica 319
Scutellaria tuberifera 319
Sechium 176
Sechium edule 176
Sedum 110
Sedum alfredi 110
Sedum baileyi 110
Sedum bulbiferum 111
Sedum japonicum 111

Sedum lineare 111
Sedum sarmentosum 111
Semiaquilegia 100
Semiaquilegia adoxoides 100
Senecio 334
Senecioneae 334
Senecio scandens 334
Senecioneae 334
Senna 118
Senna occidentalis 118
Senna tora 118
Serissa 283
Serissa japonica 283
Serissa serissoides 284
Serratula chinensis **330**
Sesamum 304
Sesamum indicum 304
Setaria 82
Setaria faberii 82
Setaria palmifolia 83
Setaria pumila 83
Setaria viridis 83
Sida 219
Sida rhombifolia 219
Sida szechuensis 220
Sigesbeckia 344
Sigesbeckia orientalis 344
Silene 239
Silene fortunei 239
Silybum 330
Silybum marianum 330
Simaroubaceae 214
Sinoadina 284
Sinoadina racemosa 284
Sinomenium 93
Sinomenium acutum 93
Siphocranion 320
Siphocranion nudipes 320

Siphonostegia 323
Siphonostegia chinensis 323
Siphonostegia laeta 323
Siraitia 176
Siraitia grosvenorii 176
Skimmia 213
Skimmia reevesiana 213
Sloanea 183
Sloanea hemsleyana 183
Sloanea sinensis 183
Smilacaceae 35
Smilax 35
Smilax davidiana 35
Smilax glabra 35
Smilax glaucochina 35
Smilax hypoglauca 35
Smilax lanceifolia 35
Smilax nervomarginata 36
Smilax nipponica 36
Smilax riparia 36
Smithia 125
Smithia sensitiva 125
Solanaceae 292
Solanum 295
Solanum americanum 295
Solanum capsicoides 295
Solanum lyratum 295
Solanum melongena 295
Solanum nigrum 296
Solanum pseudocapsicum 296
Solanum pseudocapsicum var. *diflorum* 296
Solanum tuberosum 296
Solidago 337
Solidago decurrens 337
Sonerila 205
Sonerila erecta 205
Sophoreae 121

Sorbus 150
Sorbus alnifolia 150
Sorbus caloneura 150
Sorbus hemsleyi 150
Sorghum 87
Sorghum bicolor 87
Spathoglottis 48
Spathoglottis pubescens 48
Spatholirion 61
Spatholirion longifolium 61
Spergularia 239
Spergularia salina 239
Sphaerocaryum 83
Sphaerocaryum malaccense 83
Spinacia 243
Spinacia oleracea 243
Spiraea 150
Spiraea blumei 150
Spiraea cantoniensis 150
Spiraea chinensis 151
Spiranthes 41
Spiranthes hongkongensis 41
Spiranthes sinensis 41
Spirodela 28
Spirodela polyrhiza 28
Sporobolus 79
Sporobolus fertillis 79
Stachys 320
Stachys japonica 320
Stachys sieboldii 320
Stachyuraceae 206
Stachyurus 206
Stachyurus chinensis 206
Staphyleaceae 205
Stauntonia 90
Stauntonia coriacea 90
Stauntonia fargesii 90

Stauntonia brachyanthera 90
Stauntonia chinensis 90
Stauntonia elliptica 90
Stauntonia grandiflora 91
Stauntonia leucantha 91
Stellaria 240
Stellaria alsine 240
Stellaria chinensis 240
Stellaria media 240
Stephania 93
Stephania japonica 93
Stephania longa 93
Stephania tetrandra 93
Stimpsonia 261
Stimpsonia chamaedryoides 261
Striga 323
Striga asiatica 323
Strobilanthes 306
Strobilanthes cusia 306
Strobilanthes dimorphotricha 306
Strobilanthes divaricata 306
Strophanthus 289
Strophanthus divavicatus 289
Styphnolobium 122
Styphnolobium japonica 122
Styphnolobium japonica f. *pendula* 122
Styracaceae 266
Styrax 267
Styrax confusa 267
Styrax dasyanthus 268
Styrax faberi 268
Styrax suberifolius 268
Swertia 286
Swertia angustifolia var. *pulchella* 286
Symplocaceae 264

Symplocos 264
Symplocos chinensis 264
Symplocos cochinchinensis 264
Symplocos confusa 264
Symplocos congesta 264
Symplocos dung 265
Symplocos glauca 265
Symplocos groffii 265
Symplocos heishanensis 265
Symplocos mollifolia 265
Symplocos pseudobarberina 265
Symplocos stellaris 266
Symplocos subconnata 266
Symplocos urceolaris 266
Symplocos viridissima 266
Syzygium 202
Syzygium austrosinense 202
Syzygium buxifolium var. *verticillatum* 202
Syzygium buxifolium 202
Syzygium grijsii 202

T

Tacca 33
Tacca plantaginea 33
Taeniophyllum 50
Taeniophyllum glandulosum 50
Tageteae 342
Tagetes 342
Tagetes erecta 342
Tainia 48
Tainia cordifolia 48
Tainia dunnii 48
Talinaceae 245
Talinum 245
Talinum paniculatum 245
Tarenaya 223
Tarenaya hassleriana 223

Tarenna 284
Tarenna acutisepala 284
Tarenna lanceolata 284
Tarenna mollissima 284
Taxaceae 5
Taxillus 230
Taxillus levinei 230
Taxillus limprichtii 230
Taxillus sutchuenensis 230
Taxodium 5
Taxodium distichum 5
Taxodium distichum var. *imbricatum* 5
Taxus 5
Taxus wallichiana var. *mairei* 5
Ternstroemia 254
Ternstroemia gymnanthera 254
Ternstroemia kwangtugensis 254
Ternstroemia luteoflora 254
Ternstroemia nitida 254
Tetradium 212
Tetradium glabrifolium 212
Tetradium ruticarpull 212
Tetrastigma 115
Tetrastigma hemsleyanum 115
Tetrastigma planicaule 115
Teucrium 320
Teucrium quadrifarium 320
Thalictrum 101
Thalictrum acutifolium 101
Thalictrum faberi 101
Thalictrum fortunei 101
Thalictrum javanicum 101
Thalictrum umbricola 101
Theaceae 261
Themeda 87

Themeda villosa 87
Thevetia 289
Thevetia peruviana 289
Thladiantha 176
Thladiantha longifolia 176
Thladiantha nudiflora 177
Thymelaeaceae 221
Thysanolaeneae 80
Thysanolaena 80
Thysanolaena maxima 80
Tilia 220
Tilia endochrysea 220
Toddalia 213
Toddalia asiatica 213
Tolypanthus 230
Tolypanthus maclurei 230
Toona 216
Toona microcarpa 216
Toona sinensis 216
Torenia 303
Torenia concolor 303
Torenia fordii 304
Torenia glabra **303**
Torenia violacea 304
Torilis 359
Torilis scabra 359
Toxicodendron 207
Toxicodendron succedaneum 207
Toxicodendron sylvestre 207
Toxicodendron trichocarpum 207
Trachelospermum 289
Trachelospermum asiaticum 289
Trachelospermum cathayanum 289
Trachelospermum jasminoides 289
Trachycarpus 59
Trachycarpus fortunei 59
Trapa 199

Trapa bispinosa 199
Trema 155
Trema cannabina 155
Triadenum 185
Triadenum breviflora 185
Triadica 193
Triadica cochinchinensis 193
Triadica sebifera 193
Trichosanthes 177
Trichosanthes cucumeroides 177
Trichosanthes kiangsiensis 177
Trichosanthes kirilowii 177
Trichosanthes pedata 177
Trichosanthes rosthornii 177
Tricyrtis 37
Tricyrtis macropoda 37
Trifolieae 136
Trigonotis 291
Trigonotis laxa var. *hirsuta* 291
Trigonotis peduncularis 291
Tripterospermum 286
Tripterospermum chinense 286
Tripterygium 181
Tripterygium wilfordii 181
Triumfetta 220
Triumfetta annua 220
Triumfetta cana 220
Triumfetta pilosa 220
Triumfetta rhomboidea 220
Triuridaceae 33
Triticeae 76
Tubocapsicum 296
Tubocapsicum anomalum 296
Tupistra chinensis **55**
Turpinia 206
Turpinia arguta 206
Turpinia arguta var. *pubescens* 206

Turpinia montana 206
Tylophora 290
Tylophora floribunda 290
Typha 64
Typha angustifolia 64
Typha orientalis 65
Typhaceae 64

U
Ulmaceae 154
Ulmus 154
Ulmus changii 154
Ulmus parvifolia 154
Ulmus szechuanica 154
Uncaria 284
Uncaria rhynchophylla 284
Unplaced 345
Urena 221
Urena lobata 221
Urena lobata var. *scabriuscula* 221
Urena procumbens 221
Urtica 164
Urtica fissa 164
Urticaceae 160
Utricularia 307
Utricularia aurea 307
Utricularia bifida 307
Utricularia caerulea 307
Utricularia striatula 307
Uvaria 14
Uvaria boniana 14

V
Vaccaria 240
Vaccaria segetalis 240
Vaccinium 273
Vaccinium bracteatum 273

Vaccinium carlesii 273
Vaccinium iteophyllum 274
Vaccinium japonicum var. *sinicum* 274
Vaccinium mandarinorum 274
Vaccinium randaiense 274
Vaccinium trichocladum 274
Valeriana 350
Valeriana hardwickii 350
Valeriana officinalis 350
Vandeae 49
Vanilleae 37
Vanilloideae 37
Veratrum 34
Veratrum stenophyllum 34
Verbena 308
Verbena officinalis 308
Verbenaceae 307
Vernicia 194
Vernicia fordii 194
Vernicia montana 194
Vernonia 333
Vernonia cinerea 333
Vernonieae 333
Veronica 301
Veronica didyma **301**
Veronica persica 301
Veronica polita 301
Viburnum 346
Viburnum chunii var. *piliferum* 346
Viburnum cinnamomifolium 346
Viburnum cylindricum 346
Viburnum dalzielii 346
Viburnum dilatatum 346
Viburnum erosum 347
Viburnum foetidum var. *rectangulatum* 347

Viburnum fordiae 347
Viburnum hanceanum 347
Viburnum luzonicum 347
Viburnum macrocephalum 347
Viburnum odoratissimum 347
Viburnum plicatum var. *tomentosum* 348
Viburnum propinquum 348
Viburnum sempervirens 348
Viburnum sympodiale 348
Viburnum taiwanianum 348
Vicia 136
Vicia faba 136
Vigna 131
Vigna angularis 131
Vigna minima 131
Vigna radiata 131
Vigna umbellata 131
Vigna unguiculata 131
Viola 185
Viola befoncifolia subsp. *nepalensis* **185**
Viola collina 186
Viola concordifolia 186
Viola diffusa 185
Viola inconspicua 186
Viola kiangsiensis 186
Viola mucronulifera 186
Viola philippica 186
Viola schneideri 186
Viola triangulifolia 186
Viola variegata 187
Viola verecunda 187
Viola yezoensis 187
Violaceae 185
Vitaceae 112
Vitex 321
Vitex negundo 321

Vitex negundo var. *cannabifolia* 321
Vitex quinata 321
Vitis 115
Vitis bryoniifolia 115
Vitis chunganensis 115
Vitis davidii 115
Vitis davidii var. *ferruginea* 116
Vitis heyneana 116
Vitis sinocinerea 116
Vitis tsoi 116
Vitis vinifera 116

W

Wahlenbergia 329
Wahlenbergia marginata 329
Wahlenbergia wallichii **343**
Wikstroemia 222
Wikstroemia indica 222
Wikstroemia monnula 222
Wikstroemia trichotoma 222
Wisteria 127
Wisteria floribunda 127
Wolffia 28
Wolffia arrhiza 28
Wollastonia 343

X

Xanthium 343
Xanthium sibiricum **343**
Xylosma 189
Xylosma controversum 189
Xylosma racemosum 189

Y

Youngia 333
Youngia japonica 333
Ypsilandra 34
Ypsilandra thibetica 34

Yua 116
Yua austro-orientalis 116
Yua thomsonii 116
Yulania 13
Yulania liiiflora 13

Z

Zabelia 351
Zabelia biflora 351
Zanthoxylum 213
Zanthoxylum ailanthoides 213
Zanthoxylum armatum 214
Zanthoxylum austrosinense 214
Zanthoxylum myriacanthum 214
Zanthoxylum nitidum 214
Zanthoxylum scandens 214
Zea 88
Zea mays 88
Zehneria 178
Zehneria bodinieri 178
Zehneria japonica 178
Zenia 118
Zenia insignis 118
Zeuxine 41
Zeuxine sakagutii 41
Zeuxine strateumatica 41
Zingiber 64
Zingiber mioga 64
Zingiber officinale 64
Zingiber striolatum 64
Zingiberaceae 63
Zinnia 344
Zinnia elegans 344
Zizania 72
Zizania latifolia 72
Ziziphus 154
Ziziphus jujuba 154
Zoysieae 79

致 谢

本书获中国国家标本资源平台（National Specimen Information Infrastructure）江西维管植物名录及江西省数字植物标本馆建设专项（项目编号 2005DKA21400）、中央财政林业国家自然保护区补贴项目资助。

在本书编写过程中得到许多专家在标本鉴定、馆藏标本信息提供帮助，并对本书的编写提供宝贵的意见和建议，兹对以下专家学者表示衷心的感谢：

赣南师范大学　　**刘仁林**　**教授**
江西省林业科学院　　**江香梅**　**研究员**
南昌大学生命科学院　　**杨柏云**　**教授**
江西农业大学林学院　　**季春风**　**副教授**
江西农业大学生态科学研究中心　　**李波**　**教授**
中国科学院庐山植物园　　**彭焱松**　**副研究员**
中国科学院昆明植物研究所　　**张挺**　**高级工程师**
中国科学院华南植物园　　**邓双文**　**博士**
赣南师范大学　　**李中阳**　**博士**
中国科学院庐山植物园　　**唐忠炳**　**助理研究员**
九江森林植物标本馆　　**谭策铭**　**研究员**